高等学校机械电子工程系列教材

机械控制工程基础

第2版

主编 董玉红　徐莉萍

参编 田　彧　刘亚俊　吴开宇

主审 张立勋

机械工业出版社

本书主要讲述控制工程的基本概念和基础知识，以及 MATLAB 软件在控制系统分析与设计中的应用。内容包括系统的数学模型、时域分析、频域分析、系统的稳定性以及系统的校正设计等部分。

本书注重控制理论在机械工程中的应用，并以适当的机械系统实例结合机械工程的实际，运用控制理论以及 MATLAB 软件，对系统进行分析与设计，为学生将来解决控制工程的实际问题打下基础。

全书章节内容连贯，系统性强，各章均配有习题与思考题，并在书后附有部分习题的参考答案。为方便教学，本书配有多媒体电子课件，请使用教材的老师到机械工业出版社教育服务网（http//：www. cmpedu. com）查询。

本书作为高等学校机械电子工程专业的系列教材之一，适用于机电专业、机械设计制造及自动化等专业本科生的学习，也可供控制系统设计、MATLAB 应用的工作者及相关专业的工程技术人员参考使用。

图书在版编目（CIP）数据

机械控制工程基础/董玉红，徐莉萍主编. —2 版 . —北京：机械工业出版社，2013. 5（2025. 1 重印）

高等学校机械电子工程系列教材

ISBN 978-7-111-41588-6

Ⅰ. ①机…　Ⅱ. ①董…②徐…　Ⅲ. ①机械工程-控制系统-高等学校-教材　Ⅳ. ①TH-39

中国版本图书馆 CIP 数据核字（2013）第 033778 号

机械工业出版社（北京市百万庄大街 22 号　邮政编码 100037）

策划编辑：刘小慧　责任编辑：刘小慧　徐鲁融　王寅生　于苏华

版式设计：霍永明　责任校对：杜雨霏

封面设计：张　静　责任印制：李　昂

北京捷迅佳彩印刷有限公司印刷

2025 年 1 月第 2 版第 21 次印刷

184mm×260mm · 12 印张 · 292 千字

标准书号：ISBN 978-7-111-41588-6

定价：35. 00 元

电话服务　　　　　　　　　网络服务

客服电话：010-88361066　机　工　官　网：www. cmpbook. com

　　　　　010-88379833　机　工　官　博：weibo. com/cmp1952

　　　　　010-68326294　金　　书　　网：www. golden-book. com

封底无防伪标均为盗版　机工教育服务网：www. cmpedu. com

前　言

随着现代科学和计算机技术的迅速发展，将控制理论应用于机械工程实际，解决工程实际问题显得日益重要。机械工程控制论的理论和方法正在成为广大学生和工程技术人员分析问题和解决问题的有效手段，它是高等学校机械电子工程专业的重要技术基础课之一。

第 1 版教材在机电专业的本科教学中收到了良好的使用效果。为了紧跟时代的发展，不断完善和更新教材内容，在第 2 版中主要对 MATLAB 语言及其在连续系统数学模型、时域分析、频域分析中的应用内容进行了更新与精炼，并介绍了控制系统的 Simulink 建模和系统分析的图形界面工具 LTI Viewer，以增强教材的实用性和先进性；增加了物理系统传递函数推导的实例，并选择典型的和在工程实际中应用广泛的机械系统，结合 MATLAB/Simulink 对系统进行建模与分析，为学生今后将控制理论应用于机械工程实际，解决工程实际问题打下坚实的基础。

全书章节内容连贯，系统性强，结构紧凑。内容共分六章：第一章绪论，主要对机械工程控制论和 MATLAB 软件进行概要介绍；第二章系统的数学模型，主要讲述运用力学、电学知识对系统建模的方法，以及传递函数、框图、信号流图等重要概念，并对典型的和在工程实际中应用广泛的机械系统传递函数进行了推导，最后讲述连续系统数学模型的 MATLAB 实现；第三章时域分析，主要对一阶系统、二阶系统在典型输入信号作用下的时间响应进行分析，并定义了二阶系统的性能指标，介绍了稳态误差的概念与计算，最后讲述系统时域分析的 MATLAB 实现；第四章频域分析，主要介绍频率特性的概念，重点讲述典型环节的频率特性及系统频率特性的极坐标图和对数坐标图的绘制，并介绍了系统闭环频率特性的概念和闭环系统性能分析，最后讲述了频域分析的 MATLAB 实现；第五章系统的稳定性，主要介绍稳定性的基本概念，重点讲述劳斯稳定判据和奈奎斯特稳定判据，并介绍了系统的相对稳定性及衡量稳定裕度的性能指标，最后讲述了系统稳定性分析的 MATLAB 实现；第六章系统的校正设计，主要介绍了校正的概念与功能，重点讲述串联校正、PID 校正以及反馈校正，并给出了利用 MATLAB 软件进行串联校正设计的实例。在附录 A 中给出了常用函数拉普拉斯变换表；在附录 B 中给出了部分习题的参考答案。为便于教学，本书配有多媒体电子课件。

本书由哈尔滨理工大学董玉红教授和河南科技大学徐莉萍教授主编，由哈尔滨工程大学博士生导师张立勋教授主审。全书内容的编者分工为：第一、六章及有关 MATLAB 软件的内容由董玉红编写；第二章由北京建筑工程学院田彧编写；第三章由华南理工大学刘亚俊编写；第四章由河南科技大学徐莉萍编写；第五章由哈尔滨理工大学吴开宇编写。全书由董玉红统稿。

由于编者水平有限，书中难免有不妥之处，敬请读者批评指正。

编　者

目　　录

第一章 绪论

机械控制工程是研究控制论在机械工程中应用的科学。它是一门技术科学，也是一门跨控制论与机械工程领域的边缘学科。随着工业生产和科学技术的不断发展，机械工程控制论这门新兴学科越来越为人们所重视。原因是它不仅满足今天自动化技术高度发展的需要，同时也与信息科学和系统科学紧密相关，更重要的是它提供了辩证的系统分析方法，即不但从局部，而且从整体上认识和分析机械系统，改进和完善机械系统，以满足科技发展和工业生产的实际需要。

第一节　机械工程控制论概述

一、控制论

控制论、相对论和量子论被称为是20世纪上半叶的三项科学革命，也是人类认识客观世界的三大飞跃。控制论是自动控制、电子技术、计算机科学等多种学科相互渗透的产物，是在20世纪40年代酝酿形成的。1948年N·维纳发表了著名的《控制论》，它基本上形成了经典控制理论。1954年，我国科学家钱学森在美国运用控制论的思想和方法，首创了工程控制论，把控制论推广到工程技术领域，奠定了工程控制论这一技术科学的基础。不久又相继出现了生物控制论、经济控制论和社会控制论。因此，控制论在建立后的很短时期内便迅速渗透到许多科学技术领域，极大地推动了近代科学技术的发展。

按照自动控制技术发展的不同阶段，控制理论分为两大部分：经典控制理论和现代控制理论。经典控制理论以传递函数为基础，主要研究单输入-单输出系统的分析和控制问题。现代控制理论是在经典控制理论的基础上，于20世纪60年代后发展起来的。它是以状态空间分析法为基础，主要分析和研究多输入-多输出、时变、非线性等系统的最优控制问题。由于计算机技术和现代应用数学的迅速发展，现代控制理论在最佳滤波、系统辨识、自适应控制、智能控制等方面又有重大进展。

二、机械工程控制论的研究对象与任务

机械工程控制论的研究对象是机械工程技术中广义系统的动力学问题。具体地讲，机械工程控制论是研究系统及其输入、输出三者之间的动态关系，也就是研究机械工程广义系统在一定的外界条件作用下，从系统的一定初始条件出发，所经历由内部的固有特性所决定的整个动态历程。例如，在机床数控技术中，调整到一定状态的数控机床就是系统，数控指令就是输入，数控机床的加工运动就是输出。这里系统是由相互联系、相互作用的若干部分构成且有一定运动规律的一个有机整体；输入是外界对系统的作用；输出是系统对外界的作用。通常机械工程控制论简称机械控制工程，其所研究的系统可大可小、可繁可简，完全由研究的需要而定，因而称之为广义系统。

由此可见，就系统及其输入、输出三者之间的动态关系而言，机械工程控制论的任务主要研究解决以下几个方面的问题：

1）当系统已定，输入已知时，求出系统的输出（响应），并通过输出来研究系统本身的有关问题，称之为系统分析。

2）当系统已定，系统的输出也已给定时，要确定系统的输入，使输出尽可能符合给定的最佳要求，称之为系统的最优控制。

3）当输入已知，输出也给定时，要确定系统，使其输出尽可能符合给定的最佳要求，称之为最优设计。

4）当输入和输出均已知时，求系统的结构与参数，即建立系统的数学模型，称之为系统辨识或系统识别。

5）当系统已定，输出已知时，要识别输入或输入中的有关信息，称之为滤波与预测。

从本质上看，问题1）是已知系统与输入求输出，问题2）和5）是已知系统与输出求输入，问题3）和4）是已知输入与输出求系统。

本书主要是以经典控制理论来研究问题1)，即通过已知系统与输入求输出，来进行系统分析方面的问题研究。

三、反馈及反馈控制

控制论的核心内容是通过信息的传递、加工处理和反馈来进行控制。控制论把一切能表达一定含义的信号、符号、密码和消息等统称为信息。所谓信息传递，是指信息在系统及过程中以某种关系动态地传递，也称转换。例如，对于机床加工工艺系统，要研究机床的加工精度问题，可将工件尺寸作为信息，通过工艺过程的转换，对加工前后工件尺寸的分布情况，运用信息处理的理论和方法来进行研究。

机械控制工程中一个最基本、最重要的概念就是反馈。将系统的输出全部或部分地返送回系统的输入端，并与输入信号共同作用于系统的过程，称之为反馈或信息反馈。如果反馈回去的信号与系统的输入信号方向相反，称之为负反馈；如果方向相同，则称之为正反馈。

在工程技术领域中，随着自动化程度的提高，已广泛采用自动控制系统。在自动控制系统中，通常存在着反馈控制。所谓反馈控制就是利用反馈信号对系统进行控制。下面以机械动力学的典型实例：蒸汽机离心调速器调速系统（见图1-1)，来对反馈控制加以说明。

如图1-1a所示，离心调速器由离心机构、比较机构和转换机构等部分组成。对调速系统的调节要求是：调节进入蒸汽机的蒸汽量 q，使蒸汽机在不同的工作负载 T 时，输出转速

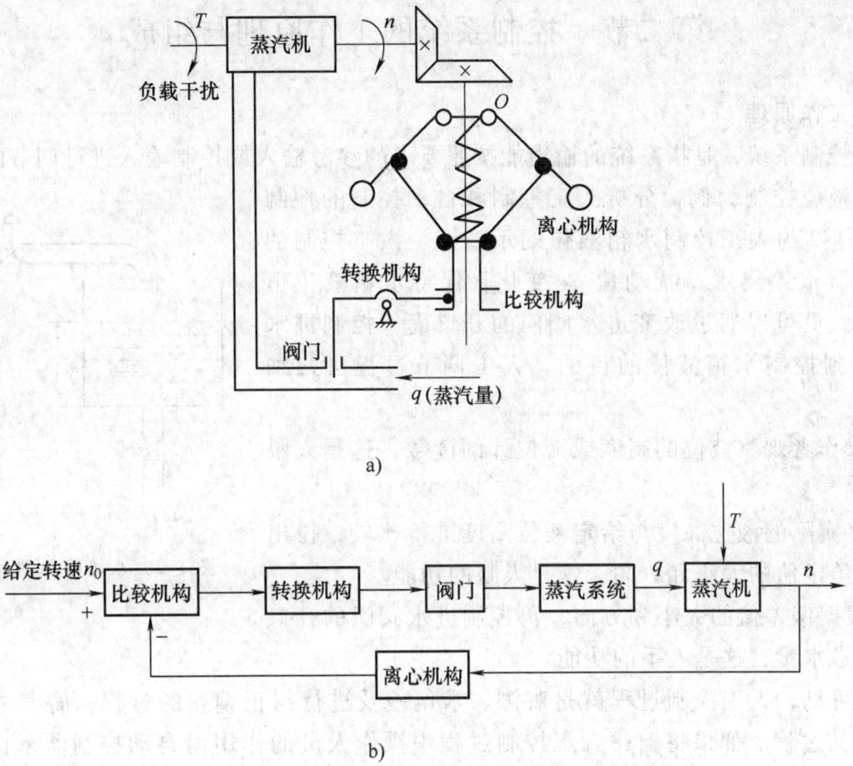

图 1-1 蒸汽机离心调速器调速系统

a）结构示意图 b）调速原理框图

n 保持不变。调速过程为：当外界负荷变化使 T 减小时，因为蒸汽带入的功率不变，输出转速 n 将上升；n 上升后，离心机构以 O 点为支点进一步张开，比较机构的滑套上升，带动转换机构的杠杆，将调节阀的阀门关小，q 随之下降，使 n 降低逐渐趋向原给定值。显然，蒸汽机的输出转速 n 是通过离心调速器，根据转速 n 变化后调节蒸汽量 q 的大小来使其恢复给定值的，这就是转速 n 本身的反馈控制。

图 1-1b 所示为调速系统的原理框图。由图可见，在这里反馈信息为实际转速 n，经与给定转速 n_0 相比较形成一个闭环系统。通常人们利用反馈控制原理在机械系统或过程中加上一个人为的反馈，构成一个自动控制系统，这种反馈称为外反馈。离心调速器就是人为加上的反馈控制装置，目的在于抵抗负荷变化所引起的输出转速的变化。但是，在许多机械系统或过程中，往往存在相互耦合作用形成非人为的“内在”反馈，从而构成一个闭环系统，这种反馈称为内反馈。例如，机械系统中作用力与反作用力的相互耦合从而形成内在反馈。又如在切削过程中自激振动的产生，也必是存在内在的反馈使能量在内部循环，促使振动持续进行。因而，许多机械系统从表面上看是开环系统，没有人为加上反馈控制，但经过分析可以发现它们实质上都是闭环系统。机械系统或过程中广泛存在着内反馈或外反馈，这里要注意必须是从动力学而不是静力学的观点，从系统而不是孤立的观点进行分析，才能揭示系

统或过程的本质。

第二节　控制系统的工作原理与组成

一、工作原理

所谓控制系统，是指系统的输出能按照要求的参考输入或控制输入进行调节的系统。下面以水箱液位控制为例，分析人工控制和自动控制的控制过程。图 1-2 为人工控制水箱液位的示意图。人工控制的任务是克服水箱出水口扰动量 q_2 变化，保持水箱液位恒定。操作人员可以通过改变进水阀门的开口度，控制进水量 q_1，达到控制水箱液位的目的。人工调节过程可归纳如下：

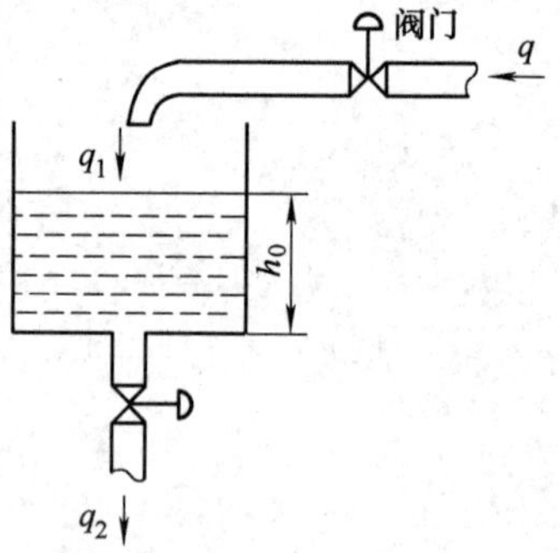

图 1-2　水箱液位的人工控制

1）操作者观察液位的高度或液位计的读数，这是人眼的功能。

2）将实际的液位高度与给定液位高度进行比较，得出液位偏离给定值的大小和方向，这是人脑的功能。

3）根据偏差值的大小和方向，再控制进水阀门的开口度，改变进水量，这是人手的功能。

由此可见，人工控制过程就是观测、求偏差及进行纠正偏差的过程，简言之为“求偏与纠偏”的过程。如果将上述人工控制过程中操作人员的作用由自动控制器来代替，一个人工调节的系统就变成一个自动控制系统。

图 1-3 所示为水箱液位自动控制系统示意图。在这个自动控制系统中，用浮子作为测量元件代替人眼，用电位器作为比较器代替人脑，用放大器、电动机及减速器作为驱动环节代替人手。水箱液位的自动控制过程为：当电位器的电刷位于中点位置，其输入电压为 u_1 时，电动机 M 不动，控制阀门有一定开口度，水箱中进水量与出水量相等，液位保持在期望值上。一旦进水量 q_1 或出水量 q_2 发生变化，例如使液面上升时，浮子位置也相应升高，通过杠杆作用使电位器电刷下移，此时其电压为 u_2，从而给电动机提供一定的控制电压 $\Delta u = u_1 - u_2$，驱动电动机及减速器减小阀门开口度，使水箱的进水量减少。水箱液面开始下降，浮子位置也相应下降，直至偏差 $\Delta u = 0$，电位器电刷回到中点位置，系统重新处于平衡位置，液面恢复给定高度。反之，若水箱液位下降，则系统会自动增大阀门开口度，加大进水量，使液位上升到给定高度。

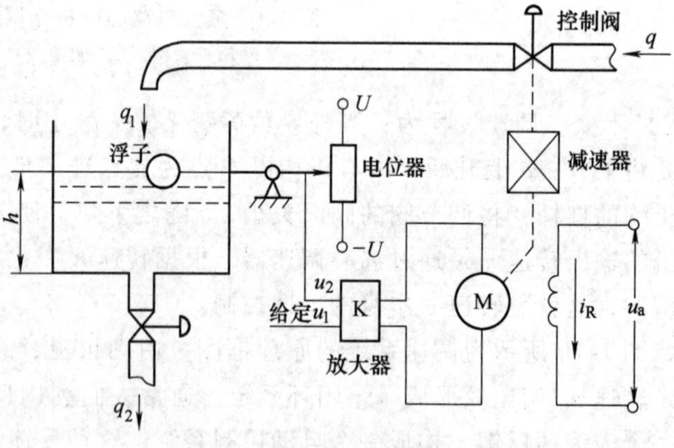

图 1-3　水箱液位自动控制系统示意图

由此可见，控制系统的工作原理可以归纳如下：

1）检测被控制量或输出量的实际值。

2）将实际值与给定值进行比较得出偏差值。

3）用偏差值产生控制调节作用去消除偏差。

这种基于反馈原理，通过检测偏差再纠正偏差的系统称为反馈控制系统或闭环控制系统。通常反馈控制系统至少具备测量、比较和执行三个基本功能。

液位自动控制系统框图如图 1-4 所示。图中箭头表示信号作用的方向，⊗代表比较元件，每一个方框代表一个环节。每个环节的作用是单向的，且输出受输入控制。该图清楚地说明了反馈控制的基本原理。可以说，反馈控制是实现自动控制最基本的方法。

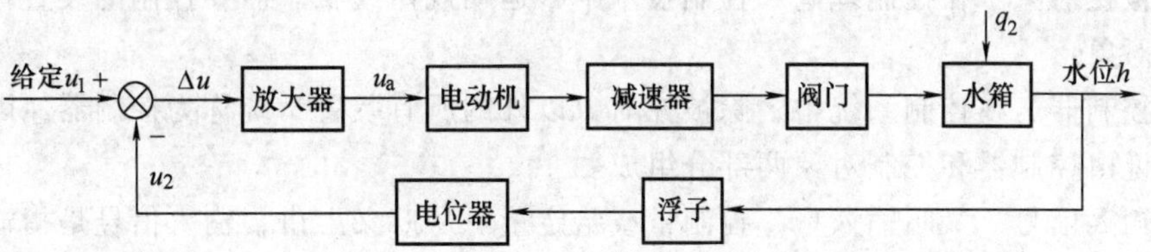

图 1-4　液位自动控制系统框图

二、控制系统的组成

1. 控制系统的组成

图 1-5 所示为闭环控制系统的组成框图，通常称为闭环控制系统。由图可见，闭环控制系统一般由给定元件、反馈元件、比较元件、放大元件、执行元件及校正元件等单元组成。当一个控制系统的框图中没有反馈回路时，称之为开环系统。开环系统较闭环系统简单，其系统组成中没有反馈元件和比较元件。

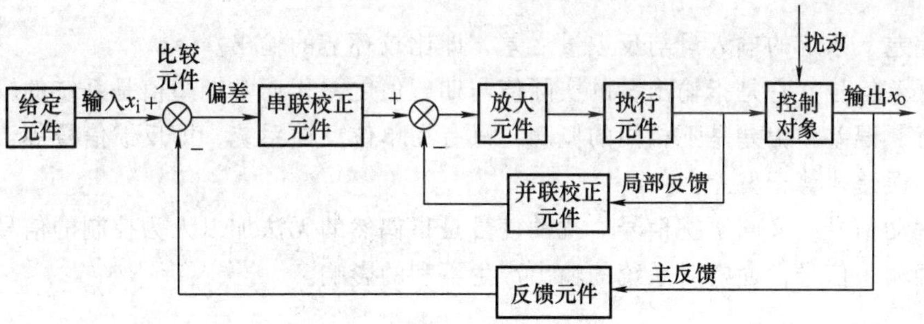

图 1-5　闭环控制系统的组成框图

2. 控制系统的基本概念和术语

（1）给定元件　主要用于产生给定信号或输入信号。

（2）反馈元件　测量被控制量或输出量，产生主反馈信号。反馈元件一般使用检测元件，为了便于传输，这些检测元件通常是用电量来测量非电量的一些元件。例如，用电位计或旋转变压器将位移或转角变换为电压信号；用热电偶将温度变换为电压信号；用光栅测量装置将直线位移变换为数字电信号等。

（3）比较元件　用来接收输入信号和反馈信号并进行比较，产生反映两者差值的偏差信号。

(4) 放大元件　对较弱的偏差信号进行放大以推动执行元件动作。放大元件有电气的、液压的和机械的等。

(5) 执行元件　直接对被控对象进行操纵的元件，例如伺服电动机、液压马达及伺服液压缸等。

(6) 校正元件　校正元件不是反馈控制系统所必须具有的，它是为了改善系统控制性能而加入系统中的元件。校正元件又称校正装置。串联在系统前向通道上的称为串联校正元件，并接在反馈回路上的称为并联校正元件。

以上介绍了控制系统的工作原理和基本组成。下面将常用控制系统的一些基本概念和名词术语归纳如下：

(1) 被控对象　在控制理论和控制技术中，运动规律或状态需要控制的装置称为被控对象或控制对象。

(2) 控制器　在控制系统中，除被控对象以外的所有装置，统称为控制器。因此，控制系统可以说由控制器和控制对象两部分组成。

(3) 输入信号　又叫输入量、控制量或给定量。从广义上讲，输入信号是指输入到系统中的各种信号，包括对系统输出不利的扰动信号在内。一般来说，输入信号是指控制输出量变化规律的信号。

(4) 输出信号　又叫输出量、被控制量或被调节量，表征被控对象运动规律或状态的物理量。输出信号是输入信号作用的结果，因此，它的变化规律应与输入信号之间保持确定的关系。

(5) 反馈信号　它是输出信号经过反馈元件变换后加到输入端的信号。若反馈信号的符号与输入信号相同，称为正反馈；反之，称为负反馈。控制系统中的主反馈通常采用负反馈，以免系统失控。系统中的局部反馈，主要用于系统进行校正等，以满足控制系统的性能要求。

(6) 偏差　系统的输入量与反馈量之差，即比较环节的输出。

(7) 误差信号　它是指输出量的实际值与期望值之差，通常期望值是系统的输入量。这里需要注意，误差和偏差是不相同的概念，只有在单位反馈系统，即反馈信号等于输出信号的情况下，误差才等于偏差。

(8) 扰动信号　又叫干扰信号。扰动信号是指偶然的无法加以人为控制的信号。扰动信号也是一种输入信号，通常对系统的输出产生不利的影响。

第三节　控制系统的分类与基本要求

一、控制系统的分类

控制系统的种类很多，在实际中可以从不同的角度进行分类。

1. 按输入量的变化规律进行分类

(1) 恒值控制系统　恒值控制系统的输入量是一个恒定值，一经给定，在运行过程中就不再改变（但可定期校准或更改输入量）。这种控制系统的任务是保证在任何扰动作用下系统的输出量为恒定值。

工业生产中的温度、压力、流量、液位等参数的控制，以及某些原动机的速度控制、机床的位置控制等均属此类控制。

(2) 程序控制系统　这种控制系统的输入量不为恒定值，其变化规律是预先知道和确定的。可将输入量的变化规律预先编成程序，由程序发出控制指令，在输入装置中再将控制指令转换为控制信号，经过全系统的作用，使控制对象按照指令的要求运动。

图 1-6 所示为一个数控机床切削加工的程序控制系统。将待加工的工件按图样要求预先编制成加工程序，将程序指令通过输入装置送到数控装置进行计算，产生的控制脉冲使刀具和工件按程序指令的要求运动，这样就加工出所需工件的外形。

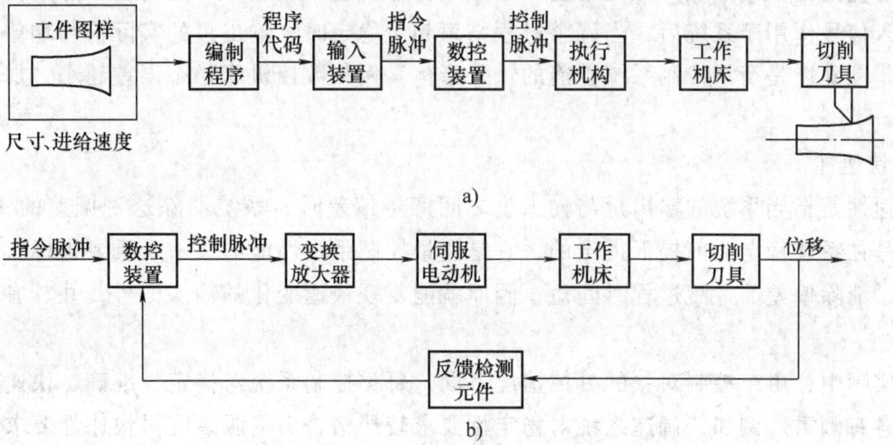

图 1-6　程序控制系统

a) 数控加工过程原理框图　b) 数控机床进给系统框图

(3) 随动系统　随动系统又称伺服系统。这种控制系统输入量的变化规律是不能预先确定的。当系统的输入量发生变化时，要求输出量迅速平稳地随着输入量变化，并且能排除各种干扰因素的影响，准确地复现控制信号的变化规律。控制指令可以由操作者根据需要随时发出，也可以由目标物或相应的测量装置发出。如机械加工中的仿形机床、武器装备中的火炮自动瞄准系统以及导弹自动跟踪系统等均属于随动系统。

2. 按系统中传递信号的性质分类

(1) 连续控制系统　连续控制系统是指系统中各部分传递的信号都是连续时间变量的系统。连续控制系统又可分为线性系统和非线性系统。能用线性微分方程描述的系统称为线性系统，不能用线性微分方程描述、存在非线性部件的系统称为非线性系统。

(2) 离散控制系统　离散控制系统是指系统中某一处或几处的信号是以脉冲序列或数字量传递的系统，又称数字控制系统。由于连续控制系统和离散控制系统的信号形式差别较大，因此在分析方法上有明显的不同。连续控制系统以微分方程来描述系统的运动状态，并用拉普拉斯（Laplace）变换法求解微分方程；而离散控制系统则用差分方程来描述系统的运动状态，用 Z 变换法引出脉冲传递函数来研究系统的动态特性。

此外，还可以按描述系统的数学模型将控制系统分为线性控制系统和非线性控制系统；按系统部件的类型分为机电控制系统、液压控制系统、气动控制系统、电气控制系统等。

二、基本要求

自动控制系统应用的场合不同，对系统性能的要求也不同。但从控制工程的角度出发，对每个控制系统却有相同的基本要求，一般可归纳为稳定性、准确性和快速性。

1. 稳定性

稳定性是保证控制系统正常工作的首要条件。因为控制系统中都包含储能元件，若系统参数匹配不当，就可能引起振荡。稳定性就是指系统动态过程的振荡倾向及其恢复平衡状态的能力。对于稳定性满足要求的系统，当输出量偏离平衡状态时，应能随着时间收敛并且最后回到初始的平衡状态。

2. 准确性

准确性是指控制系统的控制精度，一般用稳态误差来衡量。所谓稳态误差是指以一定变化的输入信号作用于系统后，当调整过程结束趋于稳定时，输出量的实际值与期望值之间的误差值。准确性是衡量控制系统性能的重要指标。例如数控机床稳态误差越小，加工精度就越高。

3. 快速性

快速性是指当系统的输出量与输入量之间产生偏差时，系统消除这种偏差的快慢程度。快速性是在系统稳定的前提下提出的，它是衡量控制系统性能的又一个重要指标。快速性好的系统，消除偏差的过渡过程时间短，因而就能复现快速变化的输入信号，并具有较好的动态性能。

在实际中，由于控制对象的具体情况不同，每类控制系统对稳定、准确、快速这三方面的要求各有侧重。例如，调速系统对稳定性要求较严格，而伺服系统对快速性要求较高。即使对于同一系统，稳、准、快也是相互制约的。提高快速性，可能会引起强烈振荡，降低了系统的稳定性；改善了稳定性，控制过程可能会过于迟缓，快速性甚至准确性都会变差。如何分析和解决这些矛盾，正是本课程所要讨论和学习的重要内容。

第四节　MATLAB 语言简介

MATLAB 是美国 Mathworks 公司开发的大型数学计算软件，它提供了强大的矩阵处理和绘图功能，并具有界面友好的用户环境。由于 MATLAB 可信度高、灵活性好、使用方便、人机界面直观、输出结果可视化，所以目前在世界范围内被科技工作者和大学生们广泛使用。MATLAB 带有一些强大的具有特殊功能的工具箱，几乎涵盖了所有工业、电子、医疗、建筑等各个领域，已经成为国际上最流行的软件之一。现在的 MATLAB 已不仅仅是一个“矩阵实验室”（Matrix Laboratory），而且已经成为一种实用的计算机高级编程语言，是工程技术人员的必备软件。

MATLAB 中含有极为丰富的专门用于控制系统分析与设计的函数，可以实现对线性系统的时域分析、频域分析、稳定性分析和系统校正设计。根据控制系统描述方法的不同，如系统使用传递函数来表达，还是用状态方程来表达，可以选择经典的或现代的控制技术来处理。不仅如此，还可以利用 MATLAB 提供的函数来进行模型之间的转换。对于经典控制理论中常用的系统分析方法，如时域分析、频域分析等都能方便地进行计算，并能以图形的形式表达出来。本书将主要介绍以传递函数描述的经典控制论的系统分析与设计方法的 MATLAB 实现。

一、MATLAB 的系统界面

MATLAB 具有强大的编程功能和易操作的交互式计算环境。MATLAB 语言被认为是一种解释性能语言，在其工作空间（Workspace），用户可以在 MATLAB 的命令窗口中键入一个命令，就可以直接进行数字运算，也可以应用 MATLAB 语言编写应用程序，运行程序及跟踪调试程序。MATLAB 软件会对命令和程序的各条语句进行翻译，然后在 MATLAB 环境中对它进行处理，最后返回结果。

启动 MATLAB7.0 后，出现 MATLAB7.0 的系统界面如图 1-7 所示。MATLAB7.0 系统界面的最上面是“MATLAB”标题栏，标题栏下面是条形菜单栏，菜单栏下面是工具栏按钮与设置当前目录的弹出式菜单框及其右侧的查看目录树的按钮。在工具栏下面的大窗口就是 MATLAB7.0 的主窗口，在大窗口里设置有四个小窗口：工作空间（Workspace）、当前目录（Current Directory）、命令历史（Command History）与命令窗口（Command Window）。在最下面是“Start”开始按钮。命令窗口是用户和 MATLAB7.0 进行交互的主要场所。

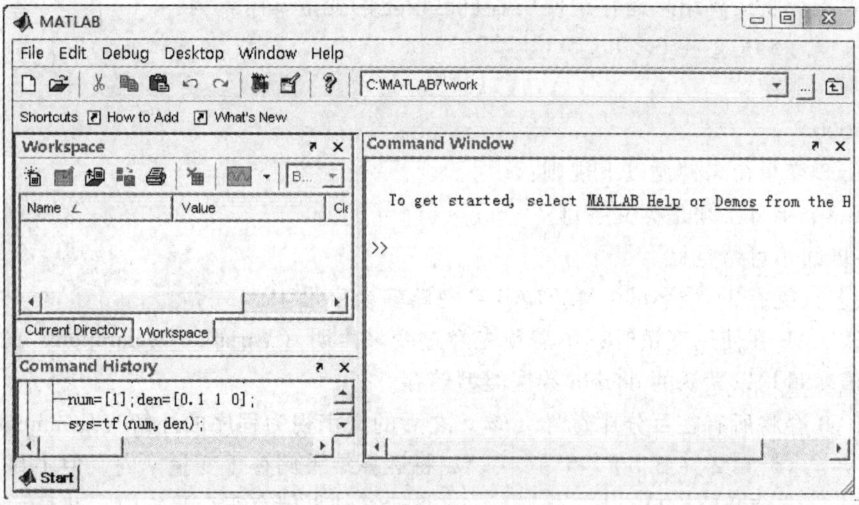

图 1-7 MATLAB7.0 的系统界面

MATLAB7.0 命令窗口的最上面一行是系统初始提示信息，第二行就会出现 MATLAB 环境提示符号“>>”和光标位置符。在命令窗口中，命令的执行类似 DOS 的行命令形式。从提示符处输入命令，按回车键后执行命令，并且一行可以输入多条命令，各命令用逗号或分号隔开。逗号告诉 MATLAB 显示结果，分号禁止显示。

二、MATLAB 数学运算

用 MATLAB 进行数学运算，就像在计算器上算算术一样简单方便。因此，MATLAB 被誉为“草稿纸式的科学计算语言”。在 MATLAB 的工作空间中，可以极为方便地直接进行一般的算术运算、复数运算、数组与矩阵运算等数学运算。

1. 算术运算

运用 MATLAB 可以完成一般常用的加（+）、减（-）、乘（*）、除（/）、幂次（^）等数学运算，最快速、简单的方法是在 MATLAB 命令窗口（Command Window）内的提示符号(>>)之后输入表达式，并按下【Enter】键即可。例：

```
>> (5 * 2 + 3.5) / 5
ans =
  2.7000
```

MATLAB 会将运算结果直接存入默认变量 ans，代表 MATLAB 运算后的答案（Answer），并在屏幕上显示其运算结果的数值（在上例中，即为 2.7000）。

若不想让 MATLAB 每次都显示运算结果，只需在表达式最后加上分号（;）即可。例：

```
>> (5 * 2 + 3.5) / 5;
```

在上例中，由于表达式后面加入了分号，因此 MATLAB 只会将运算结果储存在默认变量 ans 内，不会显示于屏幕上；在需要时取用或显示此运算结果，可直接输入变量 ans。例（接上例）：

```
>> ans
ans =
  2.7000
```

使用者也可将运算结果储存于使用者自己设定的变量 x 内。例：

```
>> x = (5 * 2 + 3.5) / 5
x =
  2.7000
```

MATLAB 变量命名遵循以下规则：

1）第一个字母必须是英文字母。

2）字母间不可留空格。

3）最多只能有 31 个字母，MATLAB 会忽略多余字母。

4）MATLAB 在使用变量时，不需预先经过变量声明（Variable Declaration）的程序，而且所有数值变量均以默认的 double 数据类型储存。

MATLAB 会将所有在百分比符号（%）之后的文字视为程序的注解（Comments）。例：

```
>> y = (5 * 2 + 3.5) / 5 ;        % 将运算结果储存于变量 y 内，但不显示于屏幕
>> z = y ^2                        % 将运算结果储存于变量 z 内，并显示于屏幕
z =
  7.2900
```

在上例中，百分比符号之后的文字会被 MATLAB 忽略不执行，但它的使用可提高 MATLAB 程序的可读性。

MATLAB 可同时执行以逗号（,）或分号（;）隔开的几个表达式。例：

```
>> x = sin (pi / 3) ; y = x ^ 2 ; z = y * 10 ,
z =
  7.5000
```

若一个数学表达式太长，可用三个句点（...）将其延伸到下一行。例：

```
>> z = 10 * sin (pi / 3) * ...
sin (pi / 3)
z =
  7.5000
```

2. 复数运算

MATLAB 最强大的功能之一是它对复数不需作特殊处理。在 MATLAB 中，复数可以用两种形式表示。

1）直接使用 MATLAB 的默认值 $i=j=\sqrt{-1}$来表示虚部。例：

1+2i 或 1-3j

2）可以在表达式中直接对负数开根号。例：

a=4*（2+sqrt（-1）*2），MATLAB 执行结果为

```
a =
  8.0000 + 8.0000i
```

3. 数组与矩阵运算

矩阵是 MATLAB 的核心，MATLAB 的所有数据都以矩阵形式存储。在 MATLAB 中，矩阵和数组这两个术语并无严格的区分，可以混用。准确地讲，矩阵是一个二维的实数或复数的数组（或向量）。例：

```
>> s = [1  3  5  2];        % 注意 [  ] 的使用及各数字间的空白间隔
>> t = 2 * s + 1
t =
  3  7  11  5
```

在上例中，MATLAB 使用中括号（[ ]），来建立一个数组［1　3　5　2］（或是 1×4 大小的矩阵［1　3　5　2］），将其储存在变量 s 中，再对其进行运算产生另一新的数组［3　7　11　5］，并将其结果储存在变量 t 内。

注意：s =［1　3　5　2］与 s =［1，3，5，2］的效果是一样的。

MATLAB 也可取出数组中的一个元素或一部分来做运算。例（接上例）：

```
>> t(3) = 2            % 将数组 t 的第三个元素更改为 2
t =
3  7  2  5
>> t(6) = 10           % 在数组 t 中加入第六个元素，其值为 10
t =
3  7  2  5  0  10
>> t(4) = [ ]          % 将数组 t 的第四个元素删除
t =
3  7  2  0  10
>> s(2) * 3 + t(4)% 取出数组 s 的第二个元素和数组 t 的第四个元素做运算
ans =
9
>> t(2:4) - 1          % 取出数组 t 的第二至第四个元素来做运算
ans =
6  1  -1
```

用类似上述建立数组的方法，使用者可以建立 $m\times n$ 大小的矩阵（m 代表矩阵的行数，n 代表矩阵的列数），但必须在每一行结尾加上分号“;”。例：

```
>> A = [1  2  3  4;  5  6  7  8;  9  10  11  12]; % 建立3×4的矩阵A
>> A                                             % 显示矩阵A内容
A =
1  2    3  4
5  6    7  8
9  10  11  12
```

同样，还可以对矩阵进行各种处理。例（接上例）：

```
>> A(2,3) = 5              % 将矩阵A第二行、第三列的元素值改变为5
A =
1  2    3  4
5  6    5  8
9  10  11  12
>> B = A(2,1:3)            % 取出矩阵A第二行、第一列至第三列的元素值
                           % 储存成一新矩阵B
B =
    5  6  5
>> A = [A B']              % 将矩阵B转置后，再以列向量并入矩阵A
A =
    1   2   3   4   5
    5   6   5   8   6
    9  10  11  12   5
>> A(:,2) = []             % 删除矩阵A第二列（:代表所有行，[ ]代表空矩阵）
A =
    1   3   4   5
    5   5   8   6
    9  11  12   5
>> A = [A;  4  3  2  1]% 在原矩阵A中，加入第四行
A =
    1   3   4   5
    5   5   8   6
    9  11  12   5
    4   3   2   1
>> A([1  4],:) = [ ]  % 删除第一、第四行（:代表所有列，[ ]代表空矩阵）
A =
    5   5   8   6
    9  11  12   5
```

4. MATLAB 常用数学函数

MATLAB 是一个科学计算软件，因此它支持很多数学函数。例：

```
>> x = 4;
```

```
>> y = abs (x)                % 取x的绝对值
y =
    4
>> y = sin (x)                % 取x的正弦值
y =
   -0.7568
```

MATLAB 有相当完整的数学函数及三角函数，见表1-1 和表1-2。

这些基本数学函数，也都可用于数组或矩阵。例：

```
>> x = [4  2j  9];
>> y = sqrt (x)          % 对x开平方
y =
   2.0000     1.0000 + 1.0000i     3.0000
```

在上例中，sqrt (x) 函数会对x的每一个元素进行开平方的运算。

表 1-1 MATLAB 常用数学函数

函数	说明	函数	说明
abs(x)	标量的绝对值或复数的幅值	fix(x)	对原点方向取紧邻整数
exp(x)	自然指数 e^x	ceil(x)	对 $+\infty$ 方向取紧邻整数
pow2(x)	2 的指数 2^x	floor(x)	对 $-\infty$ 方向取紧邻整数
sqrt(x)	开平方	gcd(x ,y)	整数 x 和 y 的最大公约数
log(x)	自然对数 ln(x)	lcm(x ,y)	整数 x 和 y 的最小公倍数
log2(x)	以 2 为底的对数 $\log_2(x)$	rem(x ,y)	求 x 除以 y 的余数
log10(x)	以 10 为底的对数 $\log_{10}(x)$	round(x)	四舍五入到最近的整数
angle(z)	复数 z 的相角	sign(x)	符号函数 当 x<0 时,sign(x) = -1 当 x=0 时,sign(x) =0 当 x>0 时,sign(x) =1
real(z)	复数 z 的实部		
imag(z)	复数 z 的虚部		
conj(z)	复数 z 的共轭复数		

表 1-2 MATLAB 常用三角函数

函 数	说 明	函 数	说 明
sin(x)	正弦函数	asin(x)	反正弦函数
cos(x)	余弦函数	acos(x)	反余弦函数
tan(x)	正切函数	atan(x)	反正切函数
sinh(x)	双曲正弦函数	asinh(x)	反双曲正弦函数
cosh(x)	双曲余弦函数	acosh(x)	反双曲余弦函数
tanh(x)	双曲正切函数	atanh(x)	反双曲正切函数

5. 多项式运算

多项式运算是线性代数、线性系统分析中的重要内容。MATLAB 提供了多条命令，可以进行多项式运算。

一个 n 次的多项式可以表示为

$$p(x)=a_nx^n+a_{n-1}x^{n-1}+\cdots+a_1x+a_0$$

因此，在 MATLAB 中，可以用一个长度为 $n+1$ 的行向量来表示 $p(x)$ 为

$$p=[a_n,\ a_{n-1},\ \cdots,\ a_1,\ a_0]$$

例如，可用 $p=[1,\ 2,\ 0,\ -5,\ 6]$ 来表示一个 4 次多项式

$$p(x)=x^4+2x^3-5x+6$$

在 MATLAB 的命令窗口内输入为

```
>> p = [1  2  0  -5  6];
```

(1) 求根及逆运算　roots 命令可以求解多项式 $p(x)$ 的根，求出的根按列向量存储。例如，求上面给出的多项式的根，则键入

```
>> r = roots (p)
r = -1.8647 + 1.3584i
    -1.8647 - 1.3584i
    0.8647 + 0.6161i
    0.8647 - 0.6161i
```

poly 命令可以由根的列向量表示求多项式的系数，得到的多项式系数按行向量存储。例如对于上面求出的根，键入

```
>> p = poly (r)
```

得到

```
p = 1.0000    2.0000    0.0000    -5.0000    6.0000
```

(2) 有理多项式　在线性系统的傅里叶变换、拉普拉斯变换和 Z 变换中，经常用到有理多项式。MATLAB 提供了一些命令可以进行有理多项式的运算。MATLAB 中的有理多项式是由分子多项式和分母多项式表示的，可以用 residue 命令进行部分分式展开。该命令语法为

```
[r , p , k] = residue (num , den)
```

其中，num 和 den 分别表示分子和分母多项式的系数行向量。

分解的结果形式为

$$G(s)=\frac{\mathrm{num}(s)}{\mathrm{den}(s)}=\frac{r(1)}{s+p(1)}+\frac{r(2)}{s+p(2)}+\cdots+\frac{r(n)}{s+p(n)}+k(s)$$

式中　$k(s)$——常数项或纯微分项。

例如，对已知传递函数

$$G(s)=\frac{10(s+3)}{(s+1)(s^2+s+3)}$$

进行部分分式分解，运算过程为

```
>> num = [10  30];                        % 定义分子多项式
>> den = [1  2  4  3];                    % 定义分母多项式
>> [r , p , k] = residue (num , den)     % 进行部分分式展开
r =
     -3.3333 - 4.0202i
     -3.3333 + 4.0202i
```

```
    6.6667
p =
    -0.5000 + 1.6583i
    -0.5000 - 1.6583i
    -1.0000
k =
    [ ]
```

其中，k = [ ] 表示没有常值项。

结果表明，传递函数 $G(s)$ 被分解为下面的部分分式：

$$\frac{\text{num}(s)}{\text{den}(s)}=\frac{-3.3333-4.0202i}{s+0.5-1.6583i}+\frac{-3.3333+4.0202i}{s+0.5+1.6583i}+\frac{6.6667}{s+1}$$

注意，该命令得到的低阶分式都是一阶形式，分子上是常值。显然，由于原传递函数有复特征值，利用该命令得到的展开式不是常用的实数形式。当然，可以利用多项式的乘法命令进行通分得到实数形式。

根据给出的 r，p，k 的值，可以用同一个命令求出传递函数的有理多项式形式。例如利用上面求出的结果，键入命令

```
>> [num, den] = residue(r, p, k)
```

得到

```
num =
    0   10   30
den =
    1.0000   2.0000   4.0000   3.0000
```

可以看到，求出的分子多项式和分母多项式与给定的传递函数 $G(s)$ 形式相同。

三、MATLAB 绘图

MATLAB 不但擅长与矩阵相关的各种数值运算，还具有非常强大的绘图功能，特别适用于各种科学计算可视化（Scientific Visualization）。

1. 基本绘图命令 plot

MATLAB 的 plot 是最基本的绘图命令，可以对一组 x 坐标及相对应的 y 坐标进行描点绘图。例：

```
>> x = linspace(0, 2*pi);        % 在0~2π间，等分取100个点
>> y = sin(x);                   % 计算x的正弦函数值
>> plot(x, y);                   % 进行二维平面描点绘图
```

各命令执行的结果如图 1-8 所示的图形。

在上例中，linspace（0，2*pi）产生从 0~2π 且长度为 100（默认值）的矢量 x，y 则是相对应的 y 坐标值，plot（x，y）则可对这 100 个二维平面上的点进行描点绘图。

若要利用 plot 命令一次画出多条曲线，可将 x 及 y 坐标依次送入 plot 命令即可。例：

```
>> x = linspace(0, 2*pi);
>> plot(x, sin(x), '-', x, cos(x), ':', x, sin(x)+cos(x), '--');
```

各命令执行的结果如图 1-9 所示的图形。

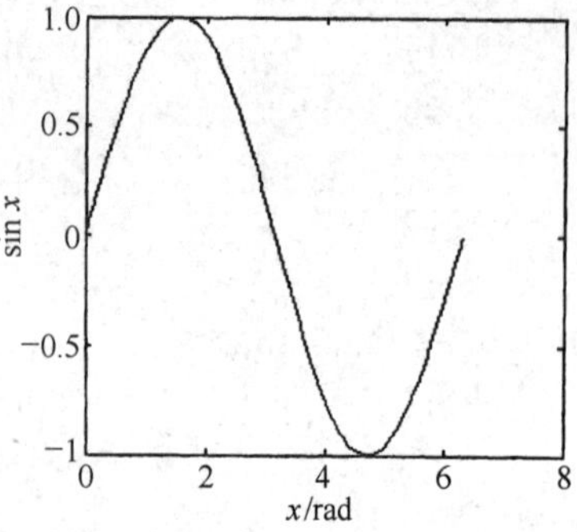

图 1-8　二维平面描点绘图

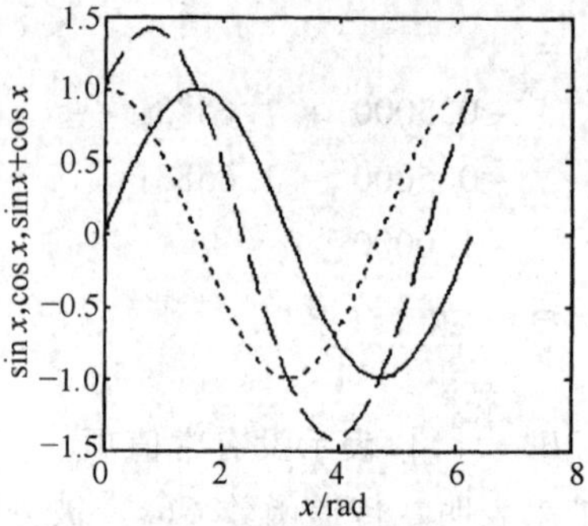

图 1-9　多条曲线描点绘图

MATLAB 在绘制多条曲线时，会自动转换曲线颜色，以利于分辨（也可由使用者自行设定曲线颜色及其他相关属性）。还可以不同的标志（Marker）来绘图，可输入

```
>> x = linspace (0 , 2 * pi) ;
>> plot (x , sin (x) ,'o' , x , cos (x) ,'x' , x , sin (x) + cos (x) ,'*') ;
```

各命令执行的结果如图 1-10 所示的图形。

如果 z 是一个复数矢量或矩阵，那么 plot（z）是将 z 的实部（即 real（z））和虚部（即 imag（z））分别当成 x 坐标和 y 坐标来绘图，其效果与 plot（real（z），imag（z））相同。例：

```
>> x = randn (30) ;          % 产生 30×30 的随机数（正态分布）矩阵
>> z = eig (x) ;             % 计算 x 的特征值
>> plot (z ,'o')
>> grid on                   % 画出网格线
```

各命令执行的结果如图 1-11 所示的图形。

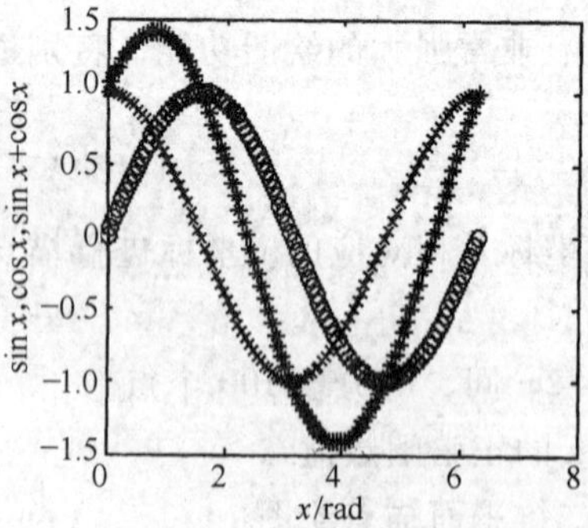

图 1-10　以不同的标志绘图

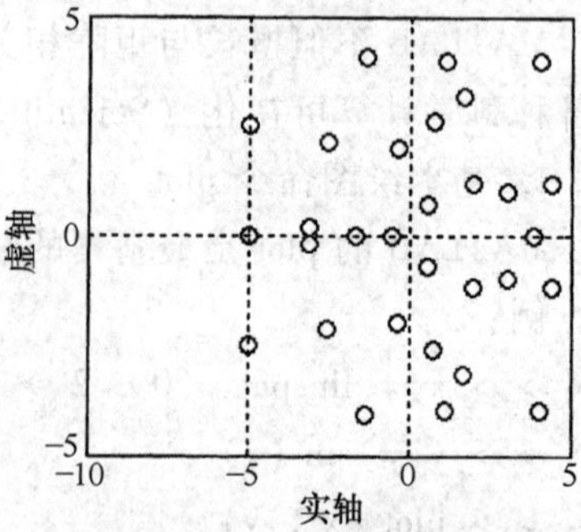

图 1-11　画出网格线的结果

在上例中，x 是一个 30×30 的随机数矩阵，z 则是 x 的特征值。由于 z 是一复数矢量，而且每一个复数都和其共轭复数同时出现，因此所画出的图是上下对称的。

MATLAB 的基本二维绘图命令，可参见表 1-3。

例如，若要使 x 轴为对数刻度，来对正弦函数绘图，可按如下进行：

```
>> x = linspace (0 , 8 * pi) ;          % 在 0～8π 间，等分取 100 个点
>> semilogx (x , sin (x) ) ;            % x 轴为对数刻度，并对其正弦函数绘图
```

表 1-3 MATLAB 的基本二维绘图命令

命 令	说 明
plot	x 轴和 y 轴均为线性刻度(Linear scale)
loglog	x 轴和 y 轴均为对数刻度(Logarithmic Scale)
semilogx	x 轴为对数刻度,y 轴为线性刻度
semilogy	y 轴为对数刻度,x 轴为线性刻度
plotyy	画出两个刻度不同的 y 轴

各命令执行的结果如图 1-12 所示的图形。

2. 图形的修饰

plot 命令除了接受 x 及 y 坐标外，还可以接受一个字符串输入，用以控制曲线的颜色、格式及标志，其指令调用格式为

plot（x ，y ，′CLM′）

其中，C 代表曲线的颜色（Colors），L 代表曲线的格式（Line Styles），M 代表曲线所用的标志（Markers）。例如，若要用黑色点线画出正弦波，并在每一数据点上画一个小菱形，可输入

```
>> x = 0 : 0.5 : 4 * pi ;            % x 向量的起始与结束元素为 0 及 4π
                                     % 0.5 为各元素相差值（间隔为 0.5）
>> y = sin (x) ;
>> plot (x , y ,′k : diamond′)       % 其中“k”代表黑色，“:”代表点线
                                     % 而“diamond”则指定菱形为曲线的标志
```

各命令执行的结果如图 1-13 所示的图形。

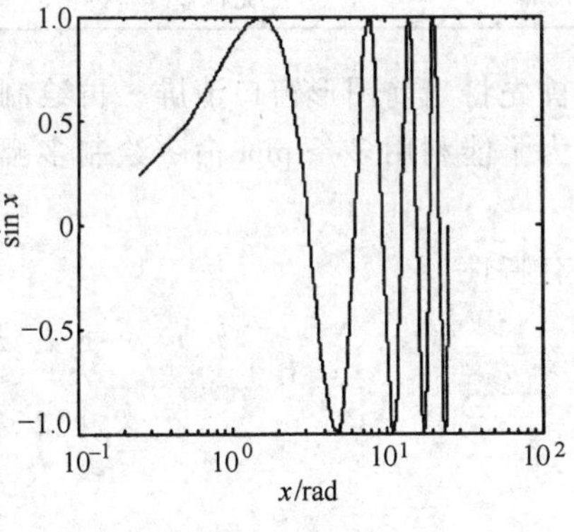

图 1-12 x 轴为对数刻度的正弦函数图

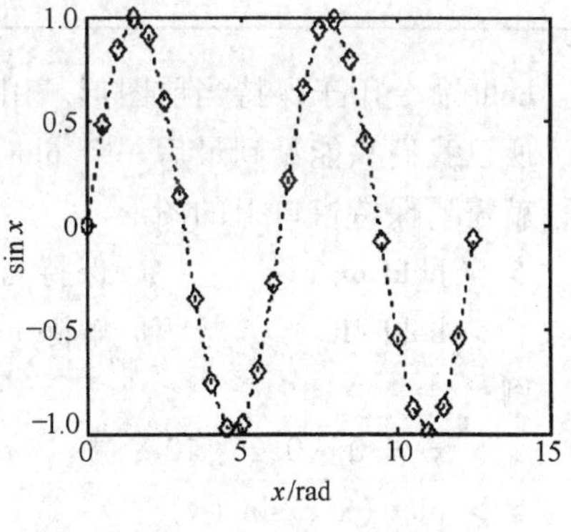

图 1-13 用黑色点线画出正弦波并在数据点画上小菱形

表 1-4、表 1-5、表 1-6 分别给出了 plot 命令的曲线颜色选项、格式与符号参考值。

表 1-4 plot 命令中曲线颜色选项参考表

plot 命令	曲线颜色	RGB 值
b	蓝色(Blue)	(0,0,1)
c	青蓝色(Cyan)	(0,1,1)

（续）

plot 命令	曲线颜色	RGB 值
g	绿色(Green)	(0,1,0)
k	黑色(Black)	(0,0,0)
m	紫红色(Magenta)	(1,0,1)
r	红色(Red)	(1,0,0)
w	白色(White)	(1,1,1)
y	黄色(Yellow)	(1,1,0)

表 1-5　plot 命令中曲线格式参考表

plot 命令	曲线格式	plot 命令	曲线格式
-	实线(默认值)	:	点线
- -	虚线	-.	点画线

表 1-6　plot 命令中曲线符号参考表

plot 命令	曲线符号	plot 命令	曲线符号
o	圆形	>	朝右三角形
+	十字形	<	朝左三角形
x	叉号	square/s	方形
*	星号	diamond/d	菱形
.	点号	pentagram/p	五角星形
∧	朝上三角形	hexagram/h	六角星形
∨	朝下三角形	none	无符号(默认值)

hold 命令用于保持当前图形。用 plot 命令绘图时，首先将当前图形窗口清屏，再绘制图形，所以我们只能见到最后一个 plot 命令绘制的图形。为了能利用多条 plot 命令绘制多幅图形，就需要保持窗口上的图形。

```
> > hold on          % 保持当前图形及轴系的所有特性
> > hold off         % 解除 hold on 命令
```

例：

```
> > x = 0 : 0.2 : 12 ;
> > plot (x , sin (x) ,' -')
> > hold on
> > plot (x , 1.5 * cos (x) ,' :')
```

以上程序中使用了两条 plot 命令绘制出两条曲线，如图 1-14 所示。

3. 坐标轴的定制

一般而言，plot 命令会根据所给的坐标点来自动决定图轴的范围，但是也可以使用 axis 命令来指定，其指令调用格式为

axis ([xmin , xmax , ymin , ymax])

其中，xmin 和 xmax 指定 x 轴的最小和最大值，ymin 和 ymax 则指定 y 轴的最小和最大

值。如果要画出正弦波在 y 轴介于 0 和 1 的部分，可输入

```
>> x = 0 : 0.1 : 4 * pi ;                    % x矢量的起始与结束元素为0及4π
                                             % 0.1为各元素相差值
>> y = sin (x) ;
>> plot (x , y) ;
>> axis ( [ -inf , inf , 0 , 1] ) ;          % 画出正弦波y轴介于0和1的部分
```

各命令执行的结果如图 1-15 所示的图形。

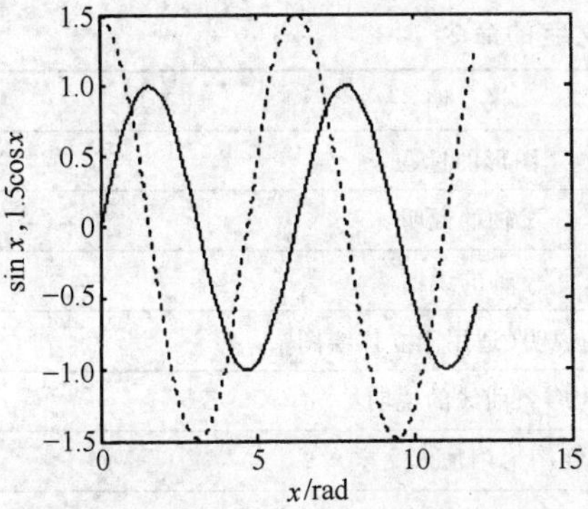

图 1-14 利用 hold 命令绘出的两条曲线

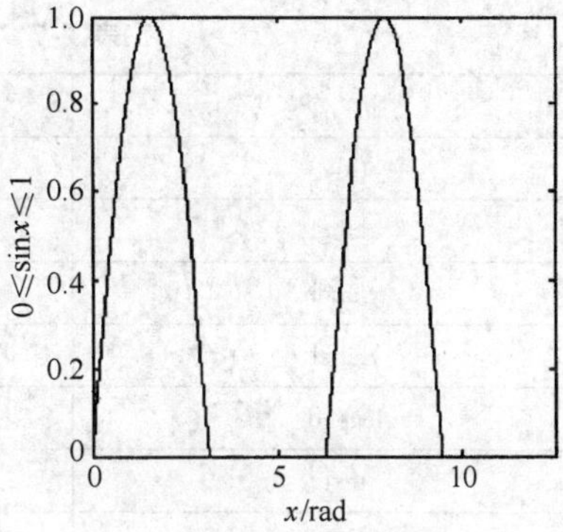

图 1-15 正弦波 y 轴介于 0 和 1 的部分

其中，-inf 及 inf 并不是代表"无穷大"，而是代表以数据点（上例中即是 x 轴的数据点）的最小值和最大值来取代，因此上述 axis 命令等效于

axis ([min (x) , max (x) , 0 , 1])。

4. 图形窗口分割

如果要在一个窗口产生多个图形（即图轴），可在 plot 命令之前加上 subplot，其一般形式为 subplot (m , n , p)，表示将窗口划分为 $m \times n$ 个区域，而下一个 plot 命令则绘图于第 p 个区域，其中 p 的算法为由左至右，一行一行算起。如果在一个窗口当中同时画出四个图，可以输入

```
>> x = 0 : 0.1 : 4 * pi ;
>> subplot (2 , 2 , 1) ; plot (x , sin (x) ) ;          % 将窗口分割产生四个图形，
                                                        此为左上角图形
>> subplot (2 , 2 , 2) ; plot (x , cos (x) ) ;          % 此为右上角图形
>> subplot (2 , 2 , 3) ; plot (x , exp ( -x /5)) ;      % 此为左下角图形
>> subplot (2 , 2 , 4) ; plot (x , x .^2) ;             % 此为右下角图形
```

各命令执行的结果如图 1-16 所示的图形。

5. 添加说明文字

MATLAB 可在图形或图轴添加说明文字，以增进整体图形的可读性，参见表 1-7。

有关图轴的说明文字，举例如下：

```
>> x = 0: 0.1: 2 * pi ;
>> y1 = sin (x) ;
```

```
> > y2 = exp ( - x) ;
> > plot (x , y1 ,' - - * ', x , y2 ,': o ') ;
> > xlabel ( ' x = 0 to 2 \ pi ') ;
> > ylabel ( ' values of sin (x) and e^ { - x} ')
> > legend ( ' sin (x) ' ,' e^ { - x} ') ;
```

各命令执行的结果如图 1-17 所示。

其中，legend 命令将会画出一小方块，包含每条曲线的说明。如果对 legend 方块位置不满意，可用鼠标单击拖放至适当的位置。

表 1-7　图形或图轴添加说明文字的命令

命　令	说　明
title	图形的标题
xlabel	x 轴的说明
ylabel	y 轴的说明
zlabel	z 轴的说明(适用于立体绘图)
legend	多条曲线的说明
text	在图形中加入文字
gtext	使用鼠标决定文字的位置

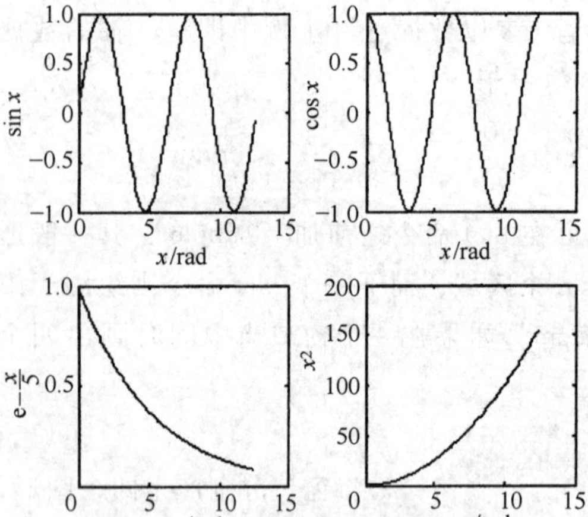

图 1-16　在一个窗口中画出四个图

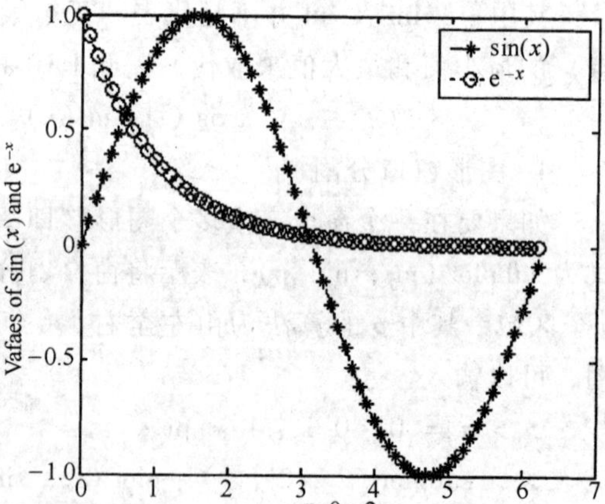

图 1-17　加入说明文字的各命令执行的结果

习题与思考题

1-1　机械工程控制论的研究对象与任务是什么？

1-2　什么是反馈？什么是外反馈和内反馈？

1-3　反馈控制的概念是什么？为什么要进行反馈控制？

1-4　闭环控制系统的基本工作原理是什么？

1-5　对控制系统的基本要求是什么？

1-6　远距离操作机器人的手臂工作原理如图 1-18 所示，试简述其工作原理并画出系统框图。

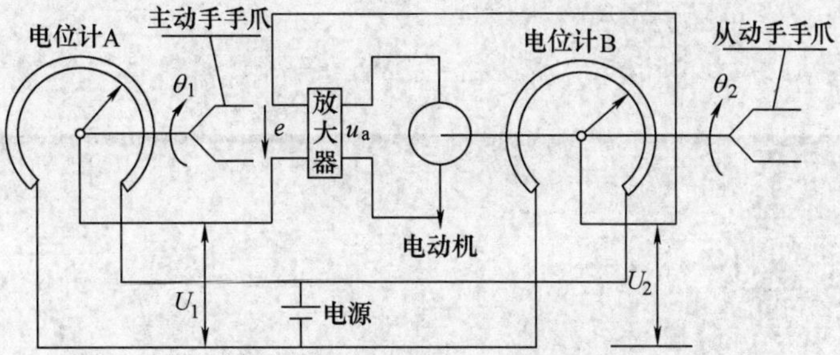

图 1-18　机器人手臂工作系统原理图

1-7　直流电动机双闭环调速系统的原理如图 1-19 所示。试画出系统的框图，并分析哪些装置起测量、比较、执行和校正等作用。

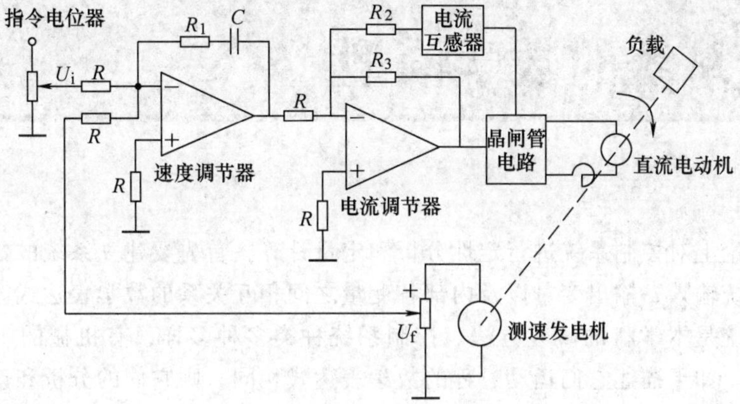

图 1-19　直流电动机调速系统原理图

第二章 系统的数学模型

为了从理论上对控制系统进行定性分析和定量计算，首先要建立系统的数学模型。数学模型是描述系统输入、输出变量以及内部各变量之间相互关系的数学表达式。从数学模型入手研究控制系统是本学科的研究方法。控制系统种类多种多样，有机械的、电气的、液压的、气动的等。如果描述它们运动过程的数学表达式相同，则它们的分析和计算方法就完全一样。因此，利用控制系统的数学模型，可以撇开系统的具体物理属性，研究这些系统运动过程的共同规律，对控制系统从理论上进行具有普遍意义的分析研究。研究所得的结论也就必然有效地指导各种控制系统的分析与设计。这种研究方法所诞生的自动控制理论，对现代自动化技术的发展起了巨大的推动作用。

建立合理的数学模型，对于系统的分析研究是至关重要的。一般应根据系统的实际结构参数及计算所要求的精度，略去一些次要因素，使模型既能准确地反映系统的动态品质，又能简化分析计算的工作。

系统数学模型的建立，一般采用解析法或实验法。解析法就是依据系统本身所遵循的有关物理定律列写数学表达式，在列写方程的过程中往往要进行必要的简化。实验法适用于较复杂的系统。当研究者对系统的构成、机理、信息传递等缺乏了解，无法用解析法建立系统的数学模型时，必须根据系统对某些典型输入信号的响应或其他实验数据建立系统的数学模型，这种用实验数据建立数学模型的方法也称为系统辨识。本章主要讲述用解析法建立系统的数学模型。

第一节　系统的微分方程

工程上常用的系统数学模型有微分方程、传递函数和状态方程等。微分方程是最基本的数学模型形式，是列写传递函数的基础。下面以不同系统为例来说明建立微分方程的方法和步骤。

一、机械系统的微分方程

机械系统的微分方程可用牛顿第二定律推导。牛顿第二定律为：物体的加速度与其所受的合外力成正比，与其质量成反比，而且加速度与合外力的方向相同（作用在物体上的合外力与该物体的惯性力构成平衡力系）。用公式可表示为

$$-m\frac{d^2x}{dt^2}+\sum F_i=0 \tag{2-1}$$

式中 $\sum F_i$——作用在物体上的合外力；

$\frac{d^2x}{dt^2}$——物体的加速度；

m——物体的质量；

$-m\frac{d^2x}{dt^2}$——物体的惯性力。

例 2-1 试列写图 2-1 所示机械移动系统的微分方程。给定外力 $F(t)$ 为输入量，位移 x 为输出量。

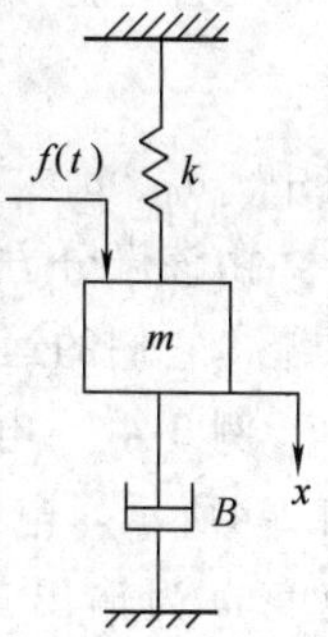

图 2-1 机械移动系统

解 应用牛顿第二定律，列写系统的运动微分方程式为

$$m\frac{d^2x}{dt^2}+B\frac{dx}{dt}+kx=F(t) \tag{2-2}$$

式中 m——运动体的质量，单位为 kg；

x——运动体 m 的运动位移，单位为 m；

B——粘性阻尼系数，单位为 $N\cdot s\cdot m^{-1}$；

k——弹簧刚度，单位为 $N\cdot m^{-1}$；

$F(t)$——外力，单位为 N。

例 2-2 试列写图 2-2 所示机械转动系统的微分方程。给定转矩 T 为输入量，转角 θ 为输出量。

解 应用牛顿第二定律，列写系统的运动微分方程式为

$$J\frac{d^2\theta}{dt^2}+B_J\frac{d\theta}{dt}+k_J\theta=T \tag{2-3}$$

式中 J——转动体的转动惯量，单位为 $kg\cdot m^2$；

θ——转角，单位为 rad；

B_J——转动时的粘性阻尼系数，单位为 $N\cdot m\cdot s\cdot rad^{-1}$；

k_J——扭转弹簧刚度，单位为 $N\cdot m/rad$；

T——外加转矩，单位为 $N\cdot m$。

二、电气系统的微分方程

电气系统的微分方程根据基尔霍夫定律、电磁感应定律等基本物理定律列写。

例 2-3 试列写图 2-3 所示 RLC 电路的微分方程。给定 $u_i(t)$ 为输入量，$u_o(t)$ 为输出量。

解 根据基尔霍夫定律和欧姆定律，有

$$L\frac{di(t)}{dt}+Ri(t)+u_o(t)=u_i(t) \tag{2-4}$$

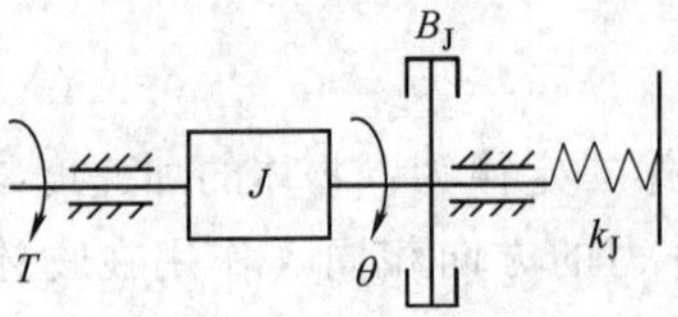

图 2-2　机械转动系统

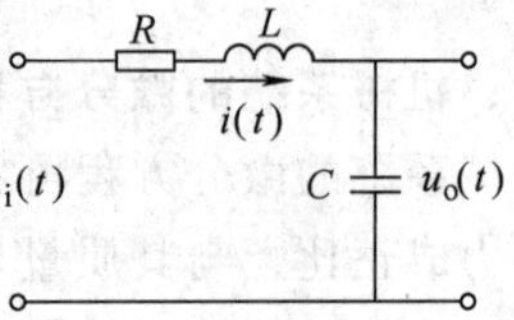

图 2-3　RLC 电路

$$i(t)=C\frac{du_o(t)}{dt} \tag{2-5}$$

将式（2-5）代入式（2-4）中，消去中间变量 $i(t)$，得到

$$LC\frac{d^2u_o(t)}{dt^2}+RC\frac{du_o(t)}{dt}+u_o(t)=u_i(t) \tag{2-6}$$

如果设输入量为 $x_i(t)$，输出量为 $x_o(t)$，则式（2-2）、式（2-3）和式（2-6）均可写为

$$a_0\frac{d^2x_o(t)}{dt^2}+a_1\frac{dx_o(t)}{dt}+a_2x_o(t)=x_i(t)$$

式中　a_0、a_1、a_2——由系统的结构参数决定的常数。

由该微分方程式描述的系统，如机械移动系统、机械转动系统和 RLC 电路，称为相似系统，它们的运动过程具有共同规律，因此分析和计算的方法也一样。

例 2-4　电枢控制的他励直流电动机如图 2-4所示。电枢电压 u_a 为输入量，电动机角速度 ω 为输出量，R_a、L_a、i_a 分别为电枢回路的电阻、电感和电流，i_f 为固定励磁电流，E_b 为反电动势，B 为电动机轴上的粘性摩擦系数，G 为转子重量，D 为转子直径，假定负载力矩 $T_L=0$，试列写出微分方程。

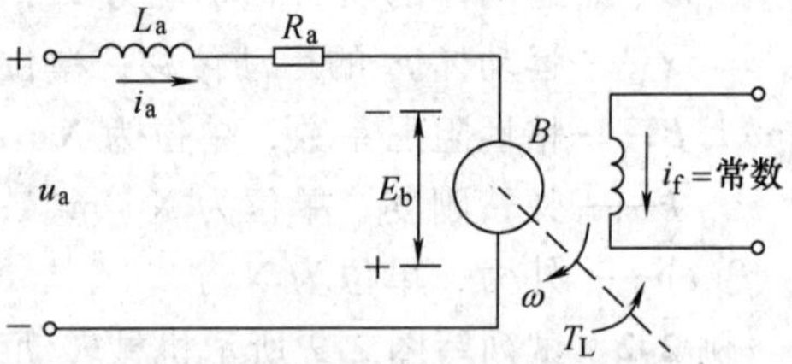

图 2-4　电枢控制的他励直流电动机示意图

解　当电枢两端加上电压 u_a 后，产生电枢电流 i_a，随即获得电磁力矩 T_m，使电动机转子加速转动起来，同时在电枢两端产生反电动势 E_b，削弱外电压作用，减小电枢电流，使转子的加速度减小，最终使电动机作恒速转动。

根据基尔霍夫定律，有

$$u_a=L_a\frac{di_a}{dt}+R_ai_a+E_b \tag{2-7}$$

根据磁场对载流线圈的作用定律，有

$$T_m=C_mi_a \tag{2-8}$$

式中　C_m——电动机的力矩常数。

根据电磁感应定律，有

$$E_b=K_b\omega \tag{2-9}$$

式中　K_b——电动机的反电动势常数。

根据牛顿第二定律，有

$$T_m=J\frac{d\omega}{dt}+B\omega \tag{2-10}$$

式中　$J=GD^2/49$——电动机转子的转动惯量。

该式表示，在空载情况下，电动机的电磁力矩完全用于克服转子自身的转动惯量和粘性摩擦，使电动机加速运动。

将式（2-9）代入式（2-7）得

$$u_a = L_a\frac{di_a}{dt} + R_a i_a + K_b\omega \tag{2-11}$$

将式（2-8）代入式（2-10）并整理得

$$i_a = \frac{J}{C_m}\frac{d\omega}{dt} + \frac{B}{C_m}\omega \tag{2-12}$$

将式（2-12）代入式（2-11）并整理得

$$\frac{L_aJ}{C_m}\frac{d^2\omega}{dt^2} + \frac{L_aB+R_aJ}{C_m}\frac{d\omega}{dt} + \left(K_b + \frac{R_aB}{C_m}\right)\omega = u_a \tag{2-13}$$

在工程实际中，为便于分析系统，总是尽可能地略去次要因素，使系统简单化。下面分三种情况进行讨论。

1）忽略粘性摩擦的影响，即设 $B=0$，则系统的微分方程可简化为

$$\frac{L_aJ}{C_m}\frac{d^2\omega}{dt^2} + \frac{R_aJ}{C_m}\frac{d\omega}{dt} + K_b\omega = u_a \tag{2-14}$$

2）忽略电枢电感的影响，即设 $L_a=0$，则系统的微分方程可简化为

$$\frac{R_aJ}{C_m}\frac{d\omega}{dt} + \left(K_b + \frac{R_aB}{C_m}\right)\omega = u_a \tag{2-15}$$

3）同时忽略电枢电感和粘性摩擦的影响，即设 $L_a=0$，$B=0$，则系统微分方程可简化为

$$\frac{R_aJ}{C_m}\frac{d\omega}{dt} + K_b\omega = u_a \tag{2-16}$$

三、用解析法列写系统微分方程的步骤

用解析法列写系统微分方程的步骤如下：

1）根据实际工作情况，确定系统或元件的输入、输出量。

2）从输入端开始，按照信号传递的顺序和各变量所遵循的物理（或化学）定律，列写出运动或变化过程的动态方程，一般为微分方程组。

3）消去中间变量，推出只含输入、输出量及其导数的微分方程。

4）标准化。将输出量及其各阶导数放在等号左侧，将输入量及其各阶导数放在等号右侧，并按降幂排列。最后将系数化为具有一定物理意义的形式，成为标准化的微分方程。

在列写某元件的微分方程时，还必须注意与其他元件的相互影响，即所谓负载效应问题。下面举例详细说明。

例 2-5　图 2-5 所示的是由两级 RC 电路串联组成的无源滤波电路，试列写以电压 u_i 为输入量、电压 u_o 为输出量的滤波电路的微分方程。假设滤波电路的输入电源的内阻为零，输出端接的负载阻抗为无穷大。

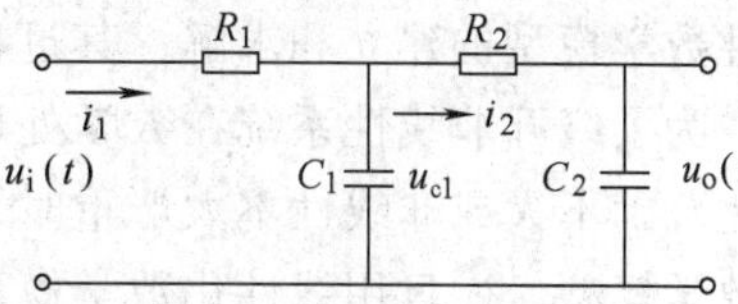

图 2-5　两级 RC 滤波电路

解 在这个电路中，后一级电路中的电流 i_2 影响着前一级电路的输出电压，即影响着 C_1 两端的电压，这就是负载效应。因此，两级不能孤立地分开，而必须作为一个整体来加以考虑。题中最后所设的电源和负载的条件，表明整个滤波电路对外部的连接是没有负载效应的。

根据基尔霍夫定律和欧姆定律，可写出下列方程组

$$\begin{cases} u_i = R_1 i_1 + u_{c1} \\ \dfrac{du_{c1}}{dt} = \dfrac{1}{C_1}(i_1 - i_2) \\ u_{c1} = R_2 i_2 + u_o \\ \dfrac{du_o}{dt} = \dfrac{1}{C_2} i_2 \end{cases} \tag{2-17}$$

消去中间变量 i_1、i_2、u_{c1}后得

$$R_1C_1R_2C_2\frac{d^2u_o}{dt^2} + (R_1C_1 + R_2C_2 + R_1C_2)\frac{du_o}{dt} + u_o = u_i$$

令 $R_1C_1 = T_1$，$R_2C_2 = T_2$，$R_1C_2 = T_3$，则上式可改写为

$$T_1T_2\frac{d^2u_o}{dt^2} + (T_1 + T_2 + T_3)\frac{du_o}{dt} + u_o = u_i \tag{2-18}$$

如果不考虑负载效应，把滤波电路看做两个独立的 RC 电路的串联连接，分别列写电路微分方程来联立求解，就会得出错误的结果，即

第一级：$R_1C_1\dfrac{du_{c1}}{dt} + u_{c1} = u_i$

第二级：$R_2C_2\dfrac{du_o}{dt} + u_o = u_{c1}$

消去中间变量 u_{c1}后得到

$$R_1C_1R_2C_2\frac{d^2u_o}{dt^2} + (R_1C_1 + R_2C_2)\frac{du_o}{dt} + u_o = u_i$$

即写为

$$T_1T_2\frac{d^2u_o}{dt^2} + (T_1 + T_2)\frac{du_o}{dt} + u_o = u_i$$

和式（2-18）不同，显然，这是不正确的。

四、非线性微分方程的线性化

控制系统中采用的各种元件，其输出信号与输入信号之间的关系都具有不同程度的非线性。例如，机械系统中的阻尼器，在低速时可以看做是线性的，但在高速时，粘性阻尼力与运动速度的二次方成正比，是非线性函数关系。对于包含有非线性函数关系的系统来说，非线性数学模型的建立和求解，其过程较为复杂和繁琐。

为了绕开非线性系统在数学处理上的困难，对于大部分元件和系统来说，当信号或变量变化范围不大或非线性不太严重时，都可以近似地线性化，即用线性化数学模型来代替非线性数学模型。一旦用线性化数学模型来近似地表示非线性系统，就可以运用线性理论对系统进行分析和设计。

所谓线性化，就是在一定的条件下作某种近似，或者缩小工作范围，而将非线性微分方程近似地作为线性微分方程来处理。

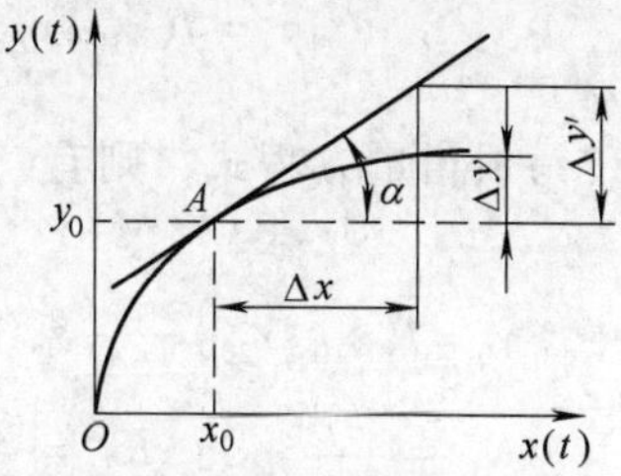

图 2-6 非线性函数线性化

假设有一个输入量为 $x(t)$，输出量为 $y(t)$，输入、输出量的关系为 $y=x(t)$ 的系统，如图 2-6 所示，$y(t)$ 与 $x(t)$ 之间具有非线性关系。$A(x_0, y_0)$ 为系统的工作点，即 $y_0=f(x_0)$，在 A 点附近，当输入变量 $x(t)$ 作 Δx 变化时，对应的输出变量的增量为 Δy。而对于通过 A 点的切线，x 变化 Δx 时，y 的增量为 $\Delta y'$。显然，当 x 在平衡工作点 A 附近只作微小的变化 Δx 时，$\Delta y \approx \Delta y'$，故可近似地有

$$\Delta y \approx \Delta y' = \Delta x \tan\alpha \tag{2-19}$$

式中 $\tan\alpha$——函数 $y=x(t)$ 在 $A(x_0, y_0)$ 点处的导数。

以增量为变量的微分方程，称为增量方程，故式（2-19）为线性增量方程。由此可见，在小变化范围内，Δy 可用 $\Delta y'$ 近似，与 Δx 有线性关系，即可用切线代替原来的非线性曲线，从而就可以把非线性问题线性化。这种线性化方法，称为小偏差线性化法，或切线法。

小偏差线性化这种近似方法，对大多数控制系统来说都是可行的。首先，控制系统在通常情况下，都有一个正常的稳定工作状态，称为平衡工作点。其次，当系统的输入量或输出量相对于正常工作状态发生微小偏差时，系统会立即进行控制调节，尽可能去消除此偏差。因此可以看出，这种偏差是“小偏差”，不会很大。

小偏差线性化这种近似，用数学方法来处理，就是将变量的非线性函数展开成泰勒级数，分解成这些变量在某工作状态附近的小增量的表达式，然后略去高于一次小增量的项，就获得近似的线性函数。

对于以一个自变量为输入量的非线性函数 $y=f(x)$，在平衡工作点 $A(x_0, y_0)$ 附近展开成泰勒级数，有

$$y=f(x_0)+\left.\frac{\mathrm{d}f(x)}{\mathrm{d}x}\right|_{x=x_0}(x-x_0)+\frac{1}{2!}\left.\frac{\mathrm{d}^2f(x)}{\mathrm{d}x^2}\right|_{x=x_0}(x-x_0)^2+\frac{1}{3!}\left.\frac{\mathrm{d}^3f(x)}{\mathrm{d}x^3}\right|_{x=x_0}(x-x_0)^3+\cdots$$

略去高于一次增量项，则有

$$y=f(x_0)+\left.\frac{\mathrm{d}f(x)}{\mathrm{d}x}\right|_{x=x_0}(x-x_0) \tag{2-20}$$

或

$$y-y_0=\Delta y=K\Delta x \tag{2-21}$$

式中 $y_0=f(x_0)$——系统的静态方程；

$K=\left.\dfrac{\mathrm{d}f(x)}{\mathrm{d}x}\right|_{x=x_0}$。

式（2-20）或式（2-21）就是非线性系统的线性化数学模型，式（2-21）为增量方程式。

若输出量 y 与输入量 x_1、x_2 有非线性关系 $y=f(x_1, x_2)$，那么同样将这个函数在工作点 (x_{10}, x_{20}) 附近展开成泰勒级数，并忽略二阶和高阶导数项，便可得到 y 的线性化方程为

$$y=f(x_{10},x_{20})+\left.\frac{\partial f}{\partial x_1}\right|_{\substack{x_1=x_{10}\\x_2=x_{20}}}(x_1-x_{10})+\left.\frac{\partial f}{\partial x_2}\right|_{\substack{x_1=x_{10}\\x_2=x_{20}}}(x_2-x_{20})$$

写成增量方程式，则有

$$y-y_0=\Delta y=K_1\Delta x_1+K_2\Delta x_2$$

式中　$y_0=f(x_{10}、x_{20})$——系统静态方程；

$K_1=\left.\frac{\partial f}{\partial x_1}\right|_{\substack{x_1=x_{10}\\x_2=x_{20}}}$；$K_2=\left.\frac{\partial f}{\partial x_2}\right|_{\substack{x_1=x_{10}\\x_2=x_{20}}}$。

应用小偏差线性化得到的线性化微分方程是增量方程式，但习惯上增量符号略写，以后研究的都是增量方程，系统工作点相当于坐标原点，这是以后讨论时总是假定系统初始条件为零的依据。

第二节　拉普拉斯变换与反变换

一、拉普拉斯变换

1. 拉普拉斯变换的定义

函数 $f(t)$，t 为实变量，如果线性积分 $\int_0^\infty f(t)\,\mathrm{e}^{-st}\mathrm{d}t$（$s$ 为复变量 $\sigma+\mathrm{j}\omega$）存在，则称其为函数 $f(t)$ 的拉普拉斯变换。变换后得到的新函数是复变量 s 的函数，记为 $F(s)$ 或 $L[f(t)]$，即

$$F(s)=L[f(t)]=\int_0^\infty f(t)\mathrm{e}^{-st}\mathrm{d}t \tag{2-22}$$

称 $F(s)$ 为 $f(t)$ 的象函数，$f(t)$ 为 $F(s)$ 的原函数。

2. 常用的拉普拉斯变换定理

（1）线性定理　拉普拉斯变换是一个线性变换，若有常数 k_1、k_2，函数 $f_1(t)$、$f_2(t)$，则

$$L[k_1f_1(t)+k_2f_2(t)]=k_1L[f_1(t)]+k_2L[f_2(t)]=k_1F_1(s)+k_2F_2(s) \tag{2-23}$$

（2）延迟定理　设 $f(t)$ 的拉普拉斯变换为 $F(s)$，对任意正实数 a，则有

$$L[f(t-a)]=\mathrm{e}^{-as}F(s) \tag{2-24}$$

式中　$f(t-a)$——延时函数，延时时间为 a。

（3）位移定理　设 $f(t)$ 的拉普拉斯变换为 $F(s)$，对任意常数 a（实数或复数）有

$$L[\mathrm{e}^{-at}f(t)]=F(s+a) \tag{2-25}$$

（4）相似定理　设 $f(t)$ 的拉普拉斯变换为 $F(s)$，对任意常数 a，则

$$L[f(at)]=\frac{1}{a}F\left(\frac{s}{a}\right) \tag{2-26}$$

（5）微分定理　原函数导数的拉普拉斯变换为

$$L\left[\frac{\mathrm{d}f(t)}{\mathrm{d}t}\right]=sF(s)-f(0) \tag{2-27}$$

式中　$f(0)$——函数 $f(t)$ 在自变量 $t=0$ 时的值，即初始值。

同样，可得 $f(t)$ 的各阶导数的拉普拉斯变换为

$$
\begin{cases}
L\left[\dfrac{\mathrm{d}^2 f(t)}{\mathrm{d}t^2}\right] = s^2F(s) - sf(0) - f'(0) \\
L\left[\dfrac{\mathrm{d}^3 f(t)}{\mathrm{d}t^3}\right] = s^3F(s) - s^2f(0) - sf'(0) - f''(0) \\
\cdots \\
L\left[\dfrac{\mathrm{d}^n f(t)}{\mathrm{d}t^n}\right] = s^nF(s) - s^{n-1}f(0) - s^{n-2}f'(0) - \cdots - f^{(n-1)}(0)
\end{cases}
\tag{2-28}
$$

式中 $f'(0)$, $f''(0)$, ⋯——原函数各阶导数在 $t=0$ 时刻的值。

如果函数 $f(t)$ 及其各阶导数的初始值均为零（称为零初始条件），则 $f(t)$ 各阶导数的拉普拉斯变换为

$$
\begin{cases}
L[f'(t)] = sF(s) \\
L[f''(t)] = s^2F(s) \\
L[f'''(t)] = s^3F(s) \\
\cdots \\
L[f^{(n)}(t)] = s^nF(s)
\end{cases}
\tag{2-29}
$$

（6）积分定理 原函数积分的拉普拉斯变换为

$$L\left[\int f(t)\,\mathrm{d}t\right] = \frac{1}{s}F(s) + \frac{1}{s}f^{(-1)}(0) \tag{2-30}$$

式中 $f^{(-1)}(0)$——积分 $\int f(t)\,\mathrm{d}t$ 在 $t=0$ 时刻的值。

对多重积分则有

$$L\left[\underbrace{\int\cdots\int}_{n} f(t)\,\mathrm{d}t\right] = \frac{1}{s^n}F(s) + \frac{1}{s^n}f^{(-1)}(0) + \cdots + \frac{1}{s}f^{(-n)}(0) \tag{2-31}$$

当初始条件为零时，则

$$L\left[\int f(t)\,\mathrm{d}t\right] = \frac{1}{s}F(s) \tag{2-32}$$

$$\cdots$$

$$L\left[\underbrace{\int\cdots\int}_{n} f(t)\,\mathrm{d}t\right] = \frac{1}{s^n}F(s) \tag{2-33}$$

（7）初值定理 如果原函数 $f(t)$ 的拉普拉斯变换为 $F(s)$，并且 $\lim\limits_{s\to\infty} sF(s)$ 存在，则时间函数 $f(t)$ 的初始值为

$$\lim_{t\to 0} f(t) = \lim_{s\to\infty} sF(s) \tag{2-34}$$

（8）终值定理 如果原函数 $f(t)$ 的拉普拉斯变换为 $F(s)$，并且 $\lim\limits_{s\to 0} sF(s)$ 存在，则时间函数 $f(t)$ 的稳态值为

$$\lim_{t\to\infty} f(t) = \lim_{s\to 0} sF(s) \tag{2-35}$$

（9）卷积定理 设 $F_1(s) = L[f_1(t)]$, $F_2(s) = L[f_2(t)]$

则

$$L\left[\int_0^t f_1(t-\tau) f_2(\tau)\,\mathrm{d}\tau\right] = F_1(s)F_2(s) \tag{2-36}$$

式中　$\int_0^t f_1(t-\tau)f_2(\tau)\mathrm{d}\tau = f_1(t)*f_2(t)$——$f_1(t)$ 和 $f_2(t)$ 的卷积。

二、拉普拉斯反变换

1. 定义

$$L^{-1}[F(s)] = f(t) = \frac{1}{2\pi \mathrm{j}}\int_{-\mathrm{j}\infty}^{+\mathrm{j}\infty} F(s)\mathrm{e}^{st}\mathrm{d}s \tag{2-37}$$

在工程应用中，对于简单的 $F(s)$，可直接利用附录 A 拉普拉斯变换对照表查出相应的 $f(t)$；对于复杂 $F(s)$，不能直接查表时，通常用下面介绍的部分分式法计算 $f(t)$。

2. 部分分式法求时间函数 $f(t)$

部分分式法的基本思想是，先将一个复杂的象函数 $F(s)$ 分解成若干个简单的有理分式函数之和，然后由拉普拉斯变换表一一查出对应的原函数，各原函数之和即为所求的 $f(t)$。

$F(s)$ 通常可表示为复数 s 的有理代数式形式，即

$$F(s) = \frac{B(s)}{A(s)} = \frac{b_0 s^m + b_1 s^{m-1} + \cdots + b_{m-1}s + b_m}{a_0 s^n + a_1 s^{n-1} + \cdots + a_{n-1}s + a_n} \quad (n \geqslant m) \tag{2-38}$$

设 s_1、s_2、s_3、…、s_n 为分母 $A(s)=0$ 的根，则

$$F(s) = \frac{B(s)}{a_0\left(s^n + \frac{a_1}{a_0}s^{n-1} + \cdots + \frac{a_n}{a_0}\right)} = \frac{B(s)}{a_0(s-s_1)(s-s_2)\cdots(s-s_n)} \tag{2-39}$$

用部分分式法将式（2-39）分解为若干个简单分式之和，并分三种情况讨论。

（1）$A(s)=0$ 的根是各不相同的实数　将式（2-39）分解为部分分式为

$$F(s) = \frac{A_1}{s-s_1} + \frac{A_2}{s-s_2} + \cdots + \frac{A_n}{s-s_n} = \sum_{i=1}^{n}\frac{A_i}{s-s_i} \tag{2-40}$$

式中　A_1、A_2、…、A_n——待定系数；$A_i = [(s-s_i)F(s)]_{s=s_i}$。

再根据拉普拉斯变换的线性定理，求原函数

$$f(t) = L^{-1}[F(s)] = \sum_{i=1}^{n} A_i \mathrm{e}^{s_i t} \tag{2-41}$$

例 2-6　求 $F(s) = \dfrac{s^2-s+2}{s\ (s^2-s-6)}$的原函数。

解　首先将 $F(s)$ 的分母因式分解，则有

$$F(s) = \frac{s^2-s+2}{s(s^2-s-6)} = \frac{s^2-s+2}{s(s-3)(s+2)} = \frac{A_1}{s} + \frac{A_2}{s-3} + \frac{A_3}{s+2}$$

$$A_1 = [F(s)s]_{s=0} = \left[\frac{s^2-s+2}{s(s-3)(s+2)}s\right]_{s=0} = -\frac{1}{3}$$

$$A_2 = [F(s)(s-3)]_{s=3} = \left[\frac{s^2-s+2}{s(s-3)(s+2)}(s-3)\right]_{s=3} = \frac{8}{15}$$

$$A_3 = [F(s)(s+2)]_{s=-2} = \left[\frac{s^2-s+2}{s(s-3)(s+2)}(s+2)\right]_{s=-2} = \frac{4}{5}$$

则

$$F(s) = -\frac{1}{3}\cdot\frac{1}{s} + \frac{8}{15}\cdot\frac{1}{s-3} + \frac{4}{5}\cdot\frac{1}{s+2}$$

$$f(t)=L^{-1}[F(s)]=L^{-1}\left(-\frac{1}{3}\cdot\frac{1}{s}\right)+L^{-1}\left(\frac{8}{15}\cdot\frac{1}{s-3}\right)+L^{-1}\left(\frac{4}{5}\cdot\frac{1}{s+2}\right)$$

$$=-\frac{1}{3}+\frac{8}{15}e^{3t}+\frac{4}{5}e^{-2t}\quad(t\geqslant 0)$$

(2) $A(s)=0$ 有共轭复根　如果 $F(s)$ 有一对共轭复根 s_1、s_2，其余的根均为各不相同的实数，将 $F(s)$ 展开成

$$F(s)=\frac{A_1s+A_2}{(s-s_1)(s-s_2)}+\frac{A_3}{s-s_3}+\cdots+\frac{A_n}{s-s_n}\tag{2-42}$$

通过下面的例子说明待定系数 A_1、A_2 及时间函数 $f(t)$ 的求解方法。

例 2-7　求 $F(s)=\dfrac{s+1}{s(s^2+s+1)}$ 的原函数。

解　首先将 $F(s)$ 的分母因式分解，则有

$$F(s)=\frac{s+1}{s\left(s+\frac{1}{2}+j\frac{\sqrt{3}}{2}\right)\left(s+\frac{1}{2}-j\frac{\sqrt{3}}{2}\right)}=\frac{A_0}{s}+\frac{A_1s+A_2}{s^2+s+1}\tag{2-43}$$

$$A_0=\left[\frac{s+1}{s\ (s^2+s+1)}s\right]_{s=0}=1$$

用 (s^2+s+1) 乘式 (2-43) 的两边，并令 $s=-\frac{1}{2}-j\frac{\sqrt{3}}{2}$，得

$$\frac{\frac{1}{2}-j\frac{\sqrt{3}}{2}}{-\frac{1}{2}-j\frac{\sqrt{3}}{2}}=A_1\left(-\frac{1}{2}-j\frac{\sqrt{3}}{2}\right)+A_2$$

可简化为

$$\frac{1}{2}-j\frac{\sqrt{3}}{2}=A_1\left(-\frac{1}{2}+j\frac{\sqrt{3}}{2}\right)+A_2\left(-\frac{1}{2}-j\frac{\sqrt{3}}{2}\right)$$

令上式两边实部和虚部分别相等，得

$$A_1+A_2=-1$$

$$A_1-A_2=-1$$

解得

$$A_1=-1,\ A_2=0$$

则有

$$F(s)=\frac{1}{s}-\frac{s}{s^2+s+1}$$

$$=\frac{1}{s}-\frac{s}{\left(s+\frac{1}{2}\right)^2+\left(\frac{\sqrt{3}}{2}\right)^2}$$

$$=\frac{1}{s}-\frac{s+\frac{1}{2}}{\left(s+\frac{1}{2}\right)^2+\left(\frac{\sqrt{3}}{2}\right)^2}+\frac{\frac{1}{2}}{\left(s+\frac{1}{2}\right)^2+\left(\frac{\sqrt{3}}{2}\right)^2}$$

$$=\frac{1}{s}-\frac{s+\frac{1}{2}}{\left(s+\frac{1}{2}\right)^2+\left(\frac{\sqrt{3}}{2}\right)^2}+\frac{\frac{1}{2}}{\frac{\sqrt{3}}{2}}\frac{\frac{\sqrt{3}}{2}}{\left(s+\frac{1}{2}\right)^2+\left(\frac{\sqrt{3}}{2}\right)^2}$$

查拉普拉斯变换表得

$$f(t)=1-\mathrm{e}^{-\frac{1}{2}t}\cos\frac{\sqrt{3}}{2}t+0.57\mathrm{e}^{-\frac{1}{2}t}\sin\frac{\sqrt{3}}{2}t(t\geqslant 0)$$

(3) $A(s)=0$ 有重根　假设 s_1 为 ρ 个重根，$s_{\rho+1}$、⋯、s_n 为单根，则可将 $F(s)$ 展成

$$F(s)=\frac{B(s)}{a_0(s-s_1)^{\rho}(s-s_{\rho+1})\cdots(s-s_n)}$$

$$=\frac{A_{01}}{(s-s_1)^{\rho}}+\frac{A_{02}}{(s-s_1)^{\rho-1}}+\frac{A_{03}}{(s-s_1)^{\rho-2}}+\cdots+\frac{A_{0\rho}}{s-s_1}+\frac{A_{\rho+1}}{s-s_{\rho+1}}+\cdots+\frac{A_n}{s-s_n} \tag{2-44}$$

式中，$A_{\rho+1}$、$A_{\rho+2}$、⋯、A_n 的求法与单实数根的情况相同。A_{01}、A_{02}、⋯、$A_{0\rho}$的求法如下：

$$A_{01}=\left|F(s)(s-s_1)^{\rho}\right|_{s=s_1}$$

$$A_{02}=\left\{\frac{\mathrm{d}}{\mathrm{d}s}[F(s)(s-s_1)^{\rho}]\right\}_{s=s_1}$$

$$A_{03}=\frac{1}{2!}\left\{\frac{\mathrm{d}^2}{\mathrm{d}s^2}[F(s)(s-s_1)^{\rho}]\right\}_{s=s_1}$$

$$\cdots$$

$$A_{0\rho}=\frac{1}{(\rho-1)!}\left\{\frac{\mathrm{d}^{(\rho-1)}}{\mathrm{d}s^{(\rho-1)}}[F(s)(s-s_1)^{\rho}]\right\}_{s=s_1}$$

则

$$f(t)=L^{-1}[F(s)]$$

$$=\left[\frac{A_{01}}{(\rho-1)!}t^{(\rho-1)}+\frac{A_{02}}{(\rho-2)!}t^{(\rho-2)}+\frac{A_{03}}{(\rho-3)!}t^{(\rho-3)}+\cdots+A_{0\rho}\right]\mathrm{e}^{s_1t}+\sum_{i=\rho+1}^{n}A_i\mathrm{e}^{s_it}$$

$(t\geqslant 0)$

例 2-8　求 $F(s)=\dfrac{s+3}{(s+2)^2(s+1)}$的原函数。

解　将 $F(s)$ 展开为部分分式

$$F(s)=\frac{A_{01}}{(s+2)^2}+\frac{A_{02}}{(s+2)}+\frac{A_3}{s+1}$$

$$A_{01}=\left[\frac{s+3}{(s+2)^2(s+1)}(s+2)^2\right]_{s=-2}=\frac{-2+3}{-2+1}=-1$$

$$A_{02}=\frac{\mathrm{d}}{\mathrm{d}s}\left[\frac{s+3}{(s+2)^2(s+1)}(s+2)^2\right]_{s=-2}=-2$$

$$A_3=\left[\frac{s+3}{(s+2)^2(s+1)}(s+1)\right]_{s=-1}=2$$

则

$$F(s)=\frac{-1}{(s+2)^2}-\frac{2}{(s+2)}+\frac{2}{s+1}$$

查拉普拉斯变换表，得

$$f(t)=-(t+2)e^{-2t}+2e^{-t}\quad(t\geqslant0)$$

三、用拉普拉斯变换解线性常微分方程

用拉普拉斯变换求解微分方程的步骤如下：

1）将系统的微分方程进行拉普拉斯变换，得到以 s 为变量的代数方程，又称变换方程。

2）解变换方程，求出系统输出变量的象函数表达式。

3）将输出变量的象函数表达式展开成部分分式。

4）对部分分式进行拉普拉斯反变换，得到微分方程的全解。

例 2-9　已知系统的微分方程

$$\frac{d^2x(t)}{dt^2}+5\frac{dx(t)}{dt}+6x(t)=6$$

并设 $\dot{x}(0)=2$，$x(0)=2$，求系统的输出 $x(t)$。

解　对微分方程进行拉普拉斯变换得

$$s^2X(s)-sx(0)-\dot{x}(0)+5[sX(s)-x(0)]+6X(s)=\frac{6}{s}$$

将 $\dot{x}(0)=2$，$x(0)=2$ 代入上式，并整理得

$$X(s)=\frac{2s^2+12s+6}{s(s^2+5s+6)}=\frac{1}{s}+\frac{5}{s+2}-\frac{4}{s+3}$$

对上式进行拉普拉斯反变换，得

$$x(t)=1+5e^{-2t}-4e^{-3t}$$

第三节　传递函数

拉普拉斯变换是求解线性常微分方程的有效工具，但求出微分方程的解以后，也难以找出微分方程的系数（由系统的结构参数决定）对方程解（一般为系统的被控量）的影响的一般规律。一旦求得的结果不满足要求，便无法从中找出改进方案。因此，采用微分方程不便于对系统进行分析与设计。

在经典控制理论中 广泛使用的系统分析设计方法——频率法和根轨迹法，不是直接求解微分方程，而是采用与微分方程有关的另一种数学模型——传递函数，间接地分析系统结构参数对系统输出的影响，因而使系统分析的问题大为简化。另一方面，还可以把对系统性能的要求转化为对系统传递函数的要求，使综合设计的问题易于实现。更重要的是，传递函数可以用框图表示和化简，求解系统的传递函数比求取系统的微分方程更直观、方便。因此，传递函数是经典控制理论中最重要的数学模型。

一、传递函数的定义

1. 定义

传递函数是线性定常系统在零初始条件下，输出量的拉普拉斯变换与输入量的拉普拉斯变换之比。

设线性定常系统的微分方程为

$$a_0\frac{\mathrm{d}^n x_o(t)}{\mathrm{d}t^n}+a_1\frac{\mathrm{d}^{n-1}x_o(t)}{\mathrm{d}t^{n-1}}+\cdots+a_{n-1}\frac{\mathrm{d}x_o(t)}{\mathrm{d}t}+a_n x_o(t)$$
$$=b_0\frac{\mathrm{d}^m x_i(t)}{\mathrm{d}t^m}+b_1\frac{\mathrm{d}^{m-1}x_i(t)}{\mathrm{d}t^{m-1}}+\cdots+b_{m-1}\frac{\mathrm{d}x_i(t)}{\mathrm{d}t}+b_m x_i(t)\quad(n\geqslant m)\tag{2-45}$$

式中 $x_o(t)$——系统的输出量；

$x_i(t)$——系统的输入量；

a_0、a_1、…、a_n 和 b_0、b_1、…、b_m——与系统结构参数有关的常数。

当初始条件为零时，对式（2-45）两边进行拉普拉斯变换，得

$$(a_0s^n+a_1s^{n-1}+\cdots+a_{n-1}s+a_n)X_o(s)=(b_0s^m+b_1s^{m-1}+\cdots+b_{m-1}s+b_m)X_i(s)\tag{2-46}$$

根据传递函数的定义，系统的传递函数 $G(s)$ 为

$$G(s)=\frac{X_o(s)}{X_i(s)}=\frac{b_0s^m+b_1s^{m-1}+\cdots+b_{m-1}s+b_m}{a_0s^n+a_1s^{n-1}+\cdots+a_{n-1}s+a_n}\quad(n\geqslant m)\tag{2-47}$$

利用传递函数可以把元件或系统输出量的拉普拉斯变换写成

$$X_o(s)=G(s)X_i(s)\tag{2-48}$$

传递函数是对微分方程在零初始条件下进行拉普拉斯变换得到的，如果已知系统的传递函数和输入信号，由式（2-48）可以得到零初始条件下系统输出量的拉普拉斯变换 $X_o(s)$，对 $X_o(s)$ 进行拉普拉斯反变换就得到输出量 $x_o(t)$。所以传递函数和微分方程、传递函数和时间响应具有密切的关系。

2. 关于传递函数的几点说明

1）传递函数是在拉普拉斯变换的基础上导出的，而拉普拉斯变换是一种线性积分变换，因此传递函数的概念只适用于线性定常系统。

2）传递函数是描述系统动态特性的一种数学模型，但它是在系统工作在某个相对静止状态时得出的。因为传递函数是在零初始条件下定义的，即在零时刻之前，系统对所给定的平衡工作点是处于相对静止状态的。因此，传递函数原则上不能反映系统在非零初始条件下的全部运动规律。

3）传递函数只表示输出量与输入量的关系，是一种函数关系。这种函数关系由系统的结构和参数所决定，与输入信号和输出信号无关。这种函数关系在信号传递的过程中得以实现，所以称为传递函数。

4）一个传递函数只能表示一个输入对一个输出的关系，所以只适用于单输入、单输出系统的描述，而且一个传递函数也无法全面反映系统内部的中间变量的变化情况。如果是多输入、多输出系统，不可能用一个传递函数来表示该系统各变量之间的关系，而要用传递函数矩阵来表示。

5）传递函数可以写成零点、极点表达式

$$G(s)=\frac{X_o(s)}{X_i(s)}=K\frac{(s-z_1)(s-z_2)\cdots(s-z_m)}{(s-p_1)(s-p_2)\cdots(s-p_n)}\tag{2-49}$$

式中 z_i——传递函数分子多项式的根，称为传递函数的零点，$i=1,2,\cdots,m$；

p_j——传递函数分母多项式的根，称为传递函数的极点，$j=1,2,\cdots,n$。

零点和极点的数值完全取决于系统的参数 a_0、a_1、…、a_n 和 b_0、b_1、…、b_m，即取决于系统的结构参数。一般地，零点和极点可以为实数（包括零）或复数。若为复数，必共

轭成对地出现，这是因为系统结构参数均为正实数的缘故。把传递函数的零点和极点表示在复平面上的图形，称为传递函数的零点和极点分布图，如图 2-7 所示。图中零点用“○”表示，极点用“×”表示。

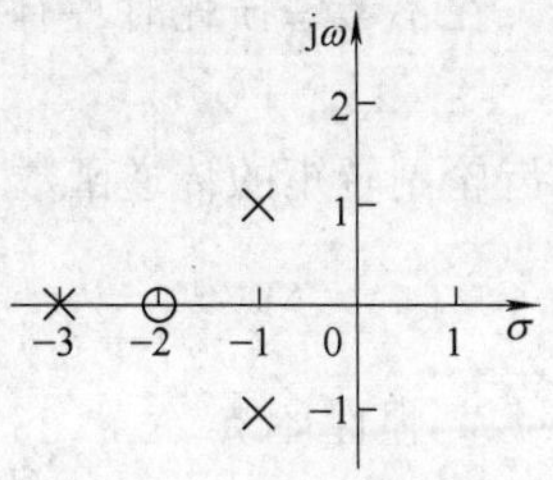

图 2-7　传递函数的零点和极点分布图

二、典型环节及其传递函数

控制系统一般由若干元件以一定形式连接而成，这些元件的物理结构和工作原理可以是多种多样的，但从控制理论来看，物理本质和工作原理不同的元件，可以有完全相同的数学模型，即具有相同的动态性能。在控制工程中，常常将具有某种确定信息传递关系的元件、元件组或元件的一部分称为一个环节，经常遇到的环节则称为典型环节。这样，任何复杂的系统都可归结为由一些典型环节组成，从而给建立数学模型、研究系统特性带来方便，使问题简化。

1. 比例环节

输出量以一定的比例复现输入量，不失真不滞后的环节，称为比例环节。其运动方程式为

$$x_o(t) = Kx_i(t) \tag{2-50}$$

式中　K——比例环节的常数，通常称为放大系数或增益。

其传递函数为

$$G(s) = K \tag{2-51}$$

在工程实际中，比例环节的例子很多。图 2-8 所示是数字运算放大器，$u_i(t)$ 为输入电压，$u_o(t)$ 为输出电压，其传递函数为

$$G(s) = \frac{U_o(s)}{U_i(s)} = -\frac{R_2}{R_1} = K$$

图 2-9 所示是齿轮副机构简图，T_1 为输入转矩，T_2 为输出转矩，其减速比为

$$i = \frac{\omega_1}{\omega_2}$$

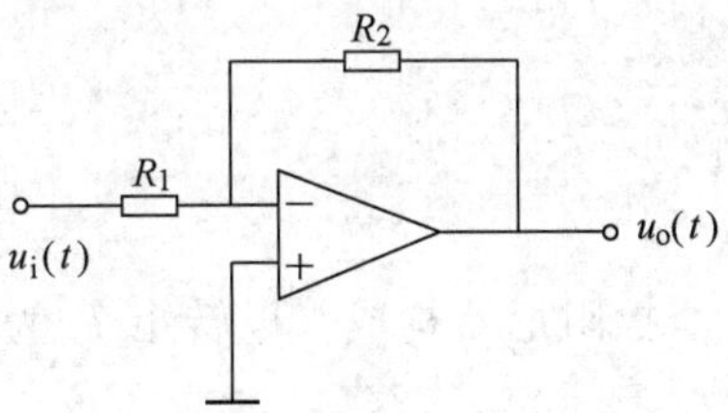

图 2-8　数字运算放大器

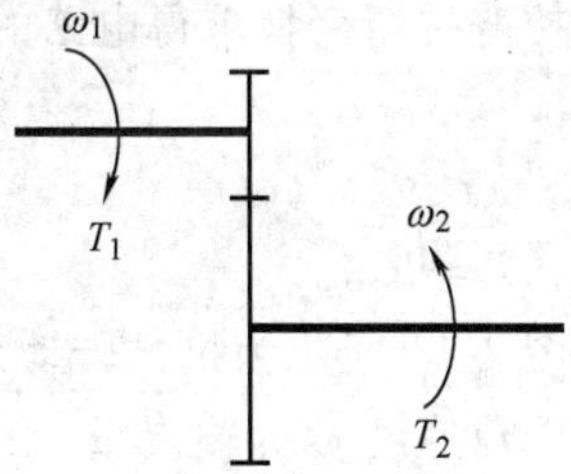

图 2-9　齿轮副机构简图

则有

$$\omega_2 = \frac{1}{i}\omega_1$$

齿轮副转速的传递函数为

$$G(s) = \frac{\Omega_2(s)}{\Omega_1(s)} = \frac{1}{i}$$

在不考虑损耗时，有

$$\omega_1 T_1 = \omega_2 T_2$$

则齿轮副转矩的传递函数为

$$G(s) = \frac{T_2(s)}{T_1(s)} = \frac{\omega_1}{\omega_2} = i$$

2. 惯性环节

输出量与输入量之间能用一阶线性微分方程描述的环节称为惯性环节。惯性环节也叫非周期环节。在这类环节中，含有一个储能元件，当输入量突然变化时，由于其物理状态不能突变，输出量也就不能立即复现，而是按指数规律逐渐变化，故它的输出量的变化落后于输入量。其运动方程式为

$$T\frac{dx_o(t)}{dt} + x_o(t) = Kx_i(t) \tag{2-52}$$

式中 K——惯性环节的增益；

T——时间常数，表征了环节的惯性，它和环节的结构参数有关。

其传递函数为

$$G(s) = \frac{K}{Ts+1} \tag{2-53}$$

由式（2-51）和式（2-53）可见，惯性环节与比例环节的不同之处仅在于时间常数 $T\neq0$ 。

实际中惯性环节的实例如图 2-10 所示的 RC 电路，$u_i(t)$ 为输入电压，$u_o(t)$ 为输出电压，其微分方程为

$$\begin{cases} Ri(t) + u_o(t) = u_i(t) \\ i(t) = C\dfrac{du_o(t)}{dt} \end{cases} \tag{2-54}$$

消去中间变量后，得

$$RC\frac{du_o(t)}{dt} + u_o(t) = u_i(t)$$

通过拉普拉斯变换求得电路的传递函数为

$$G(s) = \frac{U_o(s)}{U_i(s)} = \frac{1}{Ts+1}$$

式中，$T = RC$。

图 2-11 所示为机械转动系统，它由惯性负载和粘性摩擦阻尼器构成，以转矩 T_i 为输入量，以角速度 ω 为输出量。其运动方程式为

$$J\frac{d\omega(t)}{dt} + B\omega(t) = T_i(t)$$

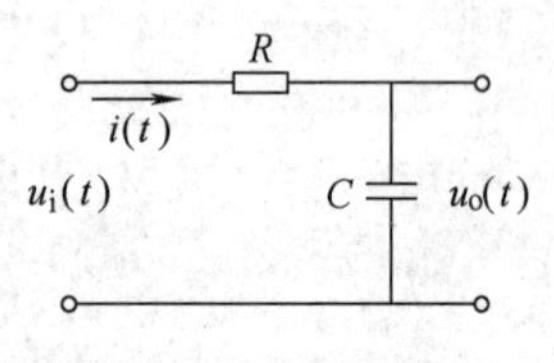

图 2-10 RC 电路

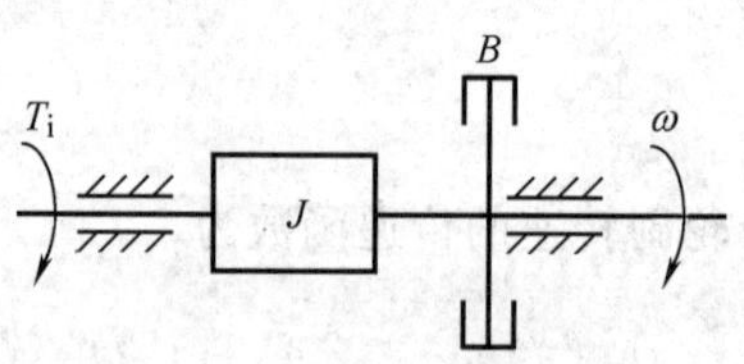

图 2-11 机械转动系统

传递函数为

$$G(s)=\frac{\Omega(s)}{T_{\mathrm{i}}(s)}=\frac{1}{Js+B}=\frac{K}{Ts+1}$$

式中，$T=\frac{J}{B}$；$K=\frac{1}{B}$。

3. 积分环节

输出量与输入量的积分成比例的环节，称为积分环节。积分环节的一个显著特点是输出量取决于输入量对时间的积累过程。输入量作用一段时间后，即使输入量消失为零，输出量仍将保持在已达到的数值，故积分环节有记忆功能，如图 2-12 所示。其运动微分方程为

$$x_{\mathrm{o}}(t)=\frac{1}{T_{\mathrm{I}}}\int x_{\mathrm{i}}(t)\,\mathrm{d}t \qquad (2\text{-}55)$$

其传递函数为

$$G(s)=\frac{1}{T_{\mathrm{I}}s} \qquad (2\text{-}56)$$

式中　T_{I}——积分环节的时间常数。

积分环节的实例如图 2-9 所示的齿轮副，若以角速度 ω_1 为输入量，以角位移 θ_2 为输出量，则有

$$\theta_2=\int\omega_1\,\mathrm{d}t=\int\frac{1}{i}\omega_1\,\mathrm{d}t$$

其传递函数为

$$G(s)=\frac{\Theta_2(s)}{\Omega_1(s)}=\frac{1}{is}$$

图 2-13 所示的液压缸，如果以流量 q 为输入量，以活塞的位移 x 为输出量，并忽略液压缸的泄漏及缸体和油液的弹性，其运动方程式为

$$v=\frac{\mathrm{d}x}{\mathrm{d}t}=\frac{q}{A}$$

式中　v——液压缸活塞的运动速度；

q——流量；

A——液压缸活塞的工作面积。

其传递函数为

$$G(s)=\frac{X(s)}{Q(s)}=\frac{1}{As}$$

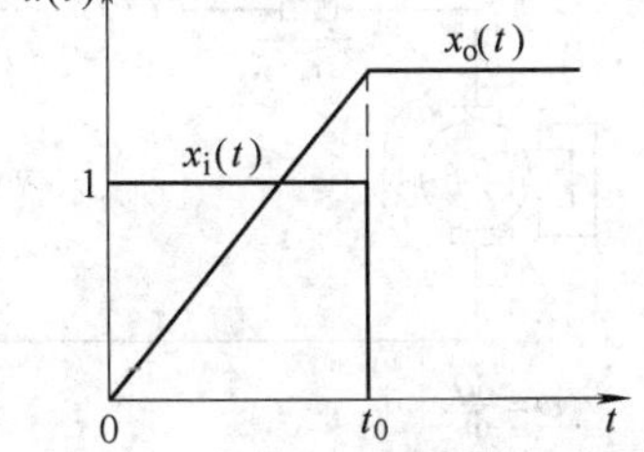

图 2-12　积分环节的单位阶跃响应

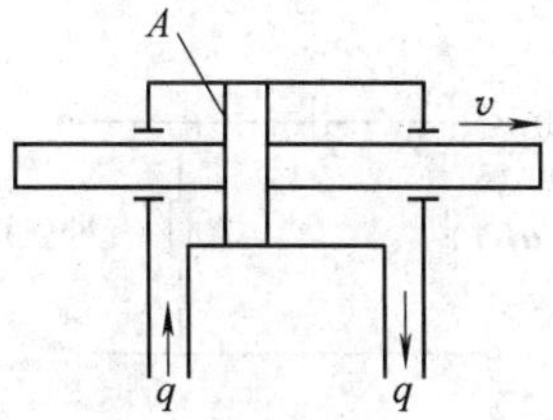

图 2-13　液压缸

4. 微分环节

输出量与输入量的微分成比例的环节，称为微分环节。其运动方程式为

$$x_o(t) = T_D \frac{dx_i(t)}{dt} \tag{2-57}$$

其传递函数为

$$G(s) = T_D s \tag{2-58}$$

式中　T_D——微分环节的时间常数。

当输入量为单位阶跃信号时，输出量就是脉冲函数，这在实际中是不可能的。因此，理想的微分环节不能实现，在实际中用来执行微分作用的都是近似的，称为实际微分环节，其传递函数具有如下形式

$$G(s) = \frac{KT_D s}{T_D s + 1} \tag{2-59}$$

图 2-14 为无源微分电路，设电压 $u_i(t)$ 为输入量，电阻 R 两端电压 $u_o(t)$ 为输出量。其运动方程式为

$$\begin{cases} u_i(t) = Ri(t) + \int \frac{1}{C} i(t)\,dt \\ u_o(t) = Ri(t) \end{cases}$$

消去中间变量后，得

$$u_i(t) = u_o(t) + \int \frac{1}{RC} u_o(t)\,dt$$

其传递函数为

$$G(s) = \frac{U_o(s)}{U_i(s)} = \frac{RCs}{RCs + 1} = \frac{T_D s}{T_D s + 1}$$

式中，$T_D = RC$。

这个电路的传递函数是微分环节的传递函数与惯性环节的传递函数相乘，所以实际的微分环节都是具有惯性的。当这个电路的 $T_D = RC \ll 1$ 时，可近似得到理想微分环节，即 $G(s) \approx T_D s$。

在工程中，测量转速的测速发电机实质上是一台直流发电机，如图 2-15 所示。测速发电机电动势比例于角速度，即

$$e = K_t \omega = K_t \frac{d\theta}{dt} \tag{2-60}$$

式中　K_t——测速发电机常数；

θ——输入转角。

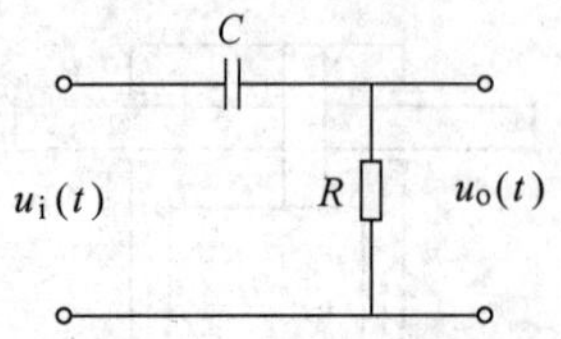

图 2-14　无源微分电路

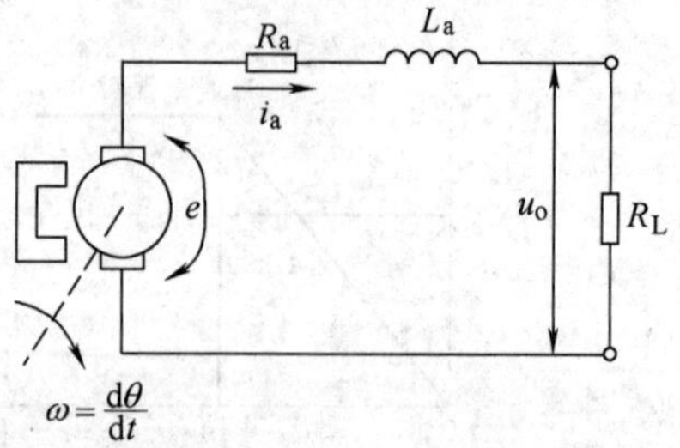

图 2-15　测速发电机

当测速发电机接入负载电阻 R_L 时，其电压平衡方程为

$$L_a \frac{di_a}{dt} + (R_a + R_L) i_a = e \tag{2-61}$$

式中 L_a 和 R_a——分别为测速发电机电枢回路的电感和电阻。

其输出电压为

$$u_o = R_L i_a \tag{2-62}$$

将式（2-60）和式（2-62）代入式（2-61）中，整理得

$$T\frac{du_o}{dt} + u_o = K\frac{d\theta}{dt}$$

式中，$T = L_a/(R_a + R_L)$；$K = K_t R_L/(R_a + R_L)$。

其传递函数为

$$G(s) = \frac{U_o(s)}{\Theta(s)} = \frac{Ks}{Ts+1} \tag{2-63}$$

当 R_L 很大时，$T = \dfrac{L_a}{R_a + R_L} << 1$ 可略去，则式（2-63）可写成

$$G(s) = \frac{U_o(s)}{\Theta(s)} \approx K_t s$$

5. 一阶微分环节和二阶微分环节

一阶微分环节和二阶微分环节的微分方程分别为

$$x_o(t) = K\left[T_D \frac{dx_i(t)}{dt} + x_i(t)\right] \tag{2-64}$$

$$x_o(t) = K\left[\tau^2 \frac{d^2 x_i(t)}{dt^2} + 2\xi\tau \frac{dx_i(t)}{dt} + x_i(t)\right] \quad (0 < \xi < 1) \tag{2-65}$$

式中 T_D——一阶微分环节的时间常数；

K——比例系数；

τ——二阶微分环节的时间常数；

ξ——二阶微分环节的阻尼比。

相应的传递函数分别为

$$G(s) = K(T_D s + 1) \tag{2-66}$$

$$G(s) = K(\tau^2 s^2 + 2\xi\tau s + 1) \tag{2-67}$$

与微分环节一样，一阶微分环节和二阶微分环节在物理系统中也不会单独出现，在其组成中必然包含有惯性环节或振荡环节。系统中引入一阶微分环节和二阶微分环节主要是用于改善系统的动态品质。

图 2-16 所示为无源 RC 电路，根据基尔霍夫定律和欧姆定律可以求得其传递函数为

$$G(s) = \frac{U_o(s)}{U_i(s)} = \frac{K_1(T_1 s + 1)}{T_2 s + 1}$$

式中，$K = R_2/(R_1 + R_2)$；$T_1 = R_1 C$；$T_2 = KT_1$。

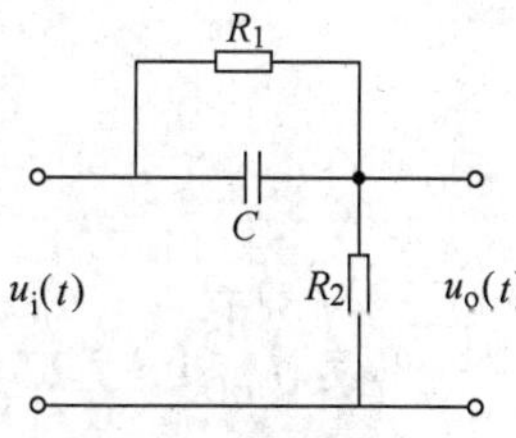

图 2-16 无源 RC 电路

可见，该电路的传递函数是由比例环节、一阶微分环节及

惯性环节组成。

6. 振荡环节

振荡环节包含两种储能元件，并且两种能量能够互相转换。因此，振荡环节的输出带有振荡的性质。其运动方程式为

$$T^2\frac{d^2x_o(t)}{dt^2}+2\xi T\frac{dx_o(t)}{dt}+x_o(t)=x_i(t) \tag{2-68}$$

式中 T——时间常数；

ξ——阻尼比，$0<\xi<1$。

其传递函数为

$$G(s)=\frac{1}{T^2s^2+2\xi Ts+1} \tag{2-69}$$

振荡环节另一种常用的标准形式为

$$G(s)=\frac{\omega_n^2}{s^2+2\xi\omega_n s+\omega_n^2} \tag{2-70}$$

式中 ω_n——无阻尼自然振荡频率，$\omega_n=\frac{1}{T}$。

图2-1所示的机械移动系统和图2-3所示的RLC电路，当$0<\xi<1$时，其运动规律可用振荡环节描述。

由式（2-2）已知机械移动系统的微分方程式为

$$m\frac{d^2x}{dt^2}+B\frac{dx}{dt}+kx=f(t)$$

通过拉普拉斯变换求得其传递函数为

$$G(s)=\frac{X(s)}{F(s)}=\frac{1}{ms^2+Bs+k}$$
$$=\frac{1}{k}\frac{\omega_n^2}{s^2+2\xi\omega_n s+\omega_n^2}$$

式中，$\omega_n=\sqrt{\frac{k}{m}}$；$\xi=\frac{B}{2\sqrt{km}}$。

由式（2-6）已知RLC电路的微分方程式为

$$LC\frac{d^2u_o(t)}{dt^2}+RC\frac{du_o(t)}{dt}+u_o(t)=u_i(t)$$

通过拉普拉斯变换求得其传递函数为

$$G(s)=\frac{U_o(s)}{U_i(s)}=\frac{1}{LCs^2+RCs+1}$$
$$=\frac{\omega_n^2}{s^2+2\xi\omega_n s+\omega_n^2}$$

式中，$\omega_n=\sqrt{\frac{1}{LC}}$；$\xi=\frac{R}{2\sqrt{L/C}}$。

在机械移动系统中，两种储能元件是储存动能的质量 m 和储存势能的弹簧 k 。在RLC

电路中，两种储能元件是储存电场能的电容 C 和储存磁场能的电感 L。

7. 延迟环节

延迟环节又称时滞环节、滞后环节等。其运动方程式为

$$x_o(t)=x_i(t-\tau)\quad (t\geqslant\tau) \tag{2-71}$$

其传递函数为

$$G(s)=e^{-\tau s} \tag{2-72}$$

式中　τ——延迟时间。

延迟环节与惯性环节的区别在于：惯性环节从输入开始时刻起就有输出，只是由于惯性，输出要滞后一段时间才接近于所要求的输出值；延迟环节从输入开始之初并无输出，但 $t=\tau$ 之后，输出就完全等于输入，如图 2-17 所示。

延迟环节常见于液压、气动系统中，施加输入信号后，往往由于管道长度而延迟了信号传递的时间。图 2-18 所示为轧制钢板的厚度检测装置，带钢在 A 点轧出时，产生厚度偏差 $\Delta\alpha_1(t)$，但是这一偏差直到 B 点才被检测器检测到。若检测器距 A 点的距离是 l，带钢运动速度为 v，则延迟时间 $\tau=l/v$。检测器检测的钢板厚度偏差 $\Delta\alpha_2(t)$ 与 A 点处的厚度偏差 $\Delta\alpha_1(t)$ 有如下关系

$$\Delta\alpha_2(t)=\Delta\alpha_1(t-\tau)$$

其传递函数为

$$G(s)=e^{-\tau s}$$

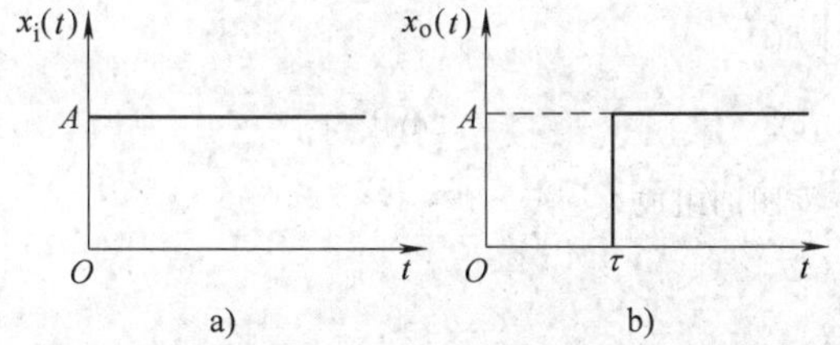

图 2-17　延迟环节的输入-输出关系

a）输入信号　b）输出信号

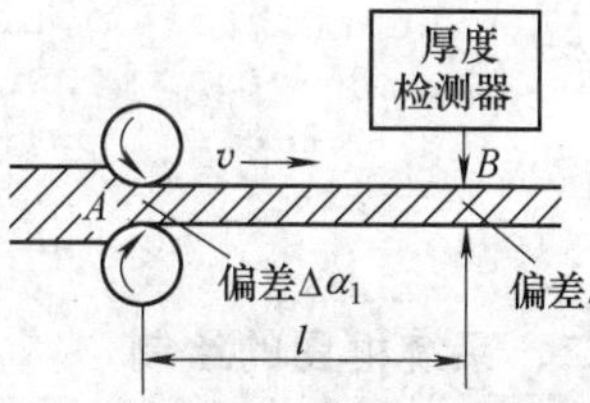

图 2-18　带钢厚度检测环节

8. 说明

1）典型环节不是具体的元件，而是表示元件或系统运动特性的数学模型。在实际系统中，一个元件的数学模型可能是若干个典型环节的数学模型的组合；反之，若干个元件的数学模型的组合也可能就是一个典型环节的数学模型。

2）同一个元件取不同的信号作为输入量或输出量、或者用于不同的系统，可能形成不同的典型环节。

第四节　系统框图及简化

控制系统一般是由许多元件组成的，为了表明元件在系统中的功能，形象直观地描述系统中信号传递、变换的过程，便于进行系统分析与设计，经常要用到系统框图。

系统框图是系统中各个元件功能和信号流向的图解表示。其优点是，只要根据信号的流

向，将各环节的框图连接起来，就能容易地构成整个系统；通过框图可以评价每一个环节对系统性能的影响，便于对系统进行分析和研究；采用框图更容易求取系统的传递函数。

一、系统框图的组成

1. 信号线

如图 2-19a 所示，箭头表示信号传递的方向，在信号线的上（下）方可以标出信号的时间函数或其拉普拉斯变换式。

2. 引出点

如图 2-19b 所示，表示把一个信号分成两路（或多路）输出。信号线上只传送信号，不传送能量。所以信号虽然分成多路引出，但是引出的每一路信号都与原信号相等。

3. 比较点

如图 2-19c 所示，表示两个（或多个）输入信号进行相加或相减，信号线上的“+”或“-”表示信号相加或相减，相加减的量应具有相同的量纲。

4. 方框

如图 2-19d 所示，表示该环节的输入信号按照方框中的传递函数关系变换成输出信号，即输入、输出信号之间有 $X_o(s)=G(s)X_i(s)$ 的关系。方框具有单向性，即输出对输入没有反作用。

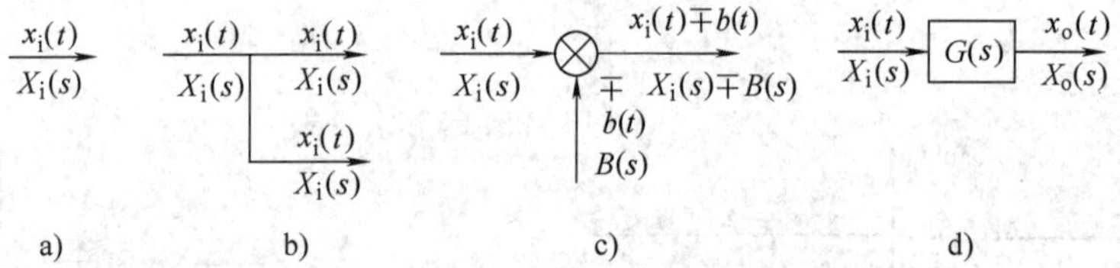

图 2-19　系统框图的组成

二、系统框图的绘制

绘制系统框图的步骤如下：

1）建立系统各元件、部件的微分方程，注意相邻元件之间的负载效应。

2）在零初始条件下，对各元件的微分方程进行拉普拉斯变换。

3）根据拉普拉斯变换式中的因果关系，作出各元件的框图。

4）按照系统中信号传递的顺序，依次将各元件的框图连接起来，得到系统的框图。

图 2-10 所示的 RC 电路，其微分方程式为式（2-54），将式（2-54 ）在零初始条件下进行拉普拉斯变换，得

$$\begin{cases} RI(s)=U_i(s)-U_o(s) \\ I(s)=CsU_o(s) \end{cases}$$

为便于绘制框图，将上式表示为

$$\begin{cases} I(s)=\dfrac{1}{R}[U_i(s)-U_o(s)] \\ U_o(s)=\dfrac{1}{Cs}I(s) \end{cases}$$

根据上两式表示的因果关系，分别作出单元框图，如图 2-20a、b 所示。然后将单元框图连接起来，得到图 2-20c 所示的系统框图。

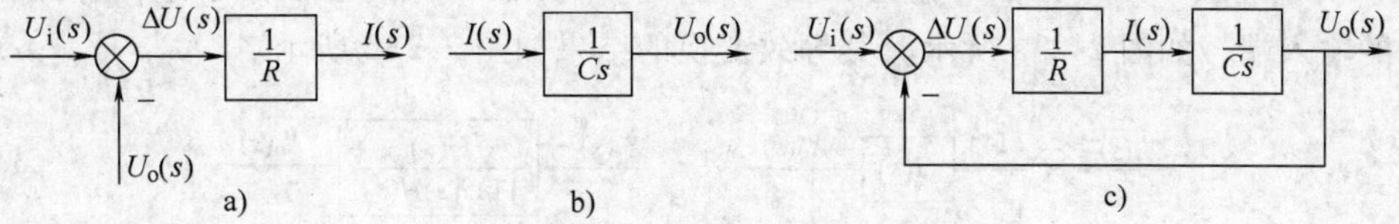

图 2-20　RC 电路单元框图和系统框图

三、系统框图的化简

为了分析系统的动态性能，需要对系统的框图进行运算和变换，求出系统总的传递函数。这种运算和变换，就是将框图化简为一个等效的方框，而方框中的数学表达式即为系统总的传递函数。框图的变换应按等效原则进行。所谓等效，即对框图的任一部分进行变换时，变换前后输入输出之间总的数学关系应保持不变。显然，变换的实质相当于对所描述系统的方程组进行消元，求出系统输出与输入的总关系式。

1. 框图的连接方式及运算法则

（1）串联连接　方框与方框首尾相连，前一方框的输出就是后一方框的输入，如图 2-21a所示，前后方框之间无负载效应。

两个串联的方框可以合并为一个方框，如图 2-21b 所示，合并后方框的传递函数，等于两个方框传递函数的乘积。

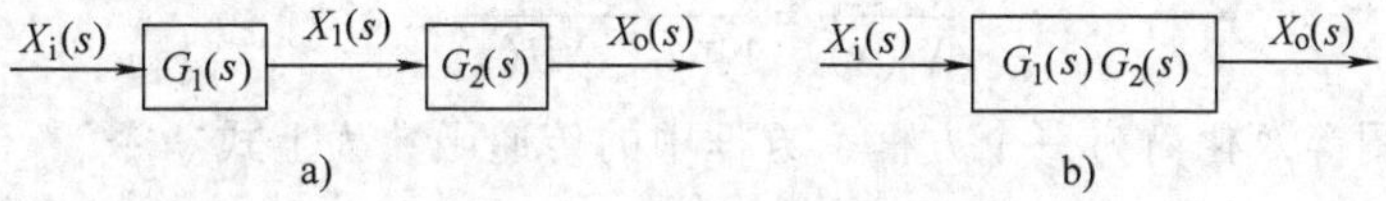

图 2-21　串联连接

上述结论可以推广到任意个传递函数的串联。n 个方框依次串联的等效传递函数，等于 n 个传递函数的乘积，即

$$G(s) = \prod_{i=1}^{n} G_i(s) = G_1(s)G_2(s)\cdots G_n(s) \tag{2-73}$$

（2）并联连接　两个或多个方框，具有同一个输入，而以各方框输出的代数和作为总输出，如图 2-22a 所示。

两个并联的方框可以合并为一个方框，如图 2-22b 所示，合并后方框的传递函数，等于两个方框传递函数的代数和。

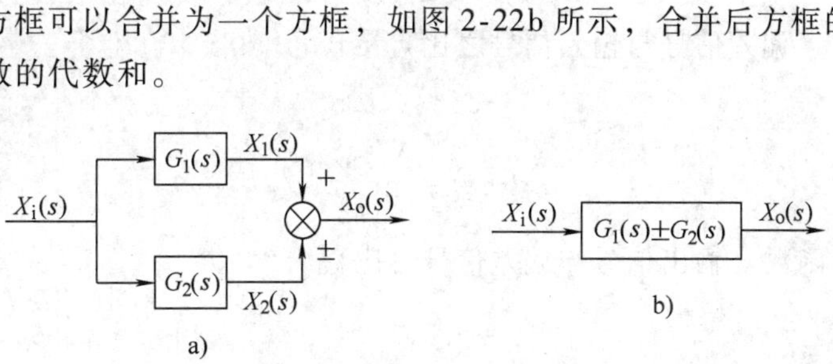

图 2-22　并联连接

上述结论可以推广到任意个传递函数的并联。n 个方框并联的等效传递函数，等于 n 个传递函数的代数和，即

$$G(s) = G_1(s) \pm G_2(s) \pm \cdots \pm G_n(s) \tag{2-74}$$

（3）反馈连接　一个方框的输出，输入到另一个方框，得到的输出再返回作用于前一个方框的输入端，如图 2-23a 所示，其等效变换的结果如图 2-23b 所示。

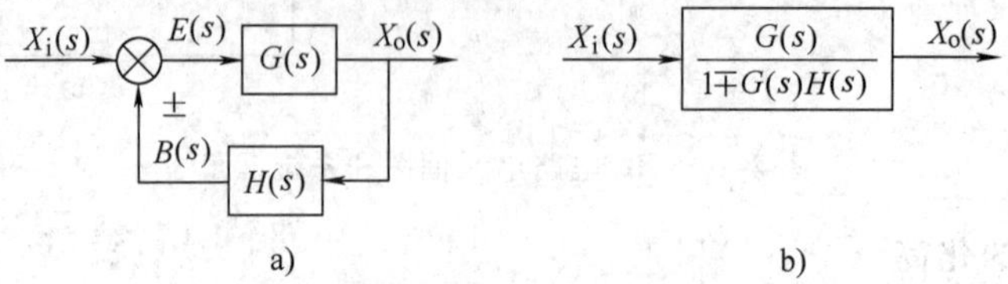

图 2-23　反馈连接

由图 2-23a，按照信号传递的关系可写出

$$X_o(s)=G(s)E(s) \tag{2-75}$$

$$B(s)=H(s)X_o(s) \tag{2-76}$$

$$E(s)=X_i(s)\pm B(s) \tag{2-77}$$

消去 $E(s)$、$B(s)$ 得

$$X_o(s)=G(s)[X_i(s)\pm H(s)X_o(s)]$$

$$[1\mp G(s)H(s)]X_o(s)=G(s)X_i(s)$$

因此

$$\frac{X_o(s)}{X_i(s)}=\frac{G(s)}{1\mp G(s)H(s)}$$

故将反馈框图等效化简为一个方框，方框中的传递函数为上式。令

$$\Phi(s)=\frac{X_o(s)}{X_i(s)}=\frac{G(s)}{1\mp G(s)H(s)} \tag{2-78}$$

称为闭环传递函数。式中分母上的“+”号对应于负反馈，“-”号对应于正反馈。

由式（2-75）、式（2-76）和式（2-77）可以得到

$$E(s)=X_i(s)\pm H(s)[G(s)E(s)]$$

整理得

$$\frac{E(s)}{X_i(s)}=\frac{1}{1\pm G(s)H(s)} \tag{2-79}$$

称为误差传递函数（偏差信号与输入信号之比）。

由式（2-75）得

$$G(s)=\frac{X_o(s)}{E(s)} \tag{2-80}$$

称为前向通道传递函数（输出信号与偏差信号之比）。

由式（2-76）得

$$H(s)=\frac{B(s)}{X_o(s)} \tag{2-81}$$

称为反馈通道传递函数（反馈信号与输出信号之比）。

$$G(s)H(s)=\frac{B(s)}{E(s)} \tag{2-82}$$

称为开环传递函数（反馈信号与偏差信号之比）。

由此可见，反馈连接的闭环传递函数由前向通道传递函数和开环传递函数构成。

若反馈通道传递函数 $H(s)=1$ 时，称为单位反馈系统，此时

$$\Phi(s)=\frac{G(s)}{1\mp G(s)} \tag{2-83}$$

任何复杂系统的框图，都无非是由串联、并联和反馈三种基本连接方式交织组成的，但要实现上述三种运算，必须先将复杂的交织状态变换为可运算的状态，即进行框图的等效变换。

框图的等效变换就是将比较点和引出点的位置，在等效的原则上做适当的移动，消除方框之间的交叉连接，然后一步步运算，求出系统总的传递函数。

2. 引出点和比较点的移动

（1）引出点后移　引出点后移的等效变换如图 2-24 所示。

将 $G(s)$ 方框输入端的引出点移到输出端，为了保持总的信号关系不变，应在被挪动的通道上串入 $G(s)$ 的倒函数方框。这样，移动后引出的信号为

$$X_i(s)G(s)\frac{1}{G(s)}=X_i(s)$$

与移动前引出的信号一致。

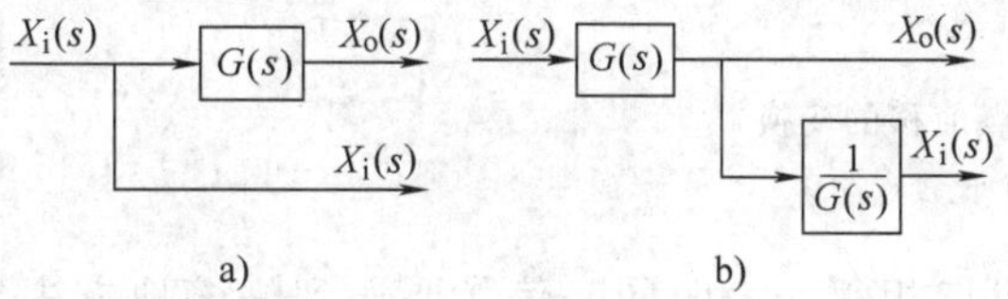

图 2-24　引出点后移的变换

a）移动前　b）引出点后移

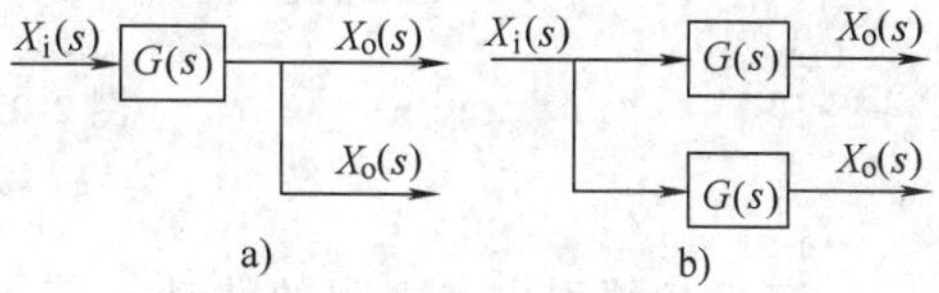

图 2-25　引出点前移的变换

a）移动前　b）引出点前移

（2）引出点前移　引出点前移的等效变换如图 2-25 所示。

将 $G(s)$ 方框输出端的引出点，移到输入端，为了保持总的信号关系不变，应在被挪动的通道上串入 $G(s)$ 的方框。这样，移动后引出的信号为

$$X_o(s)=X_i(s)G(s)$$

与移动前引出的信号一致。

（3）比较点后移　比较点后移的等效变换如图 2-26 所示。

将 $G(s)$ 方框输入端的比较点，移到输出端，为了保持总的信号关系不变，应在被挪动

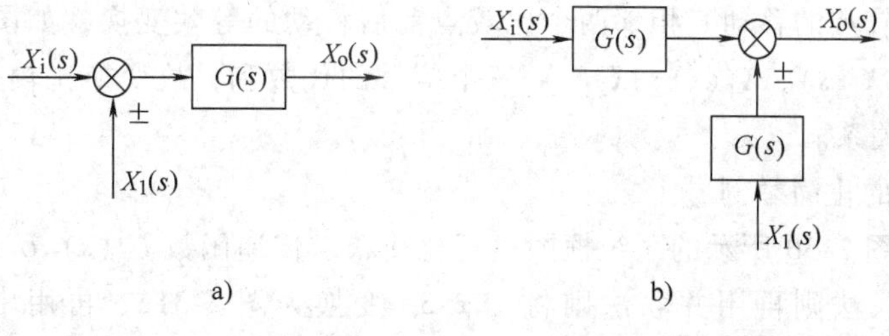

图 2-26　比较点后移的变换

a）移动前　b）比较点后移

的通道上串入 $G(s)$ 的方框。这样，移动前的信号关系是

$$X_o(s)=[X_i(s)\pm X_1(s)]G(s)$$

移动后的信号关系是

$$X_o(s)=X_i(s)G(s)\pm X_1(s)G(s)=[X_i(s)\pm X_1(s)]G(s)$$

移动前后信号的关系保持不变。

(4) 比较点前移　比较点前移的等效变换如图 2-27 所示。

将 $G(s)$ 方框输出端的引出点，移到输入端，为了保持总的信号关系不变，应在被挪动的通道上串入 $G(s)$ 的倒函数方框。这样，移动前的信号关系是

$$X_o(s)=X_i(s)G(s)\pm X_1(s)$$

移动后的信号关系是

$$X_o(s)=\left[X_i(s)\pm X_1(s)\frac{1}{G(s)}\right]G(s)=X_i(s)G(s)\pm X_1(s)$$

移动前后信号的关系保持不变。

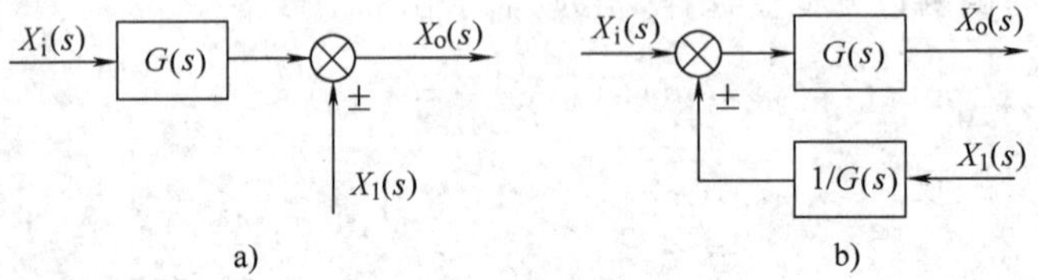

图 2-27　比较点前移的变换

a）移动前　b）比较点前移

(5) 相邻引出点之间的移动　若干个引出点相邻，表明同一信号要送到许多地方去。因此，引出点之间相互交换位置，不会改变引出信号的性质，不需要做传递函数的变换，如图 2-28 所示。

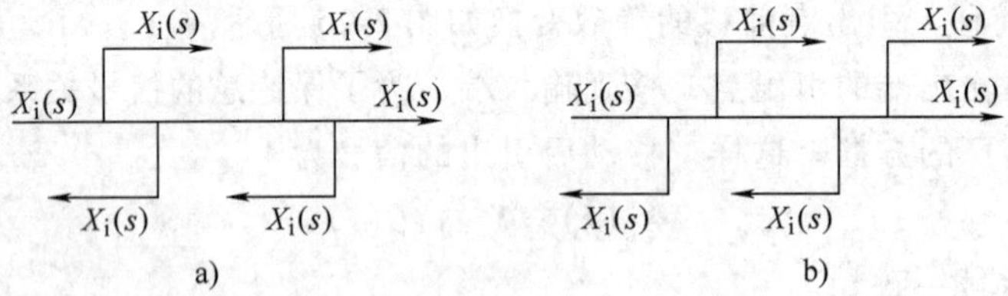

图 2-28　相邻引出点的移动

a）移动前　b）相邻引出点之间移动

(6) 相邻比较点的移动　相邻两个比较点前后移动的等效变换，如图 2-29 所示。因为总输出 $X_o(s)$ 是 $X_i(s)$、$X_1(s)$、$X_2(s)$ 三个信号的代数和，故变换比较点的位置，不会影响总的输出输入关系。

3. 系统框图的化简举例

例 2-10　将图 2-30 所示的系统框图进行化简，求传递函数 $U_o(s)/U_i(s)$。

解　先用串联法则再用并联法则将图 2-30 变换为图 2-31a，再用串联法则化简为图 2-31b；最后用反馈法则化简为一个框图 2-31c，即求得传递函数。

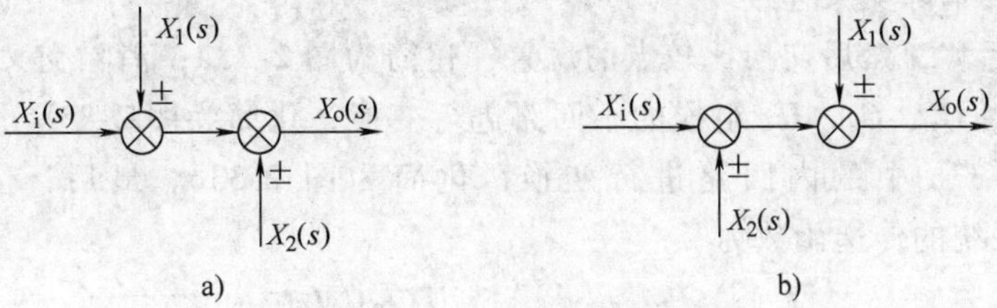

图 2-29　相邻比较点的移动

a）移动前　b）相邻比较点的移动

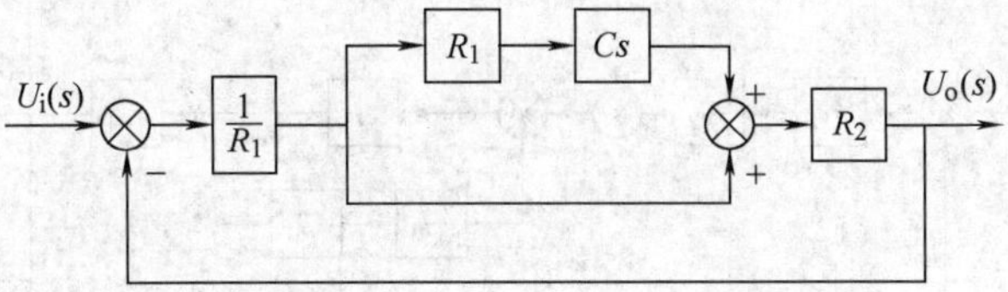

图 2-30　例 2-10 的系统框图

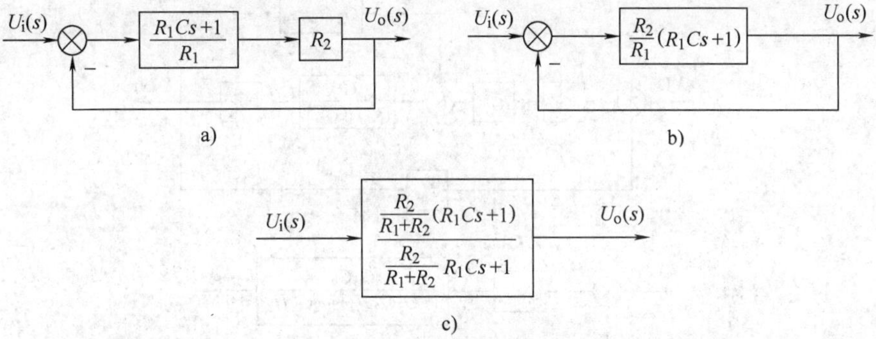

图 2-31　例 2-10 的框图化简

令 $K=\dfrac{R_2}{R_1+R_2}$，$T=R_1C$，则传递函数为

$$\frac{U_o(s)}{U_i(s)}=\frac{K(Ts+1)}{KTs+1}$$

例 2-11　将图 2-32 所示的系统框图进行化简，求传递函数 $X_o(s)/X_i(s)$。

解　这是一个多回路系统框图，而且有引出点、比较点的交叉。为了从内回路到外回路

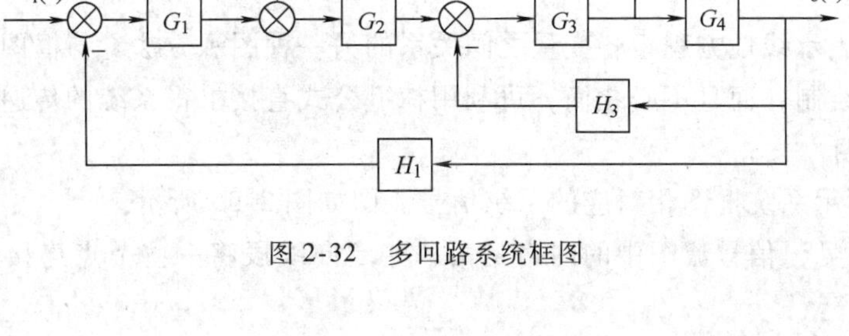

图 2-32　多回路系统框图

进行化简，首先要消除交叉连接。

先将比较点后移，然后交换比较点的位置，化简为图 2-33a，消除交叉连接。用串联法则和反馈法则对由 G_3、G_4、H_3 组成的小回路进行变换，化简为图 2-33b。再用串联法则和反馈法则对图 2-33b 中的内回路进行变换，化简为图 2-33c。最后，化简为一个框图图 2-33d，求得系统的传递函数为

$$G(S)=\frac{X_o(s)}{X_i(s)}=\frac{G_1G_2G_3G_4}{1+G_2G_3H_2+G_3G_4H_3+G_1G_2G_3G_4H_1}$$

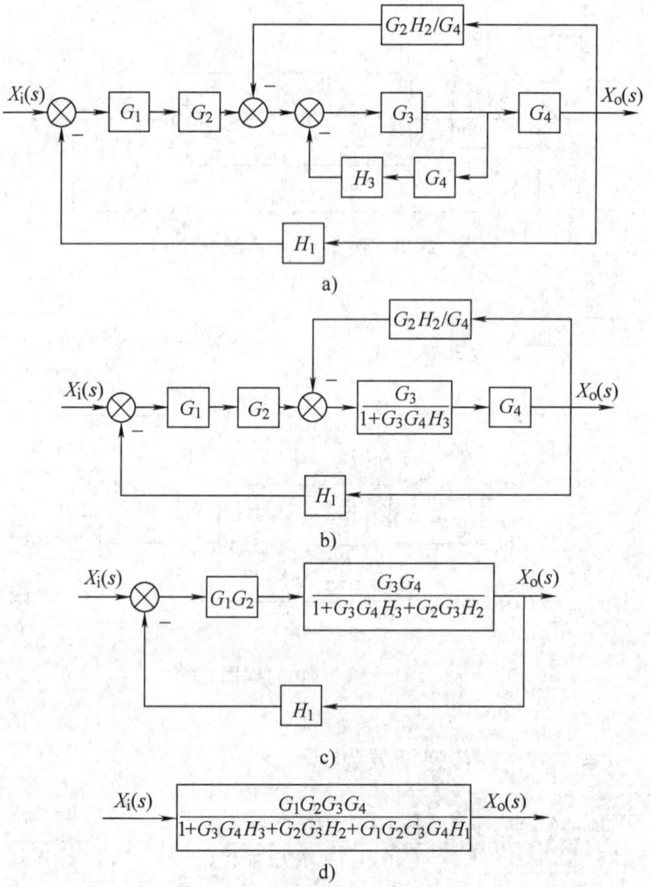

图 2-33　例 2-11 的框图化简

第五节　信号流图与梅逊公式

信号流图是表示线性方程组各变量之间关系的另一种图示方法。与框图相比，信号流图符号简单，便于绘制，而且不必化简，可利用梅逊公式直接求得系统的传递函数。

一、信号流图

与图 2-34 所示系统框图相对应的系统信号流图如图 2-35 所示。

由图 2-35 可见，信号流图中的网络是由一些定向线段将一些节点连接起来组成的。其

中，节点用来表示变量或信号，输入节点也称源点，输出节点也称汇点，混合节点是既有输入又有输出的节点；定向线段称为支路，其上的箭头表明信号的流向，各支路上还标明了增益，即支路上的传递函数；沿支路箭头方向穿过各相连支路的路径称为通路，从输入节点到输出节点的通路上通过任何节点不多于一次的通路称为前向通路，起点与终点重合且与任何节点相交不多于一次的通路称为回路。

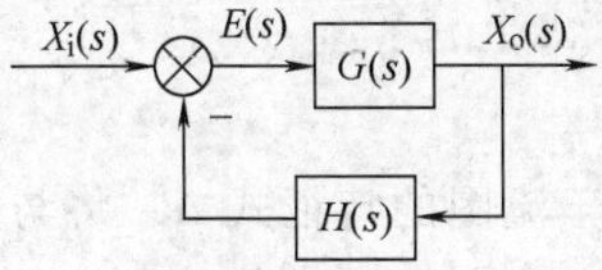

图 2-34 系统框图

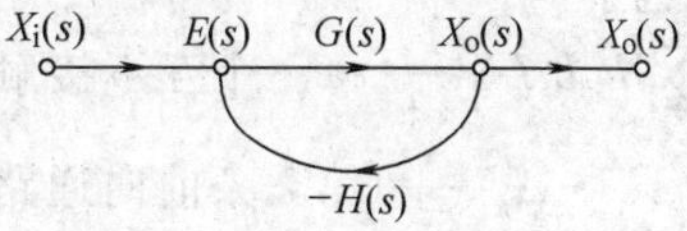

图 2-35 系统信号流图

绘制系统的信号流图，首先必须将描述系统的线性微分方程变换成以 s 为变量的代数方程；其次，线性代数方程组中每一个方程都要写成因果关系式。并且在书写时，将作为“因”的一些变量写在等式右端，将作为“果”的变量写在等式左端。

例 2-12 试绘制图 2-5 所示两级 RC 滤波电路的信号流图。

解 由式（2-17）已知电路的微分方程组，对各式取拉普拉斯变换得

$$\begin{cases} I_1(s)=\dfrac{U_i(s)-U_{c1}(s)}{R_1} \\ U_{c1}(s)=\dfrac{1}{C_1 s}[I_1(s)-I_2(s)] \\ I_2(s)=\dfrac{U_{c1}(s)-U_o(s)}{R_2} \\ U_o(s)=\dfrac{1}{C_2 s}I_2(s) \end{cases} \tag{2-84}$$

取 $U_i(s)$、$I_1(s)$、$U_{c1}(s)$、$I_2(s)$、$U_o(s)$ 作为信号流图的节点，其中 $U_i(s)$ 为输入节点，$U_o(s)$为输出节点，按式（2-84）中方程式的顺序逐个绘制其信号流图，就形成完整的系统信号流图，如图 2-36 所示。

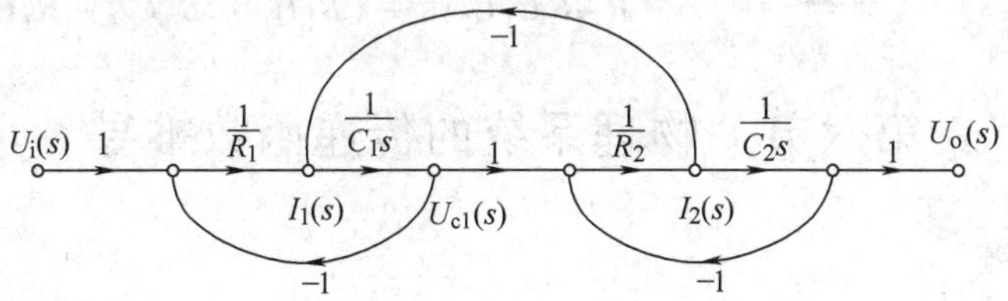

图 2-36 两级 RC 滤波电路的信号流图

二、梅逊公式

对于一个确定的信号流图或框图，应用梅逊公式可以直接求得输入量到输出量的系统传递函数。梅逊公式可表示为

$$P=\frac{1}{\Delta}\sum_k P_k\Delta_k \tag{2-85}$$

$$\Delta=1-\sum_a L_a+\sum_{b,c}L_bL_c-\sum_{d,e,f}L_dL_eL_f+\cdots$$

式中　P——系统总传递函数；

P_k——第 k 条前向通路的传递函数；

Δ——流图的特征式，

$\sum_a L_a$—— 所有不同回路的传递函数之和；

$\sum_{b,c} L_b L_c$—— 每两个互不接触回路传递函数乘积之和；

$\sum_{d,e,f} L_d L_e L_f$—— 每三个互不接触回路传递函数乘积之和；

Δ_k ——第 k 条前向通路特征式的余因子，即对于流图的特征式 Δ，将与第 k 条前向通路接触的回路传递函数代以零值，余下的 Δ 即为 Δ_k。

例 2-13　利用梅逊公式求解图 2-5 所示两级 RC 滤波电路的系统传递函数。

解　该电路的信号流图如图 2-36 所示。这个系统中，输入变量 $U_i(s)$ 与输出变量 $U_o(s)$之间只有一条前向通路，即 $k=1$，其传递函数为

$$P_1 = \frac{1}{R_1}\frac{1}{C_1 s}\frac{1}{R_2}\frac{1}{C_2 s}$$

信号流图中有三个不同的回路，它们的传递函数分别为

$$L_1 = -\frac{1}{R_1}\frac{1}{C_1 s},\ L_2 = -\frac{1}{R_2}\frac{1}{C_2 s},\ L_3 = -\frac{1}{R_2}\frac{1}{C_1 s}$$

其中，回路 L_1 不接触回路 L_2，回路 L_1 接触回路 L_3，回路 L_2 接触回路 L_3。因此，流图特征式为

$$\begin{aligned}\Delta &= 1-(L_1+L_2+L_3)+L_1L_2\\ &= 1+\frac{1}{R_1C_1s}+\frac{1}{R_2C_2s}+\frac{1}{R_2C_1s}+\frac{1}{R_1C_1s}\frac{1}{R_2C_2s}\end{aligned}$$

从 Δ 中将与通路 P_1 接触的回路传递函数 L_1、L_2 和 L_3 都代以零值，即可获得余因子 Δ_1 为

$$\Delta_1 = 1$$

所以

$$\sum_k P_k\Delta_k = P_1\Delta_1 = \frac{1}{R_1}\frac{1}{C_1 s}\frac{1}{R_2}\frac{1}{C_2 s}$$

系统的传递函数为

$$P = \frac{U_o(s)}{U_i(s)} = \frac{1}{\Delta}\sum_k P_k\Delta_k = \frac{1}{R_1R_2C_1C_2s^2+(R_1C_1+R_2C_2+R_1C_2)s+1}$$

第六节　物理系统的传递函数推导

一、齿轮传动链

图 2-37 所示为齿轮传动链，由电动机 M 输入的转矩为 T_m，L 为输出端负载，T_L 为负载转矩。图中所示的 z_i（$i=1, 2, 3, 4$）为各齿轮齿数，J_1、J_2、J_3 及 θ_1、θ_2、θ_3 分别为各轴及相应齿轮的转动惯量和转角。假设各轴均为绝对刚性，即 $k_J=\infty$，根据式（2-3）可得动力学方程式为

$$\begin{cases}T_m = J_1\ddot{\theta}_1 + B_1\dot{\theta}_1 + T_1\\ T_2 = J_2\ddot{\theta}_2 + B_2\dot{\theta}_2 + T_3\\ T_4 = J_3\ddot{\theta}_3 + B_3\dot{\theta}_3 + T_L\end{cases} \tag{2-86}$$

式中 B_1、B_2、B_3——传动链中各轴及齿轮的粘性阻尼系数；

T_1——齿轮 z_1 对 T_m 的反转矩；

T_2——齿轮 z_2 对 T_1 的反转矩；

T_3——齿轮 z_3 对 T_2 的反转矩；

T_4——齿轮 z_4 对 T_3 的反转矩；

T_L——输出端负载对 T_4 的反转矩，即负载转矩。

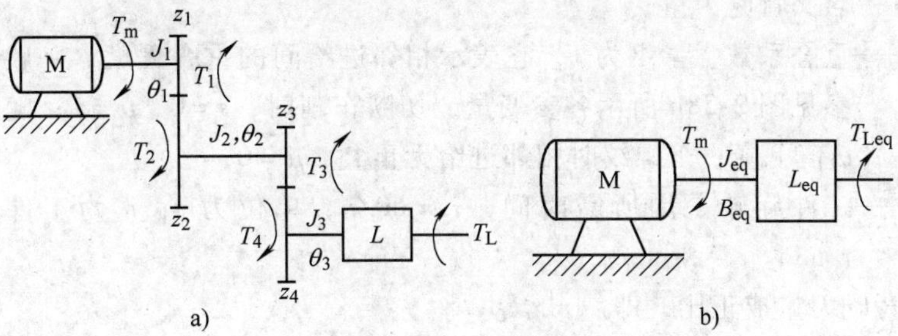

图 2-37 齿轮传动链

a) 原始轮系 b) 等效轮系

由齿轮传动的基本关系可知

$$T_2 = \frac{z_2}{z_1}T_1,\ \theta_2 = \frac{z_1}{z_2}\theta_1$$

$$T_4 = \frac{z_4}{z_3}T_3,\ \theta_3 = \frac{z_3}{z_4}\theta_2 = \frac{z_1}{z_2}\frac{z_3}{z_4}\theta_1$$

于是由式（2-86）可得

$$T_m = J_1\ddot{\theta}_1 + B_1\dot{\theta}_1 + \frac{z_1}{z_2}\left[J_2\ddot{\theta}_2 + B_2\dot{\theta}_2 + \frac{z_3}{z_4}(J_3\ddot{\theta}_3 + B_3\dot{\theta}_3 + T_L)\right]$$

$$= \left[J_1 + \left(\frac{z_1}{z_2}\right)^2 J_2 + \left(\frac{z_1}{z_2}\frac{z_3}{z_4}\right)^2 J_3\right]\ddot{\theta}_1 + \left[B_1 + \left(\frac{z_1}{z_2}\right)^2 B_2 + \left(\frac{z_1}{z_2}\frac{z_3}{z_4}\right)^2 B_3\right]\dot{\theta}_1 + \left(\frac{z_1}{z_2}\frac{z_3}{z_4}\right)T_L$$

令 $J_{eq} = J_1 + \left(\frac{z_1}{z_2}\right)^2 J_2 + \left(\frac{z_1}{z_2}\frac{z_3}{z_4}\right)^2 J_3$，称为等效转动惯量；

$B_{eq} = B_1 + \left(\frac{z_1}{z_2}\right)^2 B_2 + \left(\frac{z_1}{z_2}\frac{z_3}{z_4}\right)^2 B_3$，称为等效阻尼系数；

$T_{Leq} = \left(\frac{z_1}{z_2}\frac{z_3}{z_4}\right)T_L$，称为等效输出转矩。

将上式改为

$$T_m = J_{eq}\ddot{\theta}_1 + B_{eq}\dot{\theta}_1 + T_{Leq}$$

则图 2-37a 所示的传动装置可简化为图 2-37b 所示的等效齿轮传动。

二、车削过程

图 2-38 所示为机床车削过程示意图。在车削过程中，实际背吃刀量 y_s 引起切削力 $f_y(t)$，切削力 $f_y(t)$ 作用于刀具和机床，引起刀具和机床、工件的变形，可将它们都折算到

刀架上，看成是刀架产生位移 $y_b(t)$。刀架变形 $y_b(t)$ 又反馈回来引起背吃刀量 y_s 的变化，从而使工件、刀具到机床构成一个闭环系统。若考虑切削过程中工件前一次切纹对背吃刀量的影响，以名义背吃刀量 $y_m(t)$ 为输入量，以刀架变形 $y_b(t)$ 为输出量，则车削过程的传递函数推导如下：

1）列写车削过程的微分方程。车刀的实际背吃刀量 $y_s(t)$ 可由下式给出，即

$$y_s(t)=y_m(t)-y_b(t)+\mu y_b(t-\tau) \tag{2-87}$$

式中 $y_m(t)$——名义背吃刀量；

μ——重叠系数，量纲为1，它表示相邻进给间的重叠程度，一般车削 $0<\mu<1$。参见图2-38b所示各参变量，切断车削时，$s=0$，$\mu=1$；随着 s 值的增加，μ 值下降；车螺纹时相邻进给无重叠，$\mu=0$；

τ——工件旋转一周所需时间，$\tau=60/n$，单位为 s；n 为工件转速，单位为 r/min。

切削力与背吃刀量成正比，即

$$f_y(t)=k_0 y_s(t) \tag{2-88}$$

式中 k_0——切削刚度系数，与切削宽度、零件材料和刀具几何角度等有关。

机床、刀具、工件系统以切削力 $f_y(t)$ 为输入量，以刀具变形 $y_b(t)$ 为输出量时，可看成图2-38a所示的质量-弹簧-阻尼系统，其动力平衡方程为

$$m\frac{d^2y_b(t)}{dt^2}+B\frac{dy_b(t)}{dt}+ky_b(t)=f_y(t) \tag{2-89}$$

式中 m——机床和刀具在 y 方向的折算质量；

B——机床和刀具在 y 方向的折算粘性摩擦系数；

k——机床和刀具在 y 方向的折算弹簧刚度。

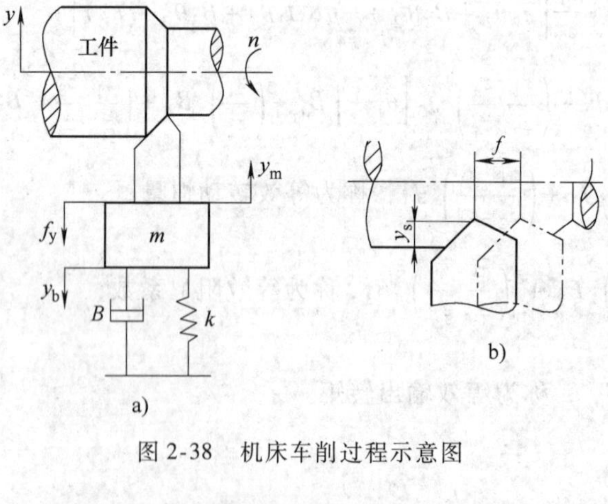

图2-38 机床车削过程示意图

2）在零初始条件下，分别对式（2-87）、式（2-88）和式（2-89）作拉普拉斯变换，得

$$\begin{cases}Y_s(s)=Y_m(s)-Y_b(s)(1-\mu e^{-\tau s}) \\ F_y(s)=k_0Y_s(s) \\ (ms^2+Bs+k)Y_b(s)=F_y(s)\end{cases} \tag{2-90}$$

3）分别找出式（2-90）中信号的因果关系，画出对应于各式的框图，如图2-39a～c所

示。然后，按照信号传递的顺序将各框图连接起来，得到车削过程的系统框图，如图 2-39d 所示。

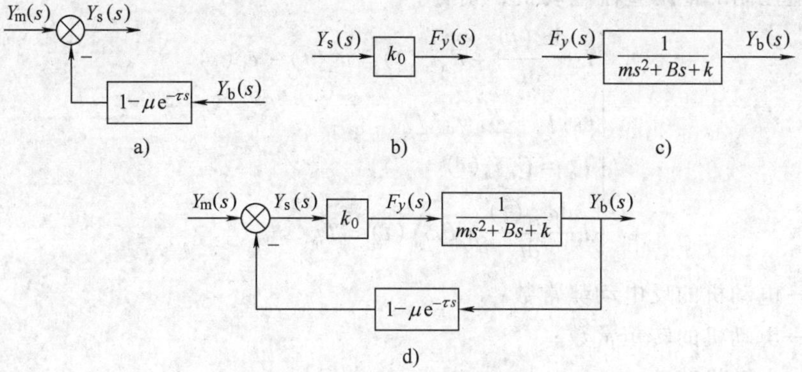

图 2-39　车削过程方框图

4）采用串联法则和反馈法则对系统框图进行化简，得到系统的传递函数

$$G(s)=\frac{Y_b(s)}{Y_m(s)}=\frac{k_0}{ms^2+Bs+(k+k_0)-\mu k_0 e^{-\tau s}}$$

三、直流伺服系统

直流伺服系统广泛地应用在数控设备和机器人中。图 2-40 所示为直流伺服系统的原理图，下面推导直流伺服系统工作在位置控制方式时的传递函数。

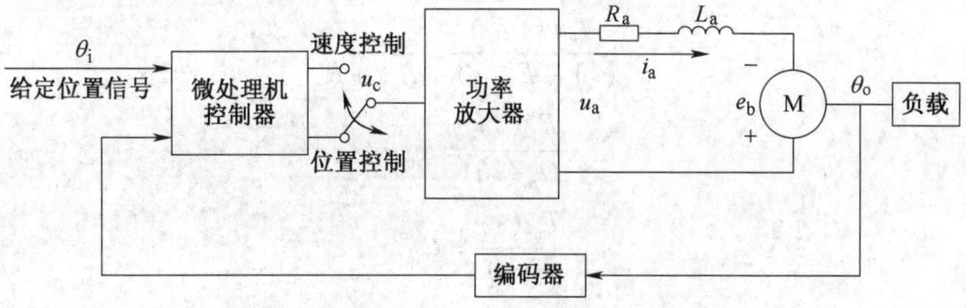

图 2-40　直流伺服系统原理图

在位置控制方式时，控制器将编码器的输出与给定位置信号进行比较得到差值信号，再输出与该差值信号成比例的控制信号。设编码器增益为 1，则有

$$e(t)=\theta_i(t)-\theta_o(t) \tag{2-91}$$

$$u_c(t)=K_c e(t) \tag{2-92}$$

式中　K_c——控制器增益。

将式（2-91）~式（2-92）进行拉普拉斯变换，可得

$$\frac{U_c(s)}{\Theta_i(s)-\Theta_o(s)}=K_c \tag{2-93}$$

对于增益为 K_a 的功率放大器，则有

$$u_a(t)=K_a u_c(t) \tag{2-94}$$

将式（2-94）进行拉普拉斯变换得

$$\frac{U_a(s)}{U_c(s)}=K_a \tag{2-95}$$

对于电枢控制的他励直流电动机，则有

$$\begin{cases} L_a\dfrac{di_a(t)}{dt}+R_ai_a(t)=u_a(t)-e_b(t) \\ e_b(t)=K_b\omega_m(t) \\ T_m=C_mi_a(t) \\ J\dfrac{d\omega_m(t)}{dt}+B\omega_m(t)=T_m \end{cases} \tag{2-96}$$

式中　K_b——电动机的反电动势常数；

C_m——电动机的转矩常数；

ω_m——电动机转速；

T_m——电动机的输出转矩；

J——折算到电动机轴上的总转动惯量；

B——折算到电动机轴上的总粘性阻尼系数。

电动机输出量为

$$\frac{d\theta_m(t)}{dt}=\omega_m(t) \tag{2-97}$$

$$\theta_o(t)=\theta_m(t) \tag{2-98}$$

将式（2-96）~式（2-98）进行拉普拉斯变换得

$$\frac{I_a(s)}{U_a(s)-E_b(s)}=\frac{1}{L_as+R_a} \tag{2-99}$$

$$\frac{E_b(s)}{\Omega_m(s)}=K_b \tag{2-100}$$

$$\frac{T_m(s)}{I_a(s)}=C_m \tag{2-101}$$

$$\frac{\Omega_m(s)}{T_m(s)}=\frac{1}{Js+B} \tag{2-102}$$

$$\frac{\Theta_m(s)}{\Omega_m(s)}=\frac{1}{s} \tag{2-103}$$

$$\Theta_o(s)=\Theta_m(s) \tag{2-104}$$

将式（2-93）、式（2-95）、式（2-99）~式（2-104）表示成框图形式，并将其连接起来，就可以得到以 $\theta_i(t)$ 为输入、$\theta_o(t)$ 为输出的直流位置伺服系统框图，如图 2-41 所示。

将图 2-41 所示的系统框图化简，就可得到闭环系统的传递函数为

$$\Phi(s)=\frac{\Theta_o(s)}{\Theta_i(s)}=\frac{K_cK_aC_m}{R_aBs(T_as+1)(Ts+1)+K_bC_ms+K_cK_aC_m} \tag{2-105}$$

式中，$T_a=\dfrac{L_a}{R_a}$；$T=\dfrac{J}{B}$。

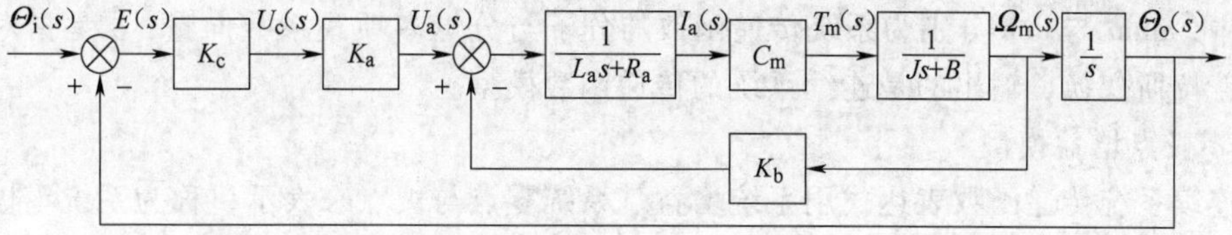

图 2-41 直流位置伺服系统框图

由式（2-105）可知，直流位置伺服系统是一个三阶系统。若 $T_a \approx 0$，则闭环传递函数可简化为

$$\Phi(s)=\frac{\Theta_o(s)}{\Theta_i(s)}=\frac{K_cK_aC_m}{R_aJs^2+(K_bC_m+R_aB)s+K_cK_aC_m} \tag{2-106}$$

这时伺服系统转化为二阶系统。将式（2-106）写成标准形式为

$$\Phi(s)=\frac{\Theta_o(s)}{\Theta_i(s)}=\frac{\omega_n^2}{s^2+2\xi\omega_ns+\omega_n^2} \tag{2-107}$$

式中，$\xi=\dfrac{K_bC_m+R_aB}{2\sqrt{K_cK_aC_mR_aJ}}$；$\omega_n=\sqrt{\dfrac{K_cK_aC_m}{R_aJ}}$。

第七节 连续系统数学模型的 MATLAB 实现

一、连续系统数学模型的 MATLAB 描述

线性定常时不变（LTI）对象有三类：tf 对象、zpk 对象和 ss 对象，即传递函数模型、零极点增益模型和状态空间模型。在 MATLAB 中，可以用四种数学模型表示控制系统，其中前三种即是 LTI 对象的三种模型，第四种数学模型是 Simulink 动态结构图。

1. 传递函数模型

对于一个连续单输入单输出（SISO）的 LTI 系统，设输入量为 $X_i(s)$，输出量为 $X_o(s)$ 则系统的传递函数 $G(s)$ 可以表示为

$$G(s)=\frac{X_o(s)}{X_i(s)}=\frac{b_0s^m+b_1s^{m-1}+\cdots+b_{m-1}s+b_m}{a_0s^n+a_1s^{n-1}+\cdots+a_{n-1}s+a_n}=\frac{\text{num}(s)}{\text{den}(s)} \tag{2-108}$$

在 MATLAB 中，对传递函数的描述是通过传递函数分子和分母关于 s 降序排列的多项式系数来表示的，并用向量 num 和 den 表示为

$$\text{num}=[\text{b}_0 \quad \text{b}_1\cdots\text{b}_{\text{m}-1} \quad \text{b}_\text{m}] \tag{2-109}$$

$$\text{den}=[\text{a}_0 \quad \text{a}_1\cdots\text{a}_{\text{m}-1} \quad \text{a}_\text{m}] \tag{2-110}$$

在 MATLAB 中，用函数命令 tf（）来建立控制系统的传递函数模型，tf（）函数命令的调用格式为

$$\text{sys}=\text{tf}(\text{num},\text{den}) \tag{2-111}$$

sys = tf（num，den）函数返回的变量 sys 为连续系统的传递函数模型。函数输入参量 num 与 den 分别为系统传递函数的分子与分母多项式系数向量。

在 MATLAB 中，还可以用 printsys（ ）来输出控制系统的传递函数，printsys（ ）函数的调用格式为

$$\text{printsys(num,den,'s')} \tag{2-112}$$

式中，num 与 den 分别为系统传递函数的分子与分母多项式系数向量；'s'是指对连续系统的拉普拉斯变换，输出的是连续系统的传递函数模型。

2. 零极点增益模型

若连续系统传递函数表达式用系统增益、系统零点与极点来表示，称为系统零极点增益模型。即系统传递函数表示为

$$G(s)=k\frac{(s-z_1)(s-z_2)\cdots(s-z_m)}{(s-p_1)(s-p_2)\cdots(s-p_n)} \tag{2-113}$$

式中 k——系统增益；

z_1，z_2，…，z_m——系统零点；

p_1，p_2，…，p_n——系统极点。

在 MATLAB 中，连续系统可以直接用向量 z、p、k 构成的矢量组［z，p，k］表示系统，即

$$\boldsymbol{z}=[z_1,z_2,\cdots,z_m]$$
$$\boldsymbol{p}=[p_1,p_2,\cdots,p_n]$$
$$\boldsymbol{k}=[k]$$

在 MATLAB 中，用函数命令 zpk（）来建立控制系统的传递函数模型，zpk（）函数命令的调用格式为

$$\text{sys = zpk(z,p,k)} \tag{2-114}$$

sys = zpk(z，p，k）函数返回的变量 sys 为连续系统的零极点增益模型。输入参量 z 为系统的零点，p 为系统的极点，k 为系统的增益。

3. 状态空间模型

控制系统在主要工作区域内的一定条件下，可以近似为线性时不变 LTI 模型，连续 LTI 对象系统总是能用一阶微分方程组来表示，写成矩阵形式即为状态空间方程

$$\begin{cases}\dot{\boldsymbol{x}}(t)=\boldsymbol{A}\boldsymbol{x}(t)+\boldsymbol{B}\boldsymbol{u}(t)\\ \boldsymbol{y}(t)=\boldsymbol{C}\boldsymbol{x}(t)+\boldsymbol{D}\boldsymbol{u}(t)\end{cases} \tag{2-115}$$

式中 $\boldsymbol{u}(t)$——系统控制输入向量；

$\boldsymbol{x}(t)$——系统状态变量；

$\boldsymbol{y}(t)$——系统输出向量；

$\boldsymbol{A}$——系统矩阵（或称状态矩阵）；

$\boldsymbol{B}$——控制矩阵（或称输入矩阵）；

$\boldsymbol{C}$——输出矩阵（或称观测矩阵）；

$\boldsymbol{D}$——输入输出矩阵（或称直接传输矩阵）。

在 MATLAB 中，连续系统可以直接用矩阵组［$\boldsymbol{A}$，$\boldsymbol{B}$，$\boldsymbol{C}$，$\boldsymbol{D}$］表示系统，用函数 ss（）来建立控制系统的状态空间模型，ss（）函数的调用格式为

$$\text{sys = ss(a,b,c,d)} \tag{2-116}$$

sys = ss(a，b，c，d）函数返回的变量 sys 为连续系统的状态空间模型，函数输入参量 a、b、c、d 分别对应于系统的 $\boldsymbol{A}$、$\boldsymbol{B}$、$\boldsymbol{C}$、$\boldsymbol{D}$ 参数矩阵。

二、模型之间的转换

在实际工程中，要解决控制问题所需用的数学模型与该问题所给定的已知数学模型往往不一致，此时就要对系统的数学模型进行转换。MATLAB 控制系统工具箱提供了三种模型的转换函数：tf2ss，tf2zp，ss2tf，ss2zp，zp2tf，zp2ss，这些函数的转换关系如图 2-42 所示。

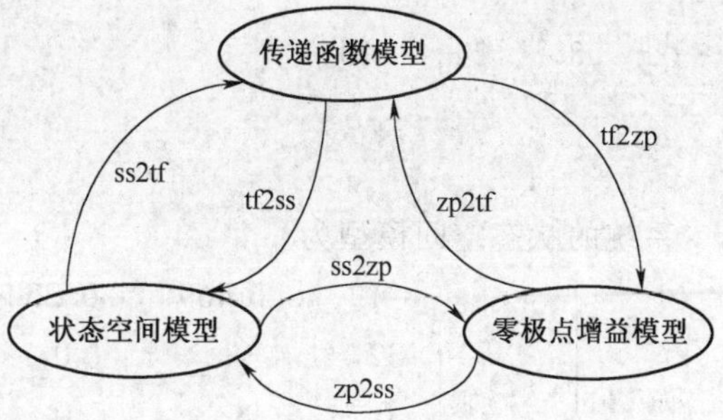

图 2-42 三种模型之间的转换

例 2-14 已知系统的传递函数模型为

$$G(s) = \frac{8s^2 + 24s + 16}{s^4 + 12s^3 + 47s^2 + 60s}$$

求其等效的零点、极点增益模型和状态空间模型。

解 求系统等效的零点、极点增益模型和状态空间模型的 MATLAB 程序如下：

```
>> num = [8 24 16];den = [1 12 47 60 0];          % 定义传递函数分子和分母矢量
>> [z,p,k] = tf2zp(num,den)                       % 由传递函数求零点、极点增益模型
```

程序运行结果为

```
z =
    -2
    -1
p =
          0
    -5.0000
    -4.0000
    -3.0000
k =
    8
```

系统的零点、极点增益模型为

$$G(s) = \frac{8(s+1)(s+2)}{s(s+5)(s+4)(s+3)}$$

```
>> [A, B, C, D] = tf2ss (num, den)
A =
   -12   -47   -60     0
     1     0     0     0
     0     1     0     0
     0     0     1     0
B =
     1
     0
     0
     0
```

C =

0　　8　　24　　16

D =

0

系统的状态空间模型为

$$\begin{cases}\dot{x}(t)=\begin{bmatrix}-12 & -1.469 & -0.2344 & 0\\ 32 & 0 & 0 & 0\\ 0 & 8 & 0 & 0\\ 0 & 0 & 2 & 0\end{bmatrix}x(t)+\begin{bmatrix}0.5\\ 0\\ 0\\ 0\end{bmatrix}u(t)\\ y(t)=[0 \quad 0.5 \quad 0.1875 \quad 0.0625]x(t)+[0]u(t)\end{cases}$$

三、Simulink 动态结构图及化简

Simulink 是基于 MATLAB 的图示化建模仿真工具，利用 Simulink 提供的模块库，不需要编写代码，只需用鼠标拖动模块库中的模块就能方便、迅速地建立系统的 Simulink 动态结构图，再用实际系统的数据对各模块的参量按规则进行设置，就可以对系统进行仿真了。

1. Simulink 模块库简介

在 MATLAB 命令窗口中输入“simulink”回车或单击 MATLAB 工具栏上的 Simulink 图标，即可打开 Simulink 模块库浏览器，如图 2-43 所示。

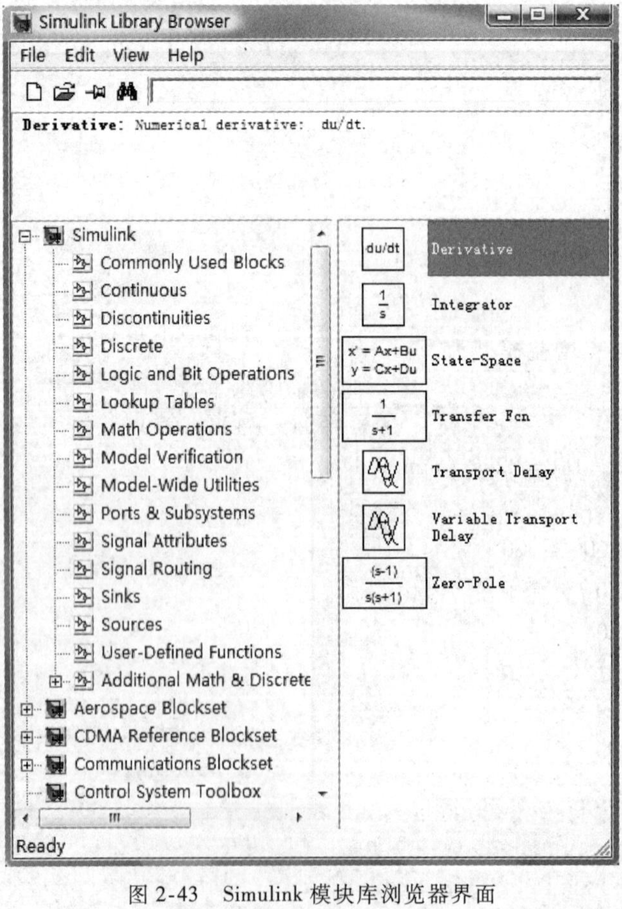

图 2-43　Simulink 模块库浏览器界面

对于连续系统进行建模时，常用到 Simulink 基本模块库中的连续模块（Continuous）、逻辑运算模块（Logic and Bit Operations）、数学运算模块（Math Operations）、端口及子系统模块（Ports & Subsystems）、信号路由模块（Signal Routing）、显示模块（Sinks）、源模块（Sources）等。

2. Simulink 动态结构图的建立

在 Simulink 模块库浏览器中单击工具栏内的“新建”图标，打开一个空白的 Simulink 模型编辑窗口，根据需要从模块库浏览器中选择所需的模块，将模块拖入编辑窗口中，再对模块进行连接、编辑等操作，即可构建出系统的图示化模型。图 2-44 所示是电枢控制的他励直流电动机的 Simulink 动态结构图。当在 MATLAB 命令窗口中输入电动机的各参数为


```
>> La=0.0017; Ra=1.36; Cm=0.025; Kb=0.025; J=0.00001; B=0.00004;
```

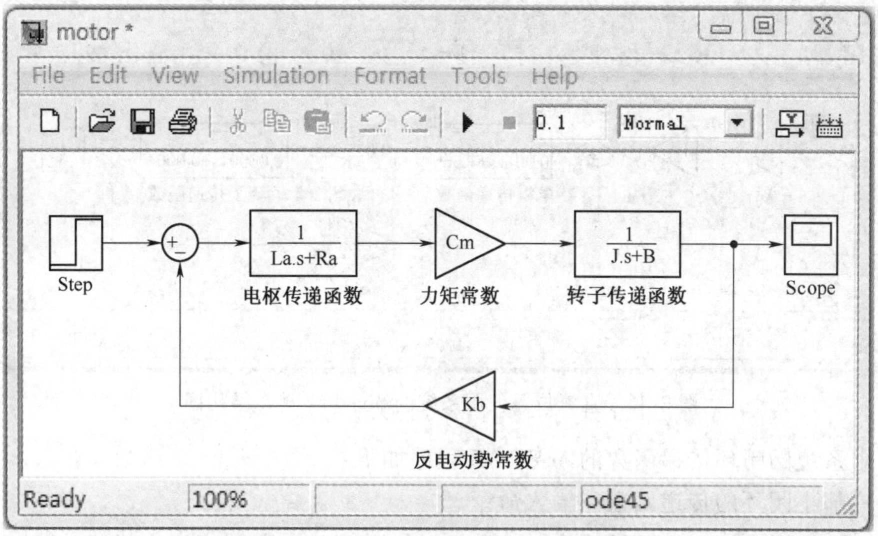

图 2-44　直流电动机是 Simulink 模型

开始仿真可得电动机对单位阶跃输入信号的响应，如图 2-45 所示。

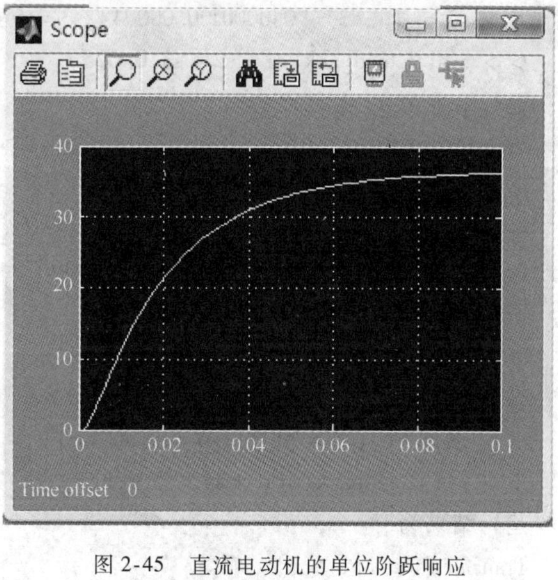

图 2-45　直流电动机的单位阶跃响应

3. Simulink 动态结构图化简

由图 2-44 可知，若已知系统框图，可以方便地建立系统的 Simulink 动态结构图。另外，还可以利用 MATLAB 进行动态结构图化简。

当 n 个模块方框图模型 sys1，sys2，…，sysn 串联连接时，其等效框图模型为

$$sys = sys1 * sys2 * \cdots * sysn \quad (2\text{-}117)$$

框图模型可以是 LTI 对象三种模型中的任何一种，但串联连接时的多个模型通常取同一种。

当 n 个模块框图模型 sys1，sys2，…，sysn 并联连接时，其等效框图模型为

$$sys = sys1 \pm sys2 \pm \cdots \pm sysn \quad (2\text{-}118)$$

当两个环节反馈连接时，可用 MATLAB 中的 feedback（）函数命令求出两个环节反馈连接的等效传递函数，feedback（）函数的调用格式为

$$sys = feedback(sys1, sys2, sign) \quad (2\text{-}119)$$

式中，环节 sys1 的所有输出连接到 sys2，sys2 的所有输出为反馈信号，sign 为反馈极性。sign 缺省时，默认为负反馈，即 sign = -1；单位负反馈时，sys2 = 1，且不能省略。

例 2-15 图 2-46 是图 2-41 所示的直流位置伺服系统的 Simulink 动态结构图，求其小闭环的传递函数与系统的闭环传递函数。

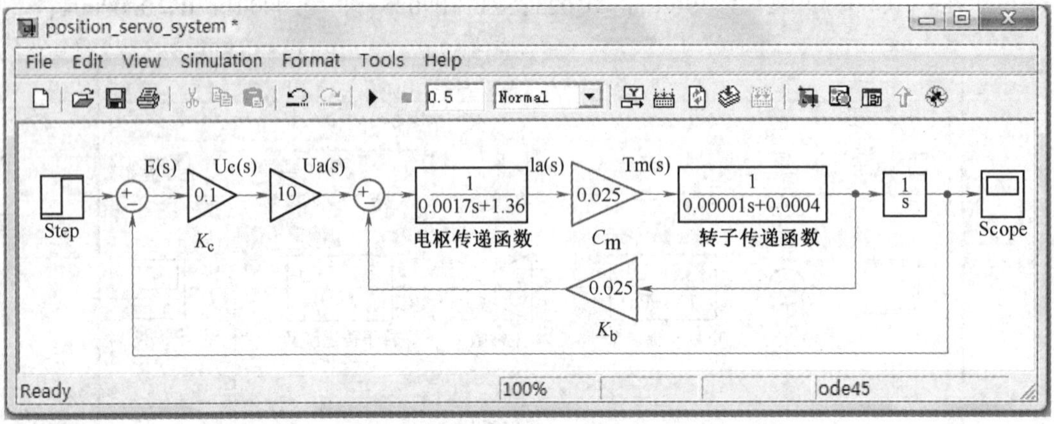

图 2-46 直流位置伺服系统的 Simulink 动态结构图

解 求系统的闭环传递函数的 MATLAB 程序如下：

(1) 局部小闭环的传递函数 输入命令

```
>> n1 = [1];d1 = [0.0017 1.36];s1 = tf(n1,d1);        % 建立电枢传递函数
>> n2 = [0.025];d2 = [1];s2 = tf(n2,d2);              % 转矩常数
>> n3 = [1];d3 = [0.00001 0.00004];s3 = tf(n3,d3);    % 建立负载传递函数
>> sys1 = feedback(s1 * s2 * s3,0.025)                % 局部反馈系统的闭环传递函数
```

运行结果为

```
Transfer function:
                 0.025
-----------------------------------------
1.7e-008 s^2 + 1.367e-005 s + 0.0006794
```

(2) 系统的闭环传递函数 输入命令

```
>> n4 = [0.1];d4 = [1];s4 = tf(n4,d4);          % 控制器增益
>> n5 = [10];d5 = [1];s5 = tf(n5,d5);           % 功率放大器增益
>> n6 = [1];d6 = [1 0];s6 = tf(n6,d6);          % 积分环节传递函数
>> sys = feedback(sys1 * s4 * s5 * s6,1)        % 求反馈系统的闭环传递函数
```

运行结果为

Transfer function:

```
                  0.025
  -----------------------------------------------------
  1.7e-008 s^3 + 1.367e-005 s^2 + 0.0006794 s + 0.025
```

习题与思考题

2-1　证明图 2-47a ~ f 是相似系统（微分方程式的形式相同）。其中，电压 $u_i(t)$ 和位移 $x_i(t)$ 为输入量；电压 $u_o(t)$ 和位移 $x_o(t)$ 为输出量；k、k_1 和 k_2 为弹簧的刚度；B 为阻尼器的阻尼系数。

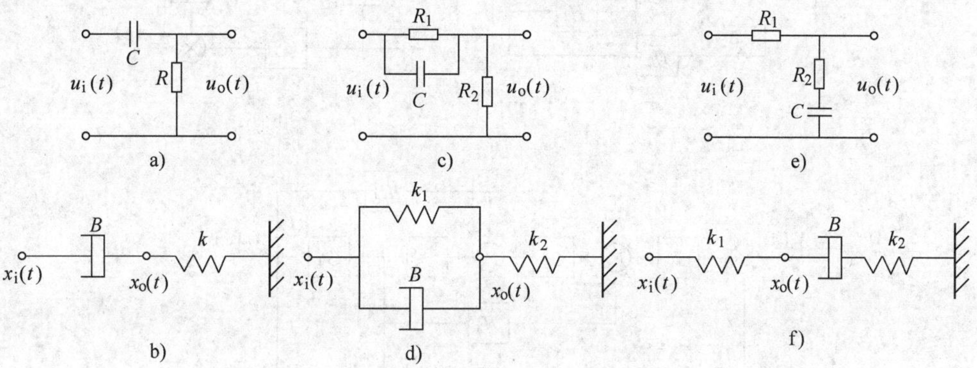

图 2-47　习题 2-1 的图

2-2　求下列函数 $f(t)$ 的拉普拉斯变换，假定当 $t<0$ 时，$f(t)=0$。

（1）$f(t)=1-e^{-\frac{1}{T}t}$

（2）$f(t)=0.03(1-\cos 2t)$

（3）$f(t)=\sin\left(5t+\dfrac{\pi}{3}\right)$

（4）$f(t)=e^{-0.4t}\cos 12t$

2-3　求下列函数的拉普拉斯反变换。

（1）$F(s)=\dfrac{s+1}{(s+2)(s+3)}$

（2）$F(s)=\dfrac{s}{s^2+8s+17}$

（3）$F(s)=\dfrac{s+2}{s(s+1)^2(s+3)}$

2-4　用拉普拉斯变换求解下列线性常微分方程。

（1）$\dfrac{d^2x}{dt^2}+6\dfrac{dx}{dt}+8x(t)=1(t)$，其中，$x(0)=1$，$\dot{x}(0)=0$

（2）$\dfrac{dx}{dt}+10x(t)=2$，其中，$x(0)=0$

（3）$\dfrac{d^2x}{dt^2}+\dfrac{dx}{dt}+x(t)=\delta(t)$，其中，$x(0)=\dot{x}(0)=0$

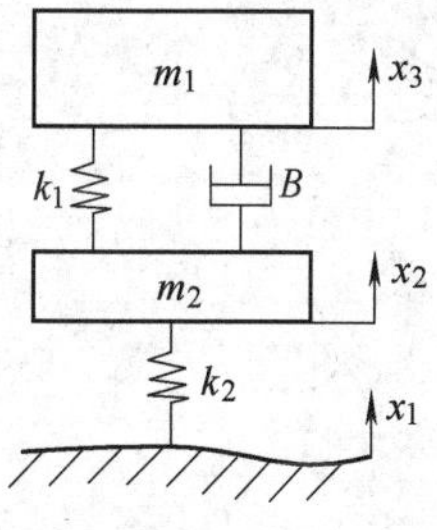

图 2-48　汽车缓振系统

2-5　汽车的缓振系统如图 2-48 所示。设 m_1 为车厢及架重，m_2 为车轮及车轮轴重（均为每个车轮的承重）；缓振弹簧和充气轮胎的刚度分别为 k_1、k_2；缓振器粘性摩擦系数为 B。试求系统的传递函数 $G(s)=\dfrac{X_3(s)}{X_1(s)}$，$x_3$ 为车厢位移，x_1 为路面函数。

2-6　试化简图 2-49 中各系统框图，并求传递函数 $X_o(s)/X_i(s)$。

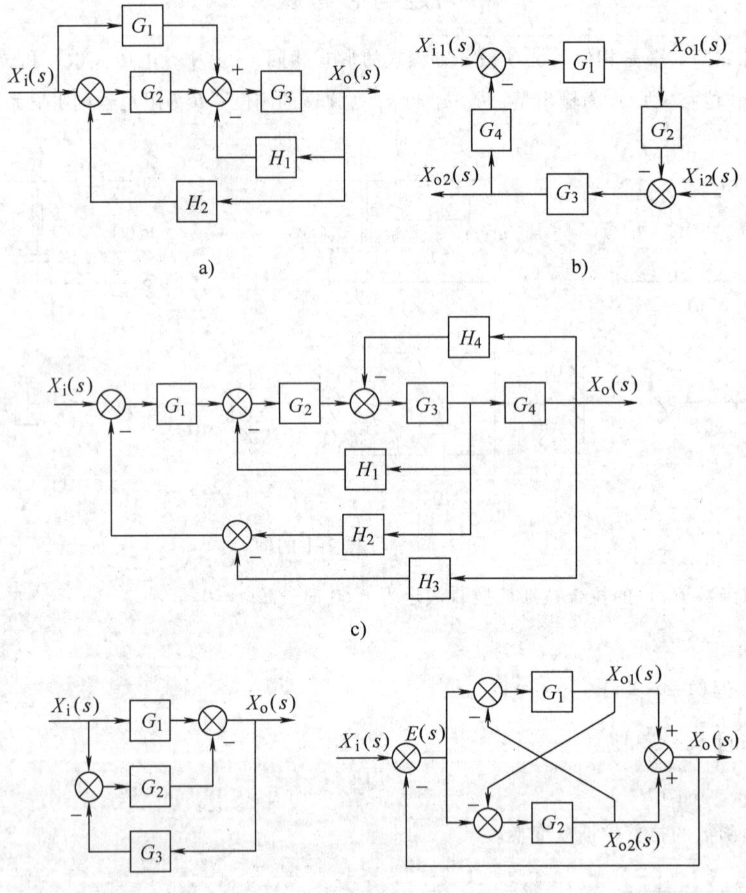

图 2-49　习题 2-6 的图

2-7　试化简图 2-50 的系统框图，并求传递函数 $X_o(s)/X_i(s)$ 和 $X_o(s)/N(s)$。

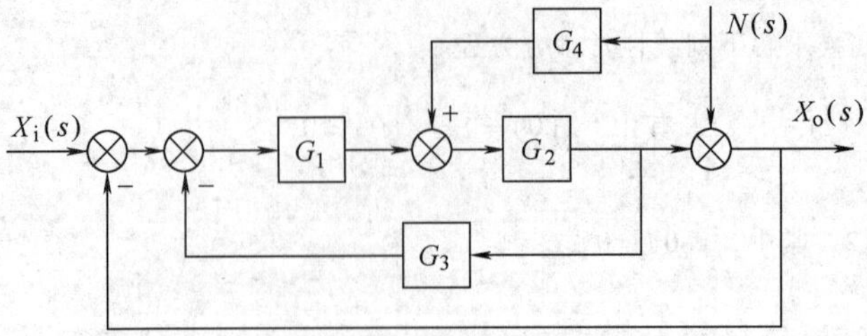

图 2-50　习题 2-7 的图

2-8　系统框图如图 2-51 所示，试绘出其信号流图，并用梅逊公式求传递函数 $X_o(s)/X_i(s)$。

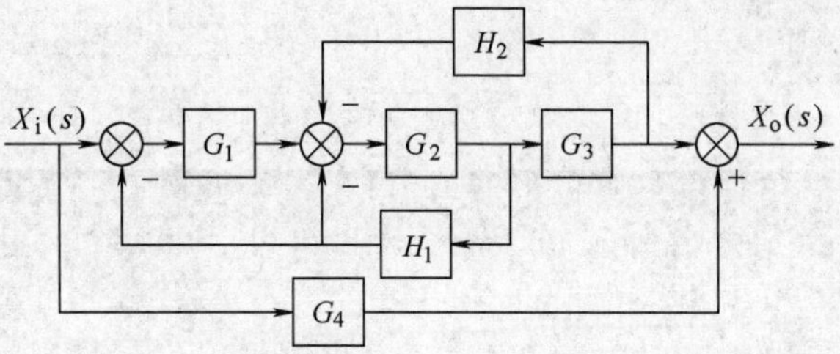

图 2-51　习题 2-8 的图

第三章 时域分析

在物理系统的数学模型建立之后，通常采用不同的系统分析方法对系统的动态性能和稳态性能进行分析，进而确定改进系统性能的途径。对于线性定常系统，常用的系统分析方法有时域分析法、根轨迹法和频域分析法。

本章主要研究线性定常系统的时域分析法。时域分析法就是根据系统的微分方程，采用拉普拉斯变换法直接解出系统的时间响应，再根据时间响应的表达式和时间响应曲线来分析系统的稳定性、准确性、快速性等性能。用时域分析法分析系统性能具有直接、准确、易于接受等特点，是经典控制理论中进行系统性能分析的一种重要方法。

第一节　概　　述

一、时间响应的概念

所谓时间响应是指系统在输入信号作用下，系统输出随时间变化的过程。实际系统的时间响应由瞬态响应和稳态响应两部分组成，如图 3-1所示。瞬态响应是系统在输入信号作用后，从初始状态到最终稳定状态的响应过程，也称为动态响应或过渡过程。稳态响应是系统在输入信号作用后，时间趋于无穷时，系统的输出状态，又称为稳态。瞬态响应反映系统的快速性和稳定性，稳态响应反映系统的准确性。

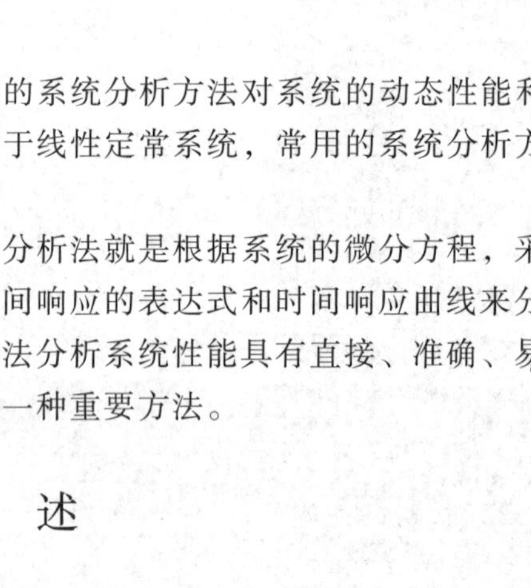

图 3-1　系统的时间响应

二、典型输入信号

在一般情况下，控制系统的实际输入信号预先是不知道的，并且多数情况下是随机的，很难用解析的方法来表示。只有在一些特殊的情况下输入信号才是确定的。在分析和设计控制系统时，为了能对各种控制系统的性能进行比较，通常预先选定一些具有典型意义的实验信号作为系统的输入信号，然后比较各种控制系统对这些典型输入信号的响应。在控制工程中，常用的典型输入信号有单位脉冲信号、单位阶跃信号、单位加速度信号等。典型信号的选择原则是：应当反映系统在工作过程中的大部分实际情况；应当在形式上尽可能简单，以便于对系统响应的分析；应当能够使系统工作在最不利的情况下；应当在实际中可以得到或近似地得到等。

1. 单位脉冲信号

单位脉冲信号的数学表达式为

$$x_{\mathrm{i}}(t)=\begin{cases}\dfrac{1}{\varepsilon} & 0<t<\varepsilon\\ 0 & t<0,t>\varepsilon\end{cases} \tag{3-1}$$

式中 ε——脉冲宽度。

若脉冲宽度 $\varepsilon\to 0$，则式（3-1）为

$$x_{\mathrm{i}}(t)=\begin{cases}\infty & t=0\\ 0 & t\neq 0\end{cases} \tag{3-2}$$

并且有

$$\int_{-\infty}^{+\infty} x_{\mathrm{i}}(t)\,\mathrm{d}t = 1 \tag{3-3}$$

此时的脉冲信号称为理想单位脉冲函数，记作 $\delta(t)$，其拉普拉斯变换为

$$X_{\mathrm{i}}(s)=L[\delta(t)]=1 \tag{3-4}$$

单位脉冲信号表征在极短的时间内给系统注入冲击能量，如图 3-2a 所示，通常用来模拟系统在实际工作时，突然遭受脉动电压、机械碰撞、敲打冲击等作用。

2. 单位阶跃信号

单位阶跃信号的表达式为

$$x_{\mathrm{i}}(t)=\begin{cases}1 & t\geqslant 0\\ 0 & t<0\end{cases} \tag{3-5}$$

单位阶跃信号通常记作 $1(t)$，其拉普拉斯变换为

$$X_{\mathrm{i}}(s)=L[1(t)]=\frac{1}{s} \tag{3-6}$$

单位阶跃信号表征系统输入信号的突变，如图 3-2b 所示，通常有模拟电源突然接通、负荷突然变化、指令突然转换等。因此，单位阶跃信号是评价系统瞬态性能时使用较多的一种典型信号。

3. 单位斜坡信号

单位斜坡信号又称为单位速度信号，其数学表达式为

$$x_{\mathrm{i}}(t)=\begin{cases}t & t\geqslant 0\\ 0 & t<0\end{cases} \tag{3-7}$$

其拉普拉斯变换为

$$X_{\mathrm{i}}(s)=L[t]=\frac{1}{s^2} \tag{3-8}$$

单位斜坡信号表征的是匀速变化的信号，如图 3-2c 所示。

4. 单位加速度信号

单位加速度信号的数学表达式为

$$x_i(t)=\begin{cases}\frac{1}{2}t^2 & t\geqslant 0\\ 0 & t<0\end{cases} \tag{3-9}$$

其拉普拉斯变换为

$$X_i(s)=L\left[\frac{1}{2}t^2\right]=\frac{1}{s^3} \tag{3-10}$$

单位加速度信号表征的是匀加速变化的信号，如图 3-2d 所示。

在分析系统的准确性，计算系统稳态误差时，选用的典型输入信号是单位阶跃信号、单位斜坡信号和单位加速度信号。

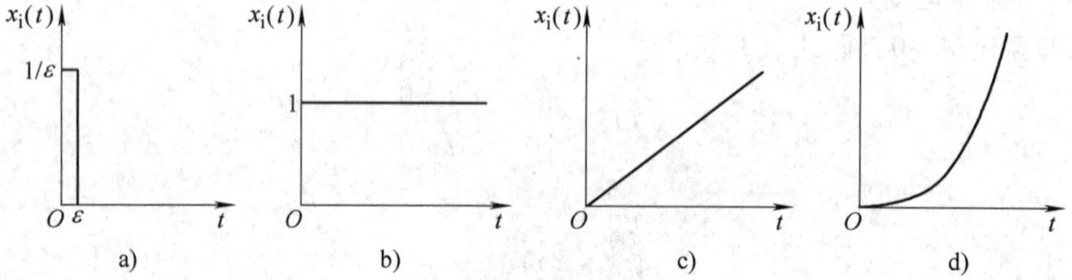

图 3-2 典型输入信号

5. 正弦信号

正弦信号的数学表达式为

$$x_i(t)=A\sin\omega t \tag{3-11}$$

其拉普拉斯变换为

$$X_i(s)=\frac{A\omega}{s^2+\omega^2} \tag{3-12}$$

对系统进行频域分析时，选用正弦信号作为系统的输入信号，分析系统的稳态响应。

第二节 一阶系统的时间响应

一、一阶系统的定义

凡是能用一阶微分方程描述的控制系统称为一阶系统。一个典型的一阶系统框图如图 3-3 所示，其传递函数为

$$G(s)=\frac{X_o(s)}{X_i(s)}=\frac{1}{Ts+1} \tag{3-13}$$

式中 T——系统的时间常数。

在实际当中，一阶系统的例子很多，如忽略质量的弹簧阻尼系统、忽略电感的 RLC 网络等。RC 网络如图 3-4 所示，$u_i(t)$ 为输入电压，$u_o(t)$ 为输出电压，RC 网络的微分方程为

$$RC\frac{\mathrm{d}u_o(t)}{\mathrm{d}t}+u_o(t)=u_i(t) \tag{3-14}$$

取初始条件为零，则 RC 网络的传递函数为

$$G(s)=\frac{U_o(t)}{U_i(t)}=\frac{1}{RCs+1}=\frac{1}{Ts+1} \tag{3-15}$$

式（3-15）中，$T=RC$ 是 RC 网络的时间常数。

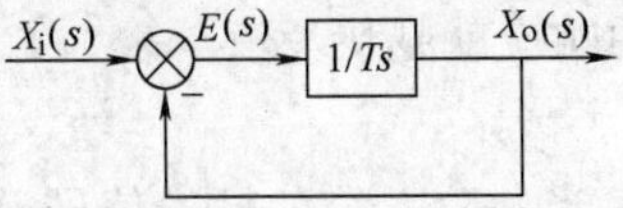

图 3-3 典型的一阶系统框图

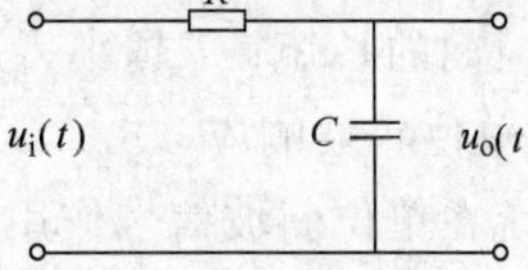

图 3-4 RC 网络

二、一阶系统的典型输入响应

1. 单位脉冲响应

系统在单位脉冲信号作用下的输出称为单位脉冲响应。当一阶系统的输入信号 $x_i(t)=\delta(t)$，即 $X_i(s)=1$，可得系统单位脉冲响应的拉普拉斯变换式为

$$X_o(s)=G(s)X_i(s)=\frac{1}{Ts+1}\times 1=\frac{1}{Ts+1} \tag{3-16}$$

对式（3-16）取拉普拉斯反变换，可得系统的单位脉冲响应为

$$x_o(t)=\frac{1}{T}e^{-\frac{t}{T}}(t\geqslant 0) \tag{3-17}$$

根据式（3-17）绘制系统的单位脉冲响应曲线如图 3-5 所示。当 $t\to\infty$ 时，$x_o(t)\to 0$，即单位脉冲响应的稳态响应为零。从图 3-5 可知，这是一条单调下降的指数曲线。T 越小，系统的惯性越小，过渡过程越短，系统的快速性越好；反之，T 越大，系统的惯性越大，系统的响应越缓慢。

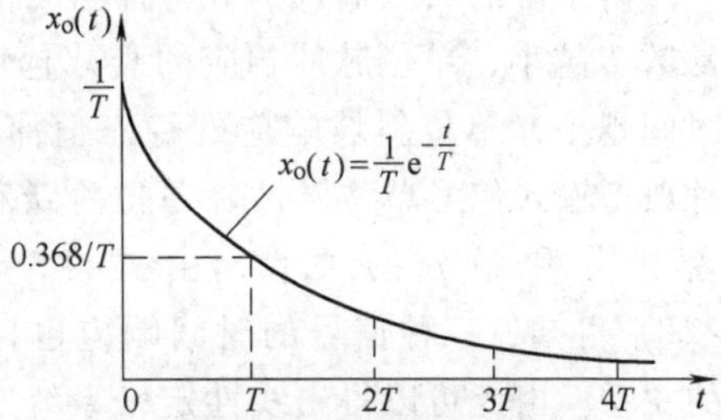

图 3-5 一阶系统的单位脉冲响应

2. 单位阶跃响应

系统在单位阶跃信号作用下的输出称为单位阶跃响应。当一阶系统的输入信号 $x_i(t)=1(t)$，即 $X_i(t)=1/s$，可得系统的单位阶跃响应的拉普拉斯变换式为

$$X_o(s)=G(s)X_i(s)=\frac{1}{Ts+1}\ \frac{1}{s}=\frac{1}{s}-\frac{T}{Ts+1} \tag{3-18}$$

对式（3-18）取拉普拉斯反变换，可得系统的单位阶跃响应为

$$x_o(t)=1-e^{-\frac{t}{T}} \qquad (t\geqslant 0) \tag{3-19}$$

由式（3-19）可知，$x_o(t)$ 中的 $-e^{-\frac{t}{T}}$ 为瞬态响应，1 为稳态响应。根据式（3-19）绘制系统的单位阶跃响应曲线如图 3-6 所示，这是一条单调上升的指数曲线。

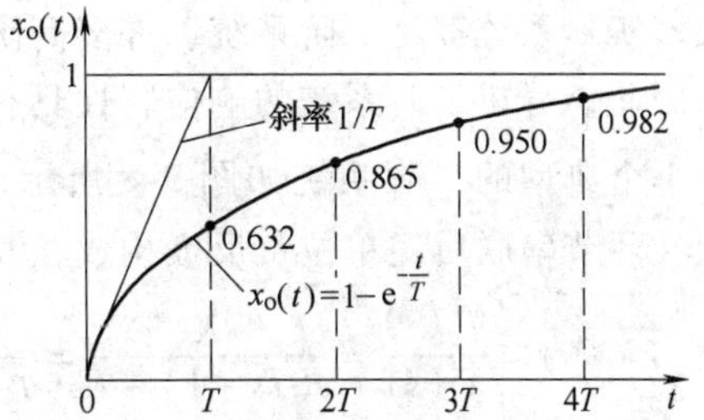

图 3-6 一阶系统的单位阶跃响应

由图 3-6 及式（3-19）可知：

1）当 $t=T$ 时，$x_o(t)=0.632$；

2）响应曲线在 $t=0$ 处的切线斜率为 $\frac{1}{T}$，

$$\left.\frac{\mathrm{d}x_o(t)}{\mathrm{d}t}\right|_{t=0}=\frac{1}{T};$$

3）当 $t\to\infty$ 时，$x_o(t)=1$，这时输入与输出一致，且过渡过程平稳（即无振荡）；

4）当 $t=4T$ 时，$x_o(t)=0.982$，系统的瞬态响应基本结束。即 T 的大小，反映了过渡过程持续时间的长短；T 越小，过渡过程时间越短，则系统的响应就越快。

3. 单位斜坡响应

系统在单位斜坡信号作用下的输出称为单位斜坡响应。当一阶系统的输入信号 $x_i(t)=t$ 时，即 $X_i(s)=\frac{1}{s^2}$，可得系统的单位斜坡响应的拉普拉斯变换式为

$$X_o(s)=G(s)X_i(s)=\frac{1}{Ts+1}\frac{1}{s^2}=\frac{1}{s^2}-\frac{T}{s}+\frac{T}{s+\frac{1}{T}} \tag{3-20}$$

对式（3-20）取拉普拉斯反变换，可得系统的单位斜坡响应为

$$x_o(t)=t-T+Te^{-\frac{1}{T}t}\quad(t\geqslant0) \tag{3-21}$$

根据式（3-21）绘制系统的单位斜坡响应曲线如图 3-7 所示，由图可知，一阶系统的单位斜坡响应是一条由零开始逐渐变为等速变化的曲线，稳态输出与输入同斜率，但滞后一个时间常数 T，即存在跟踪误差，其数值与时间 T 相等。

一阶系统的典型输入响应特性与时间常数 T 密切相关，时间常数 T 越小，单位脉冲响应的衰减越快，单位阶跃响应的调节时间越小，单位斜坡响应的稳态值滞后时间也越小。此外，三种典型输入信号单位脉冲、单位阶跃和单位速度信号之间存在着积分和微分的关系，由式（3-17）、式（3-19）、式（3-21）可知，三种信号的时间响应也存在着同样的积分和微分的关系。由此可以得出线性定常系统时间响应的一个重要性质：如果系统的输入信号存在积分和微分关系，则系统的时间响应也存在对应的积分和微分关系。根据这个性质，如果已知系统的单位阶跃响应，就可以对其微分求得系统的单位脉冲响应；也可以对其积分求得系统的单位速度响应。

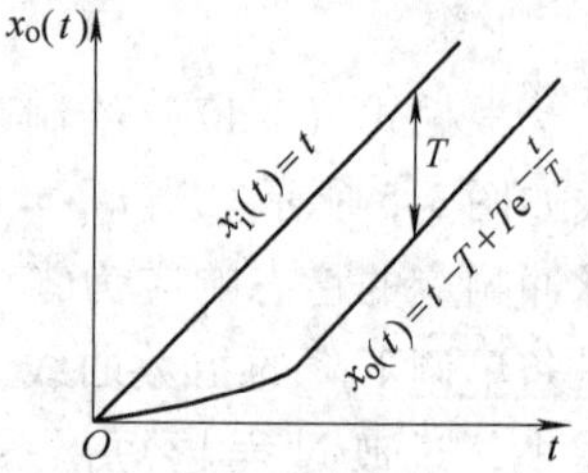

图 3-7　一阶系统的单位斜坡响应

第三节　二阶系统的时间响应

一、二阶系统的定义

凡是能用二阶微分方程描述的系统称为二阶系统。二阶系统在控制工程上非常重要，因为很多实际系统都是二阶系统。许多高阶系统在一定条件下可以近似地简化为二阶系统来研究。因此，分析二阶系统的响应特性具有重要的实际意义。

一个典型的二阶系统如图 3-8 所示，它由积分环节和惯性环节串联后经单位负反馈构成，其传递函数为

$$G(s)=\frac{X_o(s)}{X_i(s)}=\frac{K}{s(Ts+1)+K}=\frac{K}{Ts^2+s+K} \tag{3-22}$$

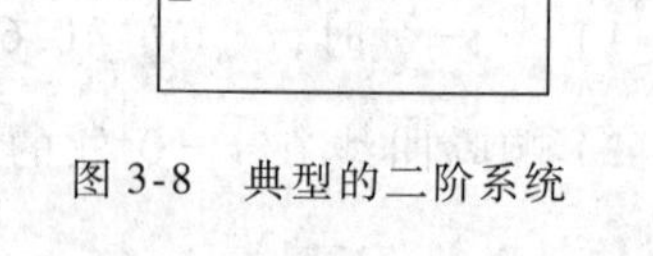

图 3-8　典型的二阶系统

式中 K——开环增益；

T——时间常数。

二阶系统的典型传递函数通常写成以下形式

$$G(s)=\frac{X_o(s)}{X_i(s)}=\frac{\omega_n^2}{s^2+2\xi\omega_n s+\omega_n^2} \tag{3-23}$$

式中 $\omega_n=\sqrt{\frac{K}{T}}$——二阶系统的无阻尼固有频率；

$\xi=\frac{1}{2\sqrt{TK}}$——阻尼比。

二阶系统的固有频率和阻尼比是两个重要的结构参数，因为它们决定着二阶系统的时间响应特性。通常称系统传递函数的分母为特征多项式，令分母等于0，可得二阶系统的特征方程为

$$s^2+2\xi\omega_n s+\omega_n^2=0$$

求解特征方程，得到系统的两个极点为

$$s_{1,2}=-\xi\omega_n\pm\omega_n\sqrt{\xi^2-1}$$

由此可见，二阶系统的极点由阻尼比和固有频率决定，尤其是随着阻尼比 ξ 取值的不同，二阶系统极点性质也各不相同。

1）当 $0<\xi<1$ 时，二阶系统称为欠阻尼系统，其特征方程的根是一对共轭复根，即具有一对共轭复数极点

$$s_{1,2}=-\xi\omega_n\pm j\omega_n\sqrt{1-\xi^2}=-\xi\omega_n\pm j\omega_d$$

式中 $\omega_d=\omega_n\sqrt{1-\xi^2}$——有阻尼振荡角频率。

2）当 $\xi=1$ 时，二阶系统称为临界阻尼系统，其特征方程的根是两个相等的负实根，即具有两个相等的负实数极点

$$s_{1,2}=-\omega_n$$

3）当 $\xi>1$ 时，二阶系统称为过阻尼系统，其特征方程的根是两个不相等的负实根，即具有两个不相等的负实数极点

$$s_{1,2}=-\xi\omega_n\pm\omega_n\sqrt{\xi^2-1}$$

4）当 $\xi=0$ 时，二阶系统称为零阻尼系统，其特征方程的根是一对共轭虚根，即具有一对共轭虚数极点

$$s_{1,2}=\pm j\omega_n$$

二、二阶系统的单位阶跃响应

如果二阶系统的输入信号为 $x_i(t)=1(t)$，即 $X_i(s)=\frac{1}{s}$，则二阶系统的单位阶跃响应的拉普拉斯变换式为

$$X_o(s)=G(s)X_i(s)=\frac{\omega_n^2}{s(s^2+2\xi\omega_n s+\omega_n^2)} \tag{3-24}$$

对式（3-24）取拉普拉斯反变换，得到二阶系统的单位阶跃响应为

$$x_o(t)=L^{-1}[X_o(s)]=L^{-1}\left[\frac{\omega_n^2}{s(s^2+2\xi\omega_n s+\omega_n^2)}\right] \tag{3-25}$$

下面根据阻尼比 ξ 的不同取值来分析二阶系统的单位阶跃响应。

1. 欠阻尼状态（$0<\xi<1$）

在欠阻尼状态下，二阶系统具有一对共轭复数极点，二阶系统的单位阶跃响应的拉普拉斯变换可展开成部分分式，即

$$\begin{aligned}X_o(s)&=\frac{\omega_n^2}{s(s^2+2\xi\omega_n s+\omega_n^2)}\\&=\frac{1}{s}-\frac{s+\xi\omega_n}{(s+\xi\omega_n)^2+\omega_d^2}-\frac{\xi}{\sqrt{1-\xi^2}}\frac{\omega_d}{(s+\xi\omega_n)^2+\omega_d^2}\end{aligned} \tag{3-26}$$

对式（3-26）取拉普拉斯反变换，得二阶系统在欠阻尼状态下的单位阶跃响应为

$$\begin{aligned}x_o(t)&=1-e^{-\xi\omega_n t}\cos\omega_d t-\frac{\xi}{\sqrt{1-\xi^2}}e^{-\xi\omega_n t}\sin\omega_d t\\&=1-\frac{e^{-\xi\omega_n t}}{\sqrt{1-\xi^2}}(\sqrt{1-\xi^2}\cos\omega_d t+\xi\sin\omega_d t)\\&=1-\frac{e^{-\xi\omega_n t}}{\sqrt{1-\xi^2}}\sin(\omega_d t+\varphi)\quad(t\geqslant 0)\end{aligned} \tag{3-27}$$

式中，$\varphi=\arctan\frac{\sqrt{1-\xi^2}}{\xi}$（即有 $\sin\varphi=\sqrt{1-\xi^2}$；$\cos\varphi=\xi$）。

二阶系统在欠阻尼状态下的单位阶跃响应曲线如图 3-9 的曲线 1 所示。从图中可以看出，欠阻尼二阶系统的单位阶跃响应有两部分组成：稳态分量为 1；瞬态分量是一个以 ω_d 为频率的衰减振荡过程，其衰减的快慢取决于 ω_n 和 ξ 的大小，指数 $\xi\omega_n$ 称为衰减指数。

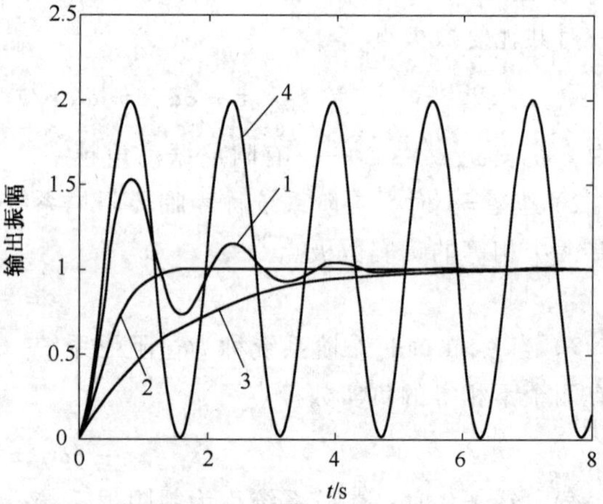

图 3-9　阻尼比取不同值时二阶系统的单位阶跃响应

2. 临界阻尼状态（$\xi=1$）

在临界阻尼状态下，二阶系统具有两个相等的负实数极点，二阶系统的单位阶跃响应的拉普拉斯变换可展开成部分分式，即

$$\begin{aligned}X_o(s)&=\frac{\omega_n^2}{s(s^2+2\xi\omega_n s+\omega_n^2)}=\frac{\omega_n^2}{s(s+\omega_n)^2}\\&=\frac{1}{s}-\frac{1}{s+\omega_n}-\frac{\omega_n}{(s+\omega_n)^2}\end{aligned} \tag{3-28}$$

对式（3-28）取拉普拉斯反变换，得二阶系统在临界阻尼状态下的单位阶跃响应为

$$\begin{aligned}x_o(t)&=1-e^{-\omega_n t}-\omega_n t e^{-\omega_n t}\\&=1-e^{-\omega_n t}(1+\omega_n t)\quad(t\geqslant 0)\end{aligned} \tag{3-29}$$

二阶系统在临界阻尼状态下的单位阶跃响应曲线如图 3-9 的曲线 2 所示。由图可见，这是一条无振荡、无超调的单调上升曲线，二阶系统处于振荡与不振荡的临界状态。

3. 过阻尼状态（$\xi>1$）

在过阻尼状态下，二阶系统具有两个不相等的负实数极点，二阶系统的单位阶跃响应的拉普拉斯变换可展开成部分分式，即

$$\begin{aligned}X_o(s)&=\frac{\omega_n^2}{s(s^2+2\xi\omega_n s+\omega_n^2)}\\&=\frac{1}{s}-\frac{1}{2(1+\xi\sqrt{\xi^2-1}-\xi^2)(s+\xi\omega_n-\omega_n\sqrt{\xi^2-1})}-\\&\quad\frac{1}{2(1-\xi\sqrt{\xi^2-1}-\xi^2)(s+\xi\omega_n+\omega_n\sqrt{\xi^2-1})}\end{aligned}\tag{3-30}$$

对式（3-26）取拉普拉斯反变换，得二阶系统在过阻尼状态下的单位阶跃响应为

$$\begin{aligned}x_o(t)=1&-\frac{1}{2(1+\xi\sqrt{\xi^2-1}-\xi^2)}e^{-(\xi-\sqrt{\xi^2-1})\omega_n t}-\\&\frac{1}{2(1-\xi\sqrt{\xi^2-1}-\xi^2)}e^{-(\xi+\sqrt{\xi^2-1})\omega_n t}\quad(t\geqslant0)\end{aligned}\tag{3-31}$$

二阶系统在过阻尼状态下的单位阶跃响应曲线如图 3-9 的曲线 3 所示。由图可见，这仍是一条无振荡、无超调的单调上升曲线，二阶系统的过渡过程时间较长。

4. 无阻尼状态（$\xi=0$）

在无阻尼状态下，二阶系统具有一对共轭虚数极点，二阶系统的单位阶跃响应的拉普拉斯变换可展开成部分分式，即

$$X_o(s)=\frac{\omega_n^2}{s(s^2+2\xi\omega_n s+\omega_n^2)}=\frac{\omega_n^2}{s(s^2+\omega_n^2)}=\frac{1}{s}-\frac{s}{s^2+\omega_n^2}\tag{3-32}$$

对式（3-32）取拉普拉斯反变换，得二阶系统在无阻尼状态下的单位阶跃响应为

$$x_o(t)=1-\cos\omega_n t\quad(t\geqslant0)\tag{3-33}$$

二阶系统在无阻尼状态下的单位阶跃响应曲线如图 3-9 的曲线 4 所示。由图可见，这是一条无阻尼等幅振荡曲线，二阶系统处于临界稳定状态。

从以上分析可以看出，二阶系统的单位阶跃响应的瞬态过程随着阻尼比 ξ 的变化而不同。当阻尼比 $\xi\geqslant1$ 时，二阶系统的瞬态过程具有单调上升的特性，系统的稳定性较好。随着 ξ 的减小，振荡性加强，但仍是衰减振荡。当 ξ 减小到 0 时，响应过程变为等幅振荡，达到临界稳定状态。若从系统的瞬态响应持续时间即快速性来看，在无振荡的单调上升曲线中，以 $\xi=1$ 时的瞬态响应持续时间最短。在欠阻尼的衰减振荡曲线中，当 $0.4\leqslant\xi\leqslant0.8$ 时，系统不仅瞬态过程时间短（与 $\xi=1$ 时比较），而且振荡也不严重。因此，实际二阶系统一般设计为 $0.4\leqslant\xi\leqslant0.8$ 的欠阻尼状态，以便系统既快又稳地跟踪输入信号。

二阶系统的单位脉冲响应、单位速度响应，可以根据线性定常系统时间响应的性质，对单位阶跃响应分别求微分和积分来获得。

三、二阶系统的性能指标

二阶系统的性能指标是以系统在欠阻尼状态下对单位阶跃信号的时间响应形式给出的，主要有上升时间 t_r、峰值时间 t_p、最大超调量 M_p、调整时间 t_s，如图 3-10 所示。

1. 上升时间 t_r

响应曲线从原始工作状态出发，第一次达到稳态值所需要的时间称为上升时间。对于过阻尼系统，上升时间一般定义为响应曲线从稳态值的10%上升到90%所需的时间。

$$t_r = \frac{\pi - \varphi}{\omega_d} \tag{3-34}$$

将 $\omega_d = \omega_n \sqrt{1-\xi^2}$，$\varphi = \arctan \frac{\sqrt{1-\xi^2}}{\xi}$ 代入式（3-34），得

$$t_r = \frac{\pi - \arctan \frac{\sqrt{1-\xi^2}}{\xi}}{\omega_n \sqrt{1-\xi^2}} \tag{3-35}$$

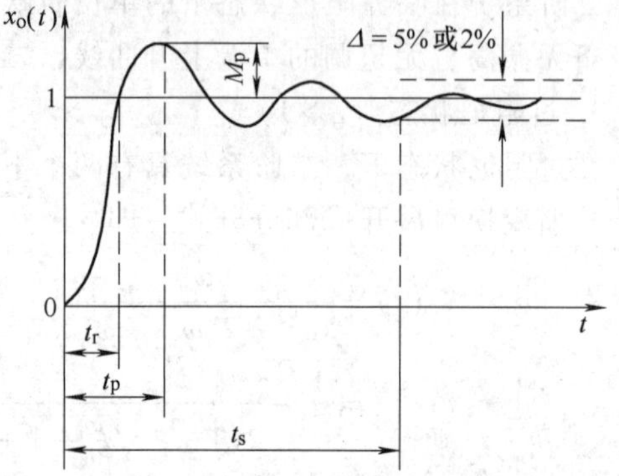

图 3-10　二阶系统的性能指标

2. 峰值时间 t_p

响应曲线从原始工作状态出发到达第一个峰值所需要的时间定义为峰值时间，即

$$t_p = \frac{\pi}{\omega_d} = \frac{\pi}{\omega_n \sqrt{1-\xi^2}} \tag{3-36}$$

3. 最大超调量 M_p

响应曲线的最大峰值与稳态值的差称为最大超调量 M_p，通常用百分数（%）来表示，即

$$M_p = \frac{x_o(t_p) - x_o(\infty)}{x_o(\infty)} \times 100\% \tag{3-37}$$

将 $t_p = \pi/\omega_d$，$x_o(\infty) = 1$ 代入式（3-37），整理后可得

$$M_p = e^{-\frac{\xi\pi}{\sqrt{1-\xi^2}}} \times 100\% \tag{3-38}$$

由此可见，最大超调量 M_p 只与系统的阻尼比 ξ 有关，而与固有频率 ω_n 无关。

4. 调整时间 t_s

在响应曲线的稳态值处取 $\pm\Delta$（一般为5%或2%）作为允许误差范围，响应曲线到达并将一直保持在这一误差范围内所需要的时间称为调整时间。

在欠阻尼状态下，当 $0<\xi<0.8$ 时，调整时间 t_s 与 ω_n、ξ 的近似关系为

$$t_s = \frac{3}{\xi\omega_n}(\Delta = 5\%),\ t_s = \frac{4}{\xi\omega_n}(\Delta = 2\%) \tag{3-39}$$

在设计二阶系统时，一般取 $\xi = 0.707$ 作为最佳阻尼比。在此情况下，系统不仅调整时间 t_s 小，超调量 M_p 也不大。这使二阶系统同时兼顾了快速性和平稳性两方面的要求。

5. 振荡次数 N

振荡次数 N 是在调整时间 t_s 内定义的，实测时可按响应曲线穿越稳态值次数的一半来计数，即

$$N = \frac{1.5\sqrt{1-\xi^2}}{\pi\xi}(\Delta = 5\%),\ N = \frac{2\sqrt{1-\xi^2}}{\pi\xi}(\Delta = 2\%) \tag{3-40}$$

由此可见，振荡次数 N 与 M_p 一样，只与系统的阻尼比 ξ 有关，而与固有频率 ω_n 无关。

综上所述，二阶系统的性能指标中，上升时间 t_r、峰值时间 t_p 和调整时间 t_s 反映二阶系统时间响应的快速性，最大超调量 M_p 和振荡次数 N 则反映二阶系统时间响应的平稳性。

例 3-1　某数控机床的位置随动系统为单位负反馈系统，其开环传递函数为 $G(s)=\dfrac{9}{s(s+1)}$，试计算系统的 M_p、t_p、t_s 和 N。

解　系统的闭环传递函数为

$$\Phi(s)=\frac{G(s)}{1+G(s)}=\frac{9}{s(s+1)+9}=\frac{9}{s^2+s+9}$$

系统为典型的二阶系统，其特性参数 $\omega_n=3\text{rad}\cdot\text{s}^{-1}$，$\xi=1/6$，这是一个欠阻尼二阶系统，其性能指标如下：

峰值时间
$$t_p=\frac{\pi}{\omega_n\sqrt{1-\xi^2}}=1.062\text{s}$$

最大超调量
$$M_p=e^{-\frac{\pi\xi}{\sqrt{1-\xi^2}}}\times100\%=53.8\%$$

过渡过程时间
$$t_s=\frac{3}{\xi\omega_n}=6\text{s}\quad(\Delta=5\%)$$

$$t_s=\frac{4}{\xi\omega_n}=8\text{s}\quad(\Delta=2\%)$$

振荡次数
$$N=\frac{t_s}{2\pi/\omega_d}=\frac{1.5\sqrt{1-\xi^2}}{\pi\xi}\approx3\quad(\Delta=5\%)$$

$$N=\frac{t_s}{2\pi/\omega_d}=\frac{2\sqrt{1-\xi^2}}{\pi\xi}\approx4\quad(\Delta=2\%)$$

例 3-2　控制系统框图如图 3-11 所示。若要求系统单位阶跃响应超调量 $M_p=20\%$，调节时间 $t_s\leqslant1.5\text{s}$（$\Delta=5\%$），试确定 K 与 τ 的值。

图 3-11　控制系统框图

解　由系统框图可以求得系统的闭环传递函数为

$$\Phi(s)=\frac{\dfrac{K}{s(s+1)}}{1+\dfrac{K}{s(s+1)}(1+\tau s)}=\frac{K}{s^2+(1+K\tau)s+K}$$

与二阶系统传递函数的标准形式比较，可得

$$K=\omega_n^2,\ \tau=(2\xi\omega_n-1)/\omega_n^2$$

由性能指标 $M_p=20\%$、$t_s=1.5\text{s}$ 可以求得系统的特征参数为

$$\xi=0.456,\ \omega_n=4.385$$

将系统的特征参数代入，可以求得

$$K=\omega_n^2=19.23,\ \tau=(2\xi\omega_n-1)/\omega_n^2=0.156$$

第四节　高阶系统的响应分析

用高阶微分方程描述的系统称为高阶系统。通常高阶系统的时间响应是由一阶系统和二阶系统的时间响应叠加而成。在分析高阶系统时，通过建立主导极点和偶极子的概念，将高

阶系统简化为二阶系统，再利用二阶系统的结论，对高阶系统进行近似地分析。

高阶系统的闭环传递函数通常可以写成如下形式

$$\Phi(s)=\frac{X_o(s)}{X_i(s)}=\frac{b_0s^m+b_1s^{m-1}+\cdots+b_{m-1}s+b_m}{a_0s^n+a_1s^{n-1}+\cdots+a_{n-1}s+a_n}$$

$$=\frac{K\prod_{i=1}^{m}(s-z_i)}{\prod_{j=1}^{q}(s-p_j)\prod_{k=1}^{r}(s^2+2\xi_k\omega_ks+\omega_k^2)}\quad(m\leqslant n,q+2r=n)\tag{3-41}$$

在单位阶跃信号作用下，可以求得高阶系统的时间响应为

$$x_o(t)=1+\sum_{j=1}^{q}a_j\mathrm{e}^{p_j^t}+\sum_{k=1}^{r}b_k\mathrm{e}^{-\xi_k\omega_kt}\sin(\sqrt{1-\xi_k^2}\,\omega_kt+c_k)\quad(t\geqslant 0)\tag{3-42}$$

式中　a_j（$j=1$，…，q）和 b_k、c_k（$k=1$，…，r）——与系统参数有关的常数。

由此可见，高阶系统的单位阶跃响应包含指数函数分量和衰减正弦函数分量。各闭环极点产生的分量对系统时间响应的影响程度是不同的。距离虚轴很近的极点则对系统的时间响应起主导作用，因而被称为主导极点。另外，一对靠得很近的零点和极点可以相消。这一对靠得很近的零点和极点称为偶极子。偶极子的概念对控制系统的综合设计很有用，它可以消去对系统性能有不利影响的极点，使系统性能得到改善。

第五节　稳态误差分析与计算

系统的准确性要用误差来衡量，系统的误差可以分为动态误差和稳态误差，动态误差是指误差随时间变化的过程值，稳态误差是系统进入稳态后其实际输出量与期望输出量之间的相差程度。实际输出量与期望输出量越接近，系统的精度就越高。而用来衡量这个“相差程度”的指标，就是系统的稳态误差。由于稳态误差最终反映了系统跟踪控制信号或者抑制干扰信号的能力，所以它是评价系统稳态性能的一个重要指标。

应当指出，系统的稳态误差不但与系统本身的结构与参数（即系统的类型）有关，而且还与输入信号的类型有关。值得注意的是，系统的稳态误差是在系统稳定的条件下定义和推导的，如果系统不稳定，就谈不上稳态误差的问题。

一、系统的误差 $e_r(t)$ 与偏差 $e(t)$

设 $x_{or}(t)$ 为系统的期望输出量，$x_o(t)$ 为系统的实际输出量，则系统误差的定义为

$$e_r(t)=x_{or}(t)-x_o(t)$$

其拉普拉斯变换为

$$E_r(s)=X_{or}(s)-X_o(s)\tag{3-43}$$

而系统的偏差定义为

$$e(t)=x_i(t)-h(t)*x_o(t)$$

其拉普拉斯变换为

$$E(s)=X_i(s)-H(s)X_o(s)\tag{3-44}$$

式中　$X_i(s)$——系统的输入量（即控量或给定值），在本章里，所有“输入量”均特指“控制量”或者“给定值”；

$H(s)$——反馈通道的传递函数。

式（3-43）与式（3-44）的关系如图 3-12 所示。若设期望输出量与输入量之间的传递函数为 $M(s)$，则期望输出量又可表示为

$$X_{or}(s) = M(s)X_i(s) \tag{3-45}$$

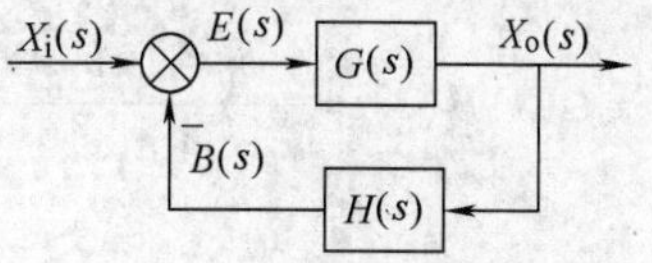

图 3-12　闭环控制系统框图

在控制系统中，偏差 $E(s)$ 是用来控制输出量 $X_o(s)$，当 $X_o(s) \neq X_{or}(s)$ 时，$E(s) \neq 0$，则系统通过 $E(s)$ 来不断地控制输出量 $X_o(s)$ 变化，直到 $X_o(s) = X_{or}(s)$；反之，当 $X_o(s) = X_{or}(s)$ 时，$E(s) = 0$，控制过程结束。因此，当 $X_o(s) = X_{or}(s)$ 时，式（3-44）为

$$E(s) = X_i(s) - H(s)X_o(s) = X_i(s) - H(s)X_{or}(s) = 0$$

因而得

$$X_{or}(s) = \frac{1}{H(s)}X_i(s) \tag{3-46}$$

比较式（3-46）与式（3-45），可得

$$M(s) = \frac{1}{H(s)}$$

合并式（3-43）、式（3-44）和式（3-46），消去 $X_o(s)$ 和 $X_{or}(s)$，则有

$$E_r(s) = \frac{1}{H(s)}E(s) \tag{3-47}$$

式（3-47）就是误差与偏差的关系式。由此可知，当偏差求出后，就可以求出误差。当系统为单位反馈系统时，$H(s) = 1$。由式（3-47）可知，系统的偏差就是其误差。

二、稳态误差的计算

1. 系统的类型

如上所述，系统的误差及其偏差与系统本身的结构和参数有关，即与系统的类型有关。而系统的类型则是根据闭环系统的开环传递函数来定义的。所以，这里首先介绍开环传递函数的概念，然后在此基础上再定义系统的类型。

（1）开环传递函数　如图 3-12 所示，闭环系统的开环传递函数 $G_k(s)$ 就是其反馈量 $B(s)$ 与偏差 $E(s)$ 之比，即

$$G_k(s) = \frac{B(s)}{E(s)} = \frac{E(s)G(s)H(s)}{E(s)} = G(s)H(s) \tag{3-48}$$

由式（3-48）可知，开环传递函数相当于把反馈量 $B(s)$ 的输出端断开后，前向通道传递函数与反馈通道传递函数的乘积。值得注意的是，开环传递函数是相对于闭环系统传递函数而言的，如果系统不是闭环系统，则无所谓开环传递函数。

（2）系统的类型　开环传递函数一般可表示为如下形式

$$G(s)H(s) = \frac{b_0 s^m + b_1 s^{m-1} + \cdots + b_m}{a_0 s^n + a_1 s^{n-1} + \cdots + a_n} \quad (n \geqslant m) \tag{3-49}$$

如果分母多项式的最后一项为 $a_N s^{n-N}$（$N = 0, 1, 2, \cdots, n$），则式（3-49）变为

$$G(s)H(s)=\frac{b_0s^m+b_1s^{m-1}+\cdots+b_m}{a_0s^n+a_1s^{n-1}+\cdots+a_Ns^{n-N}}=\frac{b_m\left(\frac{b_0}{b_n}s^m+\frac{b_1}{b_n}s^{m-1}+\cdots+1\right)}{a_Ns^{n-N}\left(\frac{a_0}{a_N}s^N+\frac{a_1}{a_N}s^{N-1}+\cdots+1\right)}=\frac{KA_1(s)}{s^vB_1(s)} \tag{3-50}$$

式中　$K=\dfrac{b_m}{a_N}$——系统的开环增益；

$A_1(s)$和$B_1(s)$——常数项为1的s的多项式；

$v=n-N$——开环传递函数所含的积分环节$\dfrac{1}{s}$的个数，又称无差度。

下面根据式（3-50）来定义系统的类型。

1）当$v=0$时，式（3-50）表示为

$$G(s)H(s)=\left.\frac{KA_1(s)}{s^vB_1(s)}\right|_{v=0}=\frac{KA_1(s)}{B_1(s)} \tag{3-51}$$

式（3-51）所对应的闭环系统称为0型系统。即0型系统的开环传递函数不含积分环节。

2）当$v=1$时，则有

$$G(s)H(s)=\left.\frac{KA_1(s)}{s^vB_1(s)}\right|_{v=1}=\frac{KA_1(s)}{sB_1(s)} \tag{3-52}$$

式（3-52）所对应的系统称为Ⅰ型系统。即Ⅰ型系统的开环传递函数含有一个积分环节。

3）当$v=2$时，则有

$$G(s)H(s)=\left.\frac{KA_1(s)}{s^vB_1(s)}\right|_{v=2}=\frac{KA_1(s)}{s^2B_1(s)} \tag{3-53}$$

式（3-53）所对应的闭环系统称为Ⅱ型系统。即Ⅱ型系统的开环传递函数含有两个积分环节。

同理，当$v=3$时，闭环系统称为Ⅲ型系统，依此类推。一般来说，系统的类型越高，即系统的开环传递函数所含的积分环节越多，系统就越不容易稳定。因此，在设计控制系统时，不易采用较高类型的系统，一般只用到Ⅱ型。这里值得注意的是，不要把系统的类型与系统的阶次混淆起来，这是两个不同的概念。

在系统设计时，一般总是从开环到闭环，即系统的开环传递函数总是预先知道的，故系统的类型可以预先确定。具体的做法是，把系统的开环传递函数的分子和分母分别整成常数项为1的多项式，求出其开环增益和积分环节的个数，就可以确定系统的类型。

2. 稳态偏差的计算

求解系统的误差$e_r(t)$与求解系统的输出$x_o(t)$一样，对于高阶系统是较困难的。但是，如果只是关心系统在瞬态过程结束后的误差，即系统的稳态误差，问题就容易解决了。下面讲述系统的稳态偏差的求解方法，进而导出其稳态误差的计算公式。

（1）与输入量有关的稳态偏差　所谓系统的稳态偏差，就是指系统进入稳态后的偏差，记作ε_{ss}。根据终值定理可得

$$\varepsilon_{ss} = \lim_{t\to\infty} e(t) = \lim_{s\to 0} sE(s) \tag{3-54}$$

式中 $E(s)$ 可根据图 3-12 得出，即

$$E(s) = X_i(s) - B(s) = X_i(s) - G(s)H(s)E(s)$$

整理后可得

$$E(s) = \frac{1}{1+G(s)H(s)} X_i(s) \tag{3-55}$$

合并式（3-54）与式（3-55）可得

$$\varepsilon_{ss} = \lim_{s\to 0} s \frac{1}{1+G(s)H(s)} X_i(s) \tag{3-56}$$

式（3-56）是在输入量作用下，计算系统稳态偏差的通式。当系统的输入量和系统的结构已知时，其稳态偏差就可以确定。下面将推导系统在典型输入信号作用下的稳态偏差。

（2）单位阶跃输入的稳态偏差　当系统的输入量 $X_i(s) = \frac{1}{s}$，代入式（3-56）可得

$$\varepsilon_{ss} = \lim_{s\to 0} s \frac{1}{1+G(s)H(s)} \frac{1}{s} = \frac{1}{1+\lim\limits_{s\to 0} G(s)H(s)} = \frac{1}{1+K_p} \tag{3-57}$$

式中　$K_p = \lim\limits_{s\to 0} G(s)H(s)$——稳态位置偏差系数。

当系统为 0 型系统时，则有

$$K_p = \lim_{s\to 0} G(s)H(s) = \lim_{s\to 0} \frac{KA_1(s)}{B_1(s)} = K$$

稳态偏差为

$$\varepsilon_{ss} = \frac{1}{1+K_p} = \frac{1}{1+K}$$

当系统为Ⅰ型系统时，则有

$$K_p = \lim_{s\to 0} G(s)H(s) = \lim_{s\to 0} \frac{KA_1(s)}{sB_1(s)} = \infty$$

稳态偏差为

$$\varepsilon_{ss} = \frac{1}{1+K_p} = \frac{1}{1+\infty} = 0$$

当系统为Ⅱ型系统时，则有

$$K_p = \lim_{s\to 0} G(s)H(s) = \lim_{s\to 0} \frac{KA_1(s)}{s^2 B_1(s)} = \infty$$

稳态偏差为

$$\varepsilon_{ss} = \frac{1}{1+K_p} = \frac{1}{1+\infty} = 0$$

由此可见，在单位阶跃输入作用下，0 型系统的稳态偏差与系统的开环增益 K 有关。由于 K 不可能为无限大（因为 K 越大，系统越不容易稳定），所以 0 型系统总是有偏差的。习惯上把单位阶跃输入下的 0 型系统称为有差系统。

若要消除阶跃输入所引起的稳态偏差，则必须在系统的开环传递函数中串联积分环节，使系统变成Ⅰ型（或Ⅱ型）系统。同样，习惯上把阶跃输入下的Ⅰ型（或Ⅱ型）系统称为

无差系统。

(3) 单位速度输入的稳态偏差　当系统的输入量 $X_i(s)=\frac{1}{s^2}$，代入式（3-56）可得

$$\varepsilon_{ss}=\lim_{s\to 0}s\frac{1}{1+G(s)H(s)}\frac{1}{s^2}=\frac{1}{\lim\limits_{s\to 0}sG(s)H(s)}=\frac{1}{K_v} \tag{3-58}$$

式中　$K_v=\lim\limits_{s\to 0}sG(s)H(s)$——稳态速度偏差系数。

根据式（3-58）可得不同类型系统的稳态偏差。当系统为 0 型系统时，则有

$$K_v=\lim_{s\to 0}sG(s)H(s)=\lim_{s\to 0}s\frac{KA_1(s)}{B_1(s)}=0$$

稳态偏差为

$$\varepsilon_{ss}=\frac{1}{K_v}=\frac{1}{0}=\infty$$

当系统为Ⅰ型系统时，则有

$$K_v=\lim_{s\to 0}sG(s)H(s)=\lim_{s\to 0}s\frac{KA_1(s)}{sB_1(s)}=K$$

稳态偏差为

$$\varepsilon_{ss}=\frac{1}{K_v}=\frac{1}{K}$$

当系统为Ⅱ型系统时，则有

$$K_v=\lim_{s\to 0}sG(s)H(s)=\lim_{s\to 0}s\frac{KA_1(s)}{s^2B_1(s)}=\infty$$

稳态偏差为

$$\varepsilon_{ss}=\frac{1}{K_v}=\frac{1}{\infty}=0$$

由此可见，0 型系统不能跟踪速度输入，因为其稳态偏差为∞；Ⅰ型系统能跟踪速度输入，但是总有偏差。若要消除速度输入所引起的稳态偏差，则必须把系统升为Ⅱ型系统。

(4) 单位加速度输入的稳态偏差　当系统的输入量为 $X_i(s)=\frac{1}{s^3}$，代入式（3-56）可得

$$\varepsilon_{ss}=\lim_{s\to 0}s\frac{1}{1+G(s)H(s)}\frac{1}{s^3}=\frac{1}{\lim\limits_{s\to 0}s^2G(s)H(s)}=\frac{1}{K_a} \tag{3-59}$$

式中　$K_a=\lim\limits_{s\to 0}s^2G(s)H(s)$——稳态恒加速偏差系数。

根据式（3-59）可得不同类型系统的稳态偏差。当系统为 0 型系统时，则有

$$K_a=\lim_{s\to 0}s^2G(s)H(s)=\lim_{s\to 0}s^2\frac{KA_1(s)}{B_1(s)}=0$$

稳态偏差为

$$\varepsilon_{ss}=\frac{1}{K_a}=\frac{1}{0}=\infty$$

当系统为Ⅰ型系统时，则有

$$K_a = \lim_{s\to 0} s^2 G(s)H(s) = \lim_{s\to 0} s^2 \frac{KA_1(s)}{sB_1(s)} = 0$$

稳态偏差为

$$\varepsilon_{ss} = \frac{1}{K_a} = \frac{1}{0} = \infty$$

当系统为Ⅱ型系统时，则有

$$K_a = \lim_{s\to 0} s^2 G(s)H(s) = \lim_{s\to 0} s^2 \frac{KA_1(s)}{s^2 B_1(s)} = K$$

稳态偏差为

$$\varepsilon_{ss} = \frac{1}{K_a} = \frac{1}{K}$$

由此可见，0型系统和Ⅰ型系统都不能跟踪加速度输入，因为其稳态偏差为∞；Ⅱ型系统虽然能跟踪加速度输入，但有偏差存在。这时需要适当增大开环增益 K，以使稳态偏差限定在允许的范围内。当然，为了完全消除加速度输入所引起的稳态偏差，就需要把系统变成Ⅲ型或Ⅲ型以上的系统，但此时系统很难稳定。

通过上述分析可知，系统的稳态偏差既与输入信号有关，又与系统的开环增益及系统的类型有关。一般来说，开环增益越大以及系统的类型越高，系统的稳态偏差就越小，但是这也意味着系统的稳定性越差。所以，设计者的任务就是在于正确解决这互相制约的矛盾，选择合理的参数，以满足系统各方面的性能要求。

这里必须指出，上述信号中的阶跃、速度和加速度输入是广义的。比如在温度控制系统中，“位置（阶跃）”表示温度，而“速度”则表示温度的变化率。

为了便于比较和记忆，将上述三种典型输入信号下的稳态偏差与系统类型的关系，列表3-1中。从表中可以看出，处于主对角线上的稳态偏差是有限值；在主对角线上方，稳态偏差为无穷大；在主对角线下方，稳态偏差为零。而且可以看出：

1）系统的类型越高（即开环传递函数所含的积分环节越多），其抑制稳态偏差的能力就越强。

2）当开环增益 K 越大，则稳态偏差越小。

表3-1中所列的稳态偏差，只与系统的类型及输入信号的形式有关，而与系统是否为单位负反馈无关。

表3-1　输入量有关的稳态偏差 ε_{ss}

输入信号 / 系统型号	单位阶跃$[1(t)]$	单位速度$[t]$	单位加速度$\left[\frac{1}{2}t^2\right]$
0型	$\frac{1}{1+K}$	∞	∞
Ⅰ型	0	$\frac{1}{K}$	∞
Ⅱ型	0	0	$\frac{1}{K}$

若系统的输入为典型输入信号，就可以根据表3-1，直接从表中查出系统所对应的稳态偏差。

3. 系统的稳态误差

系统的稳态误差就是系统进入稳态后的误差，记作 e_{ss}。根据终值定理有

$$e_{ss}=\lim_{s\to\infty}e_r(t)=\lim_{s\to 0}sE_r(s) \tag{3-60}$$

将式（3-47）代入式（3-60）得

$$e_{ss}=\lim_{s\to 0}s\frac{1}{H(s)}E(s) \tag{3-61}$$

当系统为单位负反馈系统时，即 $H(s)=1$，则有

$$e_{ss}=\lim_{s\to 0}sE(s)=\varepsilon_{ss} \tag{3-62}$$

由式（3-62）可知，当系统为单位负反馈系统时，其稳态误差等于其稳态偏差。这时，系统的稳态误差即可直接查表 3-1 获得。

当系统不是单位负反馈系统时，则有

$$e_{ss}=\lim_{s\to 0}s\frac{1}{H(s)}\frac{1}{1+G(s)H(s)}X_i(s) \tag{3-63}$$

在式（3-63）中，若反馈通道传递函数 $H(s)$ 的分子与分母不含 $s=0$ 的因子，则系统的稳态误差与其稳态偏差只相差一个常数；而在一般随动系统中，$H(s)$ 通常为一常数（即比例环节），此时系统的稳态误差就等于其稳态偏差除以此常数。当然，若 $H(s)$ 不是上述情况，则系统的稳态误差就必须根据式（3-63）进行计算。

4. 与干扰量有关的稳态误差

上面在计算系统的稳态偏差与稳态误差时，只考虑输入量的作用，而令干扰量为零。同样，在计算与干扰量有关的稳态偏差与稳态误差时，也令输入量为零。下面以图 3-13 为例，说明由干扰量 $N(s)$ 所引起的系统稳态偏差与稳态误差的计算方法。

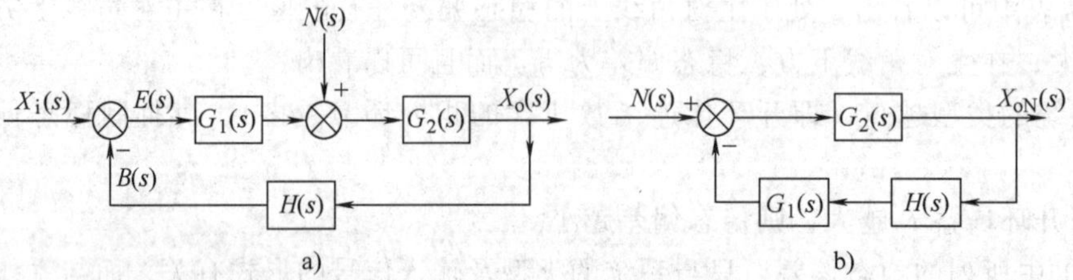

图 3-13　与干扰量有关的稳态误差框图

系统的稳态偏差为

$$E(s)=X_i(s)-B(s)$$

令输入量 $X_i(s)=0$，并设对应于干扰量 $N(s)$ 的输出量为 $X_{oN}(s)$，则上式变为

$$E(s)=-B(s)=-H(s)X_{oN}(s) \tag{3-64}$$

图 3-13a 经框图变换后，如图 3-13b 所示，由干扰量引起的输出为

$$X_{oN}(s)=\frac{G_2(s)}{1+G_1(s)G_2(s)H(s)}N(s) \tag{3-65}$$

将式（3-65）代入式（3-64）得

$$E(s)=\frac{-H(s)G_2(s)}{1+G_1(s)G_2(s)H(s)}N(s)$$

系统的稳态偏差为

$$\varepsilon_{ss}=\lim_{s\to 0}sE(s)=\lim_{s\to 0}s\frac{-H(s)G_2(s)}{1+G_1(s)G_2(s)H(s)}N(s)$$

系统的稳态误差为

$$e_{ss}=\lim_{s\to 0}s\frac{E(s)}{H(s)}=\lim_{s\to 0}s\frac{-G_2(s)}{1+G_1(s)G_2(s)H(s)}N(s)=\lim_{s\to 0}sG_N(s)N(s) \qquad (3\text{-}66)$$

式中 $G_N(s)=-\dfrac{G_2(s)}{1+G_1(s)G_2(s)H(s)}$——图 3-13b 的闭环传递函数$\left[-\dfrac{X_{oN}(s)}{N(s)}\right]$；

$G_N(s)N(s)$——系统在干扰量 $N(s)$ 单独作用下的输出量 $[-X_{oN}(s)]$。

由此可见，由干扰量所引起的系统误差，实际上就是由干扰量所引起的系统输出。而误差的稳态值就是输出的稳态值。其中，负号表示由干扰量所引起的输出量的变化，正好与干扰量的变化相反。例如，在电动机负载系统中，由负载力矩（即干扰）所引起的电动机转速的变化，正好与负载力矩的变化相反，即负载越大，则转速越低。这时，电动机为了维持原来的转速不变，就必须增大电动机的输出力矩，这样，相对于原来的输出力矩而言，就产生了误差。所以，式（3-67）也可以写成

$$e_{ss}=\lim_{s\to 0}s[-X_{oN}(s)] \qquad (3\text{-}67)$$

式（3-67）就是计算由干扰量所引起的系统稳态误差的通式。

同样也应当指出，由干扰量所引起的系统稳态误差，也只有在系统稳定时才有意义。对于由输入量和干扰量所引的系统的总稳态误差，则等于由输入量与干扰量所分别引起的稳态误差之代数和。

例 3-3 单位负反馈系统的开环传递函数为 $G(s)=\dfrac{4}{s(s+5)}$，试求：

1）系统的单位阶跃响应和单位速度响应；

2）确定位置误差系数、速度误差系数和当输入为 $x_i(t)=2t$ 时系统的稳态误差。

解 1）系统闭环传递函数为

$$\Phi(s)=\frac{G(s)}{1+G(s)}=\frac{4}{s(s+5)+4}=\frac{4}{(s+1)(s+4)}$$

则系统的输出为

$$X_o(s)=\Phi(s)X_i(s)=\frac{4}{(s+1)(s+4)}X_i(s)$$

当输入为单位阶跃信号时，即 $X_i(s)=\dfrac{1}{s}$，则系统的单位阶跃响应为

$$x_o(t)=L^{-1}[\Phi(s)X_i(s)]=1-\frac{4}{3}e^{-t}+\frac{1}{3}e^{-4t}$$

当输入为单位速度信号时，即 $X_i(s)=\dfrac{1}{s^2}$，则系统的单位速度响应为

$$x_o(t)=L^{-1}[\Phi(s)X_i(s)]=t-\frac{5}{4}+\frac{4}{3}e^{-t}-\frac{1}{12}e^{-4t}$$

2）系统的位置误差系数为

$$K_p = \lim_{s\to 0} G(s) = \lim_{s\to 0}\frac{4}{s(s+4)} = \infty$$

系统的速度误差系数为

$$K_v = \lim_{s\to 0} sG(s) = \lim_{s\to 0} s\frac{4}{s(s+4)} = 0.8$$

当输入 $x_i(t) = 2t$ 时，系统的稳态误差为

$$e_{ss} = \frac{2}{K_v} = \frac{2}{0.8} = 2.5$$

例 3-4 控制系统框图如图 3-14a 所示，已知 $X_i(s) = N(s) = \frac{1}{s}$，试求输入 $X_i(s)$ 和扰动 $N(s)$ 作用下的稳态误差。

解 1）当 $X_i(s) \neq 0$，$N(s) = 0$ 时，求系统在输入 $X_i(s)$ 单独作用下的稳态误差 e_{ssi}。

输入作用下的传递函数为

$$\frac{X_o(s)}{X_i(s)} = \frac{4}{4s+5}$$

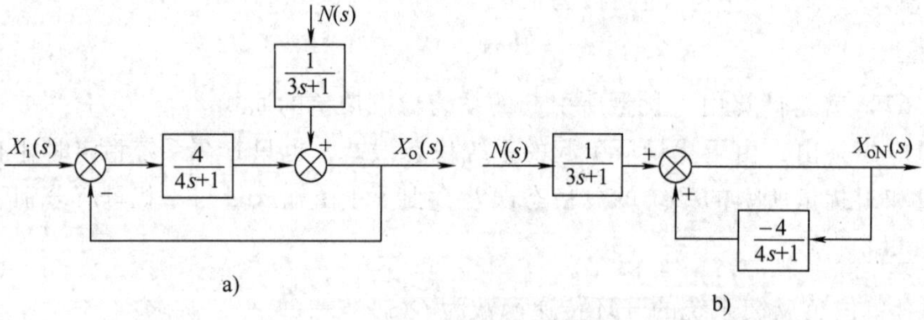

图 3-14 例 3-4 控制系统框图

输入作用下的误差为

$$E_i(s) = X_i(s) - X_o(s) = \frac{4s+1}{4s+5}X_i(s)$$

则输入作用下的稳态误差为

$$e_{ssi} = \lim_{s\to 0} sE_i(s) = \lim_{s\to 0} s\cdot\frac{4s+1}{4s+5}\frac{1}{s} = \frac{1}{5}$$

2）当 $X_i(s) = 0$，$N(s) \neq 0$ 时，求系统在扰动 $N(s)$ 单独作用下的稳态误差 e_{ssn}。此时，系统的框图如图 3-14b 所示。

扰动作用下的输出为

$$X_{oN}(s) = \frac{4s+1}{(3s+1)(4s+5)}N(s)$$

由扰动产生的误差为

$$E_N(s) = X_i(s) - X_{oN}(s) = -X_{oN}(s)$$

扰动引起的稳态误差为

$$e_{ssn}=\lim_{s\to 0}sE_N(s)=-\lim_{s\to 0}s\cdot\frac{4s+1}{(3s+1)(4s+5)}\frac{1}{s}=-\frac{1}{5}$$

根据线性系统的叠加原理，系统在输入和扰动作用下的稳态误差等于两者分别作用的稳态误差之和，即 $e_{ss}=e_{ssi}+e_{ssn}=\frac{1}{5}-\frac{1}{5}=0$

第六节 时域分析的 MATLAB 实现

时域分析即时间响应分析，MATLAB 的控制系统工具箱提供了丰富的、用于控制系统时间响应分析的函数。MATLAB 的时域分析函数见表 3-2。

表 3-2 MATLAB 的时域分析函数

函 数	功 能	调用格式	说 明
step	计算连续系统的单位阶跃响应	step(num,den)	得到对以传递函数 $G(s)=\frac{num(s)}{den(s)}$描述的系统的阶跃响应曲线
		step(num,den,t)	得到对以传递函数 $G(s)=\frac{num(s)}{den(s)}$描述的系统的阶跃响应曲线,并可指定时间 t
impulse	计算连续系统的单位脉冲响应	impulse(num,den)	得到对以传递函数 $G(s)=\frac{num(s)}{den(s)}$描述的系统的脉冲响应曲线
		impulse(num,den,t)	得到对以传递函数 $G(s)=\frac{num(s)}{den(s)}$描述的系统的脉冲响应曲线,并可指定时间 t
lsim	计算连续系统的任意输入响应	lsim(num,den,u,t)	得到以传递函数 $G(s)=\frac{num(s)}{den(s)}$描述的系统对任意输入 u 的响应曲线,并可指定时间 t

例 3-5 已知典型二阶系统的传递函数为

$$G(s)=\frac{\omega_n^2}{s^2+2\xi\omega_n s+\omega_n^2}$$

试绘出其 $\omega_n=4$，阻尼比 $\xi=0$，0.2，1，3 时系统的单位阶跃响应。

解 MATLAB 程序如下：

```
>> num1 = [16];den1 = [1 0 16];                 % 定义 ξ=0 时的分子、分母多项式
>> num2 = [16];den2 = [1 1.6 16];               % 定义 ξ=0.2 时的分子、分母多项式
>> num3 = [16];den3 = [1 8 16];                 % 定义 ξ=1 时的分子、分母多项式
>> num4 = [16];den4 = [1 24 16];                % 定义 ξ=3 时的分子、分母多项式
>> subplot(2,2,1),step(num1,den1);xlabel('ξ=0');
                                                % 画出 ξ=0 的单位阶跃响应
>> subplot(2,2,2),step(num2,den2);xlabel('ξ=0.2');
                                                % 画出 ξ=0.2 的单位阶跃响应
```

```
>> subplot(2,2,3),step(num3,den3);xlabel('ξ=1');
                                        %画出 ξ=1 的单位阶跃响应
>> subplot(2,2,4),step(num4,den4);xlabel('ξ=3');
                                        %画出 ξ=3 的单位阶跃响应
```

程序执行后，绘出二阶系统的单位阶跃响应如图 3-15 所示。

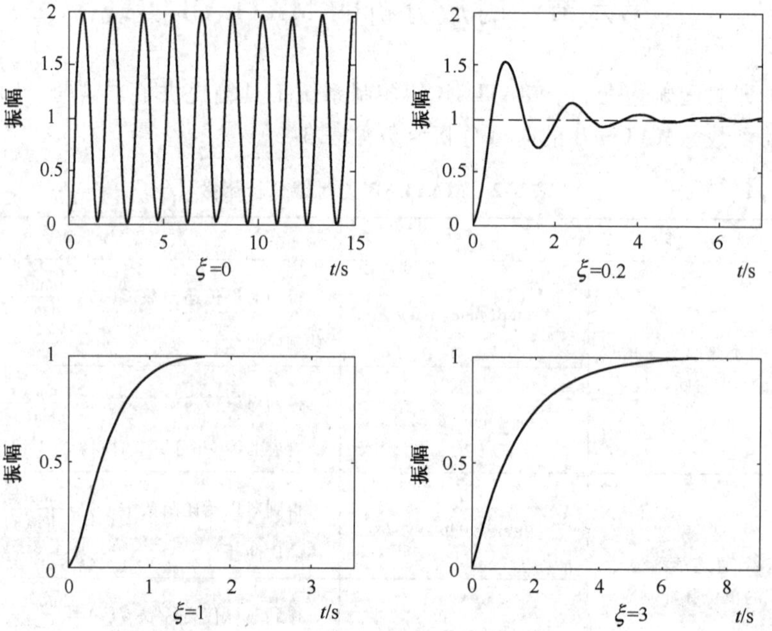

图 3-15　二阶系统的单位阶跃响应曲线

例 3-6　已知系统的闭环传递函数为

$$G(s)=\frac{9}{s^2+2s+9}$$

试绘出系统的单位阶跃响应和单位脉冲响应。

解　MATLAB 程序如下：

```
>> num=[9];den=[1 2 9];
>> t=0:0.1:6;
>> y1=step(num,den,t);
>> y2=impulse(num,den,t);
>> plot(t,y1,'b-',t,y2,'r:')
```

程序执行后，绘出系统的单位阶跃响应（实线）和单位脉冲响应（虚线）如图 3-16 所示。

例 3-7　已知某位置伺服系统的传递函数为

$$G(s)=\frac{1}{s^3+0.6s^2+s+1}$$

试绘出其斜坡输入 $x_i(t)=0.2t$ 的响应。

解　MATLAB 程序如下：

```
>> num=[1];den=[1 0.6 1 1];
>> t=0:0.1:10;
>> u=0.2*t;
>> y=lsim(num,den,u,t);
>> plot(t,y)
```

程序执行后，绘出系统的斜坡输入响应如图 3-17 所示。

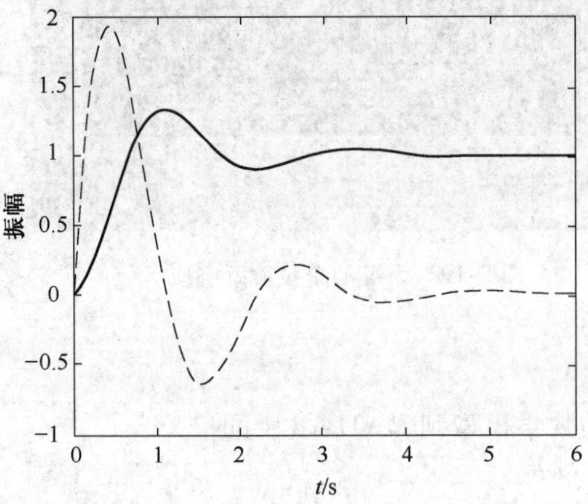

图 3-16　系统的单位阶跃响应和单位脉冲响应

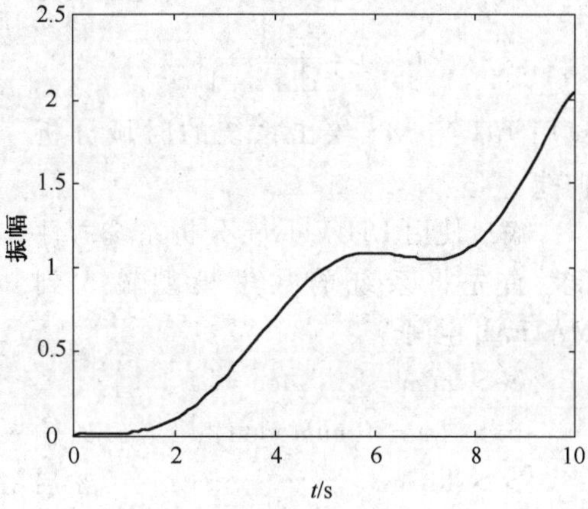

图 3-17　系统的斜坡输入响应

已知系统的传递函数，除了应用表 3-2 中的时域分析函数对系统性能进行分析外，也可以采用 Simulink 建模的方法对系统进行时域分析。

例 3-8　已知单位反馈系统的开环传递函数为

$$G(s)=\frac{1}{s(s^2+s+1)}$$

试绘出系统的单位阶跃响应。

解　建立系统的 Simulink 模型如图 3-18 所示，运行程序得到系统的单位阶跃响应如图 3-19所示。

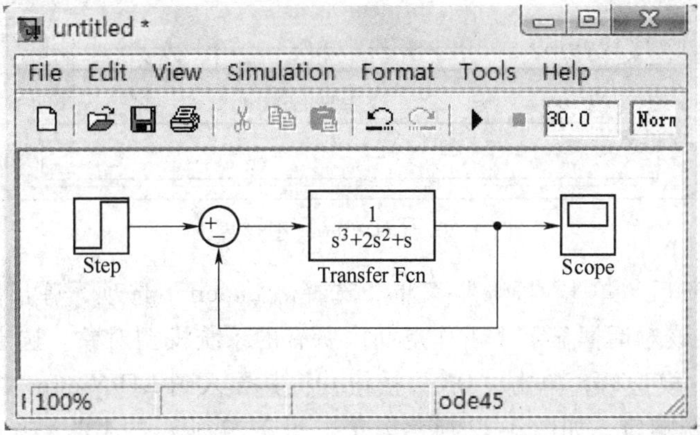

图 3-18　系统的 Simulink 模型

除了采用时域分析函数编写程序和建立 Simulink 模型对系统进行时域分析外，MATLAB 控制系统工具箱还提供了 LTI Viewer（Linear-Time-Invariant Viewer）图形界面工具，可以方便直观地对线性定常系统进行时域分析和频域分析。

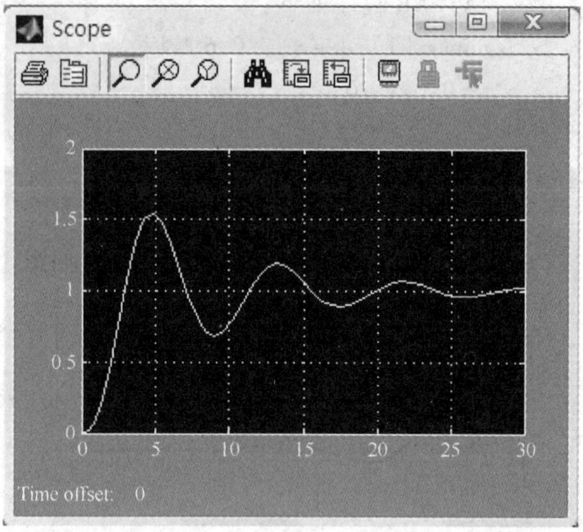

图 3-19 系统的单位阶跃响应

例 3-9 已知控制系统的传递函数为

$$G(s) = \frac{1}{s^2 + s + 1}$$

试用 LTI Viewer 绘出系统的时域分析曲线。

解 使用 LTI Viewer 分析系统的性能，首先将系统的数学模型输入到 MATLAB 空间。


```
>> num = [1];den = [1 1 1];
>> sys = tf(num,den);          %输入系统的数学模型到 MATLAB 空间
>> ltiview                     %启用 LTI Viewer
```

启用的 LTI Viewer 图形界面如图 3-20 所示。

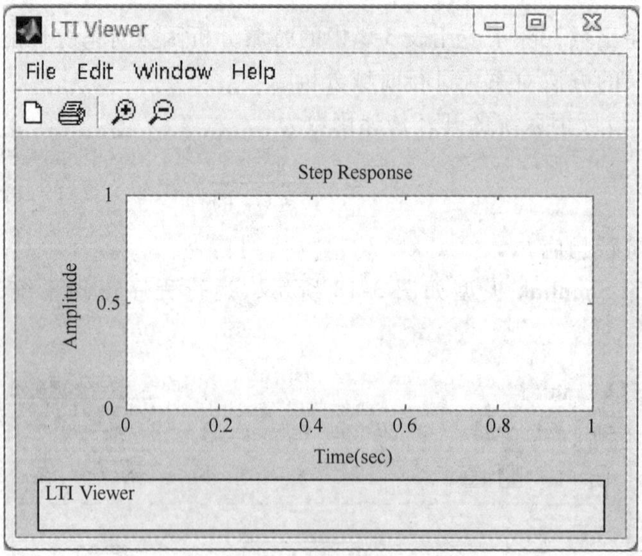

图 3-20 LTI Viewer 图形界面

启用 LTI Viewer 后，单击“File”菜单，选择“Import”选项，弹出输入系统数据对话框如图 3-21 所示。该对话框显示了工作空间内所有的系统模型对象。选定刚刚输入到 MATLAB 工作空间的 sys 模型后，单击“OK”按钮，将其导入到 LTI Viewer 中，LTI Viewer 自动绘出系统的单位阶跃响应，如图 3-22 所示。单击图 3-22 所示的 LTI Viewer 单位阶跃响应窗口的鼠标右键，弹出菜单如图 3-23 所示。

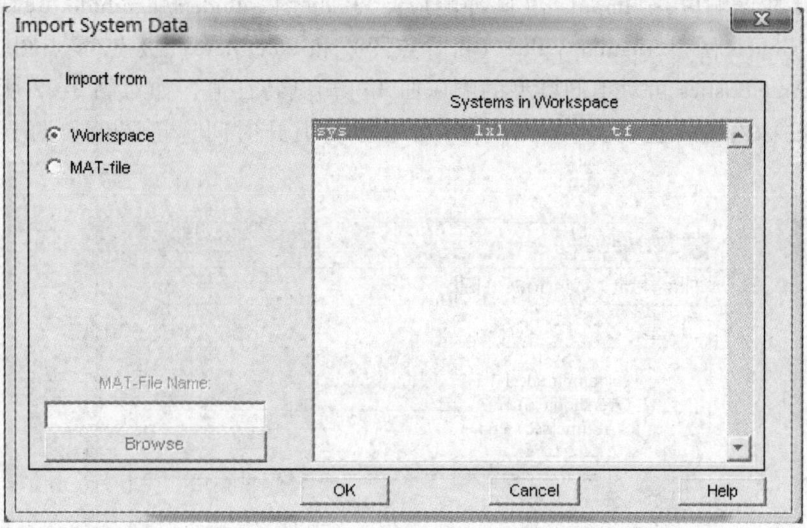

图 3-21　LTI Viewer 的 Import 选择对话框

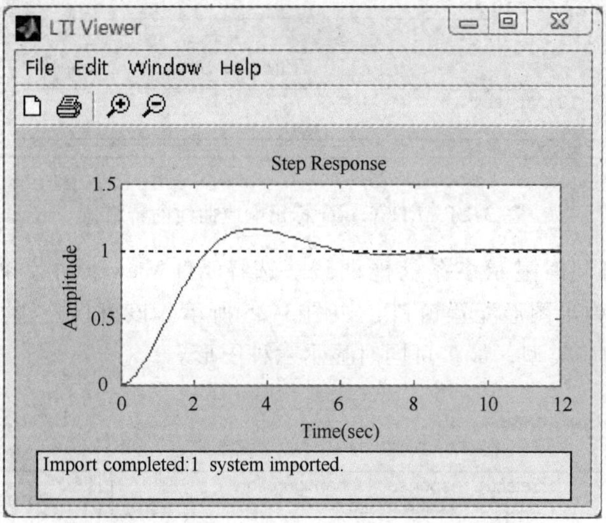

图 3-22　LTI Viewer 绘出的系统单位阶跃响应

图 3-23 所示的 LTI Viewer 现场菜单具有丰富的系统分析功能，绘图类型（Plot Types）

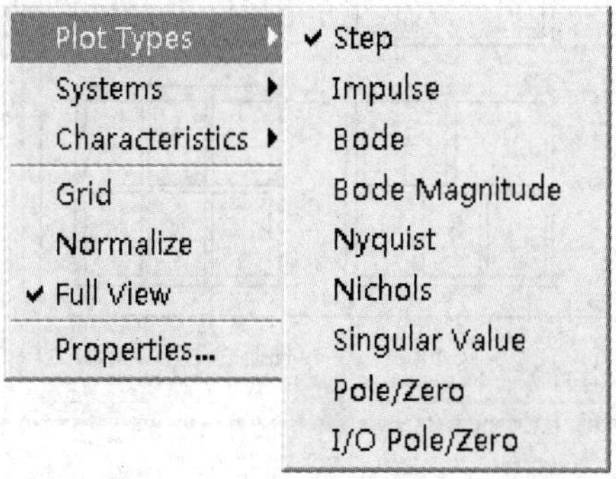

图 3-23　LTI Viewer 提供的现场菜单

可选择 Step（阶跃响应）、Impulse（脉冲响应）、Bode 图、Bode Magnitude（幅频 Bode 图）、Nyquist 图、Nichols 图、Singular Value（奇异点图）和 Pole/Zero（极点/零点图）等。

选择 Characteristics 可对不同类型的响应曲线标出其特征值，如对图 3-22 所示的阶跃响应窗口单击鼠标右键，选择 Characteristics 后可标出上升时间、超调量和调节时间，如图 3-24 所示。

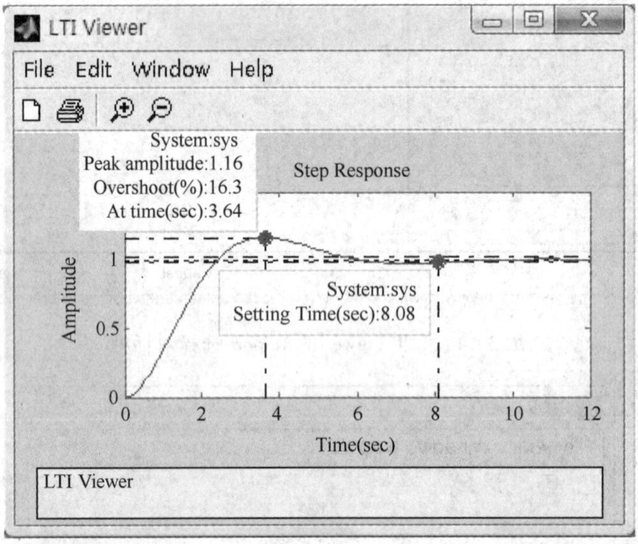

图 3-24 LTI Viewer 标出响应曲线的特征值

LTI Viewer 还可同时显示多条性能曲线。选择 LTI Viewer 的菜单“Edit”下的“Plot Configurations”后，弹出图形配置窗口，如图 3-25 所示。该窗口左边显示响应图的六种排列形式，右边显示响应类型，最多可同时显示六种图形。

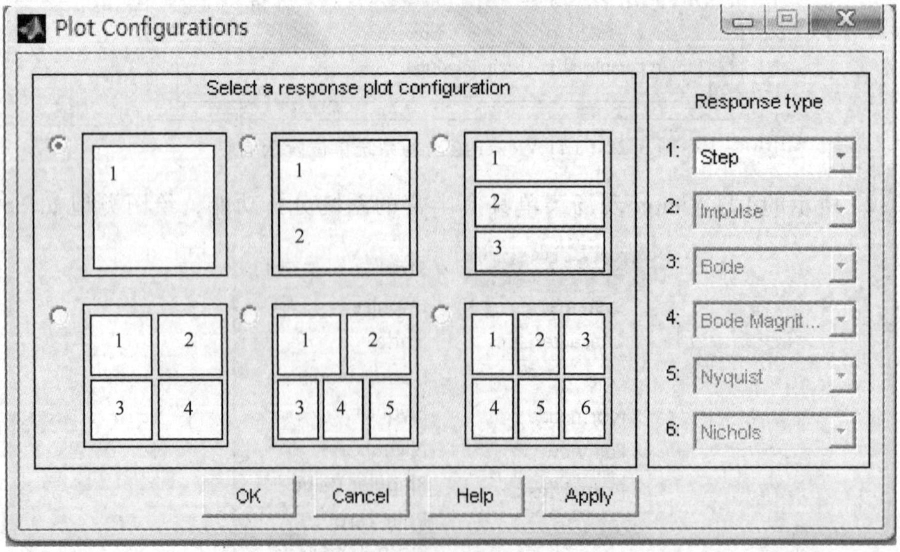

图 3-25 LTI Viewer 的图形配置窗口

选择 LTI Viewer 同时显示四种图形，分别为阶跃响应、脉冲响应、Bode 图和 Nyquist 图，其显示结果如图 3-26 所示。

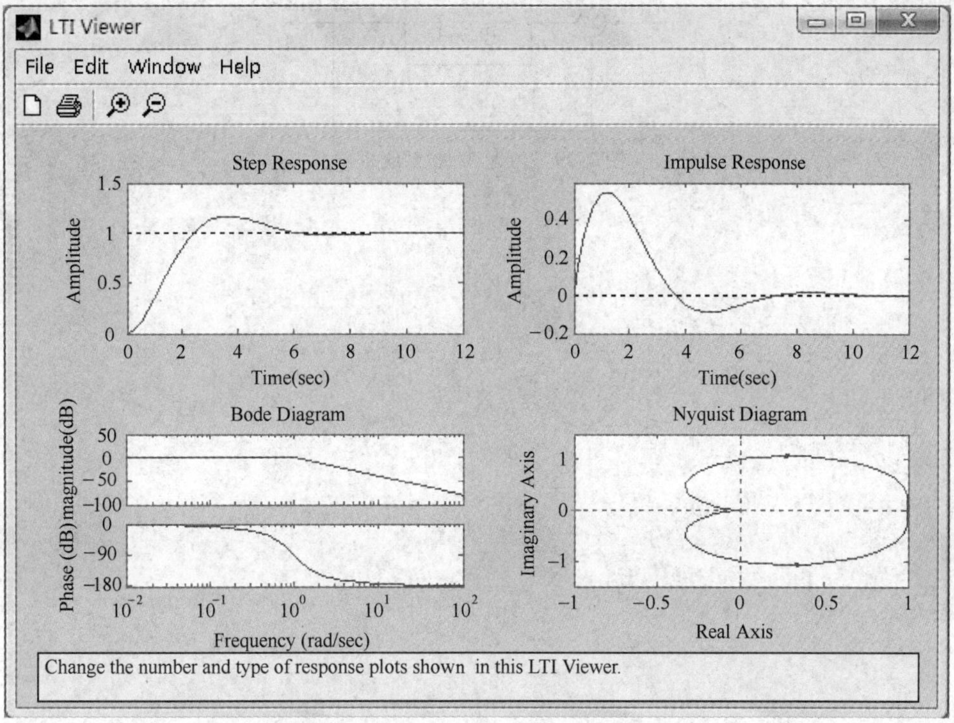

图 3-26 LTI Viewer 同时显示四种图形

习题与思考题

3-1 什么是时间响应？时间响应由哪两部分组成？

3-2 简述脉冲响应函数和传递函数的关系。

3-3 简述一阶系统的阶跃响应。

3-4 典型二阶系统的传递函数，两个重要参数是什么？对系统性能的影响如何？

3-5 简述二阶系统的阶跃响应，并分别画出阶跃响应曲线。

3-6 误差和稳态误差的定义是什么？

3-7 稳态误差和哪些因素有关？计算稳态误差的方法有哪几种？

3-8 二阶振荡系统如图 3-27 所示。试判别该系统的类型。

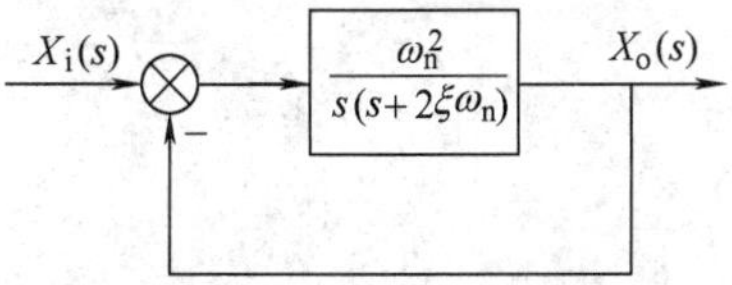

图 3-27 二阶振荡系统框图

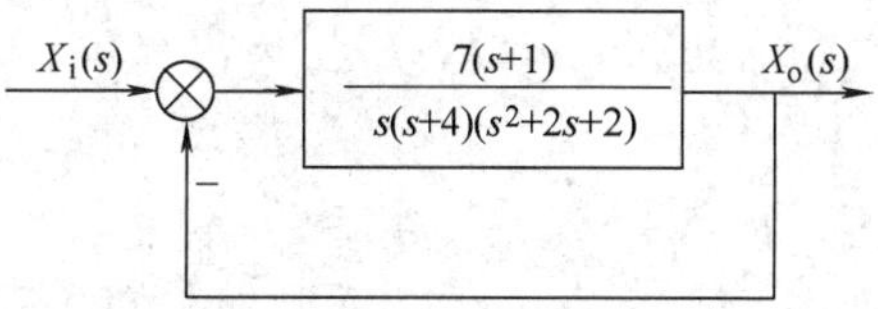

图 3-28 习题 3-9 系统框图

3-9 系统框图如图 3-28 所示，当输入信号为 $x_i(t)=t$ 时，求系统的稳态误差。

3-10 求图 3-29 所示系统的稳态误差。其中输入量 $X_i(s)=\frac{1}{2}$ 和干扰量 $N(s)=\frac{0.1}{s}$。

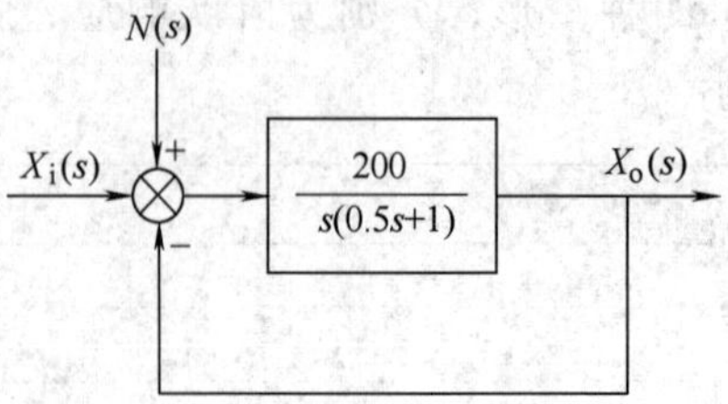

图 3-29 习题 3-10 系统框图

第四章 频域分析

第一节 概 述

通过学习系统的时域分析可以看出，利用微分方程求解系统输出随时间的变化情况，比较直观。但是，对于三阶以上的高阶系统用微分方程式求解系统的动态过程比较繁琐，且微分方程的阶次越高，求解计算的工作量越大。另外，也很难求得高阶系统的结构、参数和响应性能之间的明确关系。特别是难以列写环节或系统的微分方程时，就无法应用时间响应分析法对系统进行分析研究。

频域分析法是分析线性定常系统性能的另一种广泛应用的方法，是进行系统稳定性研究、品质分析和系统设计的一种很有效的方法。虽不如时域分析法分析问题直观、清晰，但它却弥补了时域分析法的不足。频域分析法是一种图解分析方法，其特点是可以根据开环频率特性来研究闭环系统的性能，而不用求解系统的微分方程。频域性能指标与时域性能指标之间有着对应的关系，频率响应特性又能反映出系统的结构和参数，因此，利用频率响应分析可以方便地分析系统中各参数对系统性能的影响，从而进一步确定改善系统性能的途径。对于高阶系统的性能分析，频域分析法较为方便。而且频率特性可以由实验确定，这对于系统数学模型难以得到的复杂系统更为有用。

频率特性分析是研究系统对正弦输入的稳态响应。在机械工程领域中，有许多问题需要研究系统与过程在不同频率的输入信号作用下的响应特性。例如，机械振动学主要研究机械结构在受到不同频率的作用力时产生的强迫振动，和由系统本身内在反馈所引起的自激振动，还有与其相关的共振频率、机械阻抗、动刚度、抗振稳定性等，这实质上就是机械系统的频率特性。又如在机械加工过程中产品的加工精度、表面质量及加工过程中的自激振动，都与加工工艺装备所构成的机械系统的频率特性密切相关。因此，频域分析法对于机械系统及过程的分析和设计是一种十分重要的方法。

本章主要介绍频率响应的基本概念及其图解表示方法，重点介绍频率特性的对数坐标图和极坐标图的绘制及系统的频率响应分析等。

一、频率特性的概念

频率响应是系统对正弦输入的稳态响应。即对于线性定常系统，输入某一频率的正弦信号，经过足够长的时间后，系统的输出响应仍是同频率的正弦信号，而且输出与输入的正弦幅值之比和相位之差，对于一定的系统来讲是完全确定的。当不断改变输入正弦信号的频率（由 0→∞）时，该幅值比和相位差的变化情况即称为系统的频率特性。

如图 4-1 所示的线性系统，输入正弦信号为

$$x_i(t) = A\sin\omega t$$

系统的稳态输出也是同频率的正弦信号，如图 4-2 所示，即系统对正弦输入的稳态响应为

$$x_o(t) = B\sin(\omega t + \varphi)$$

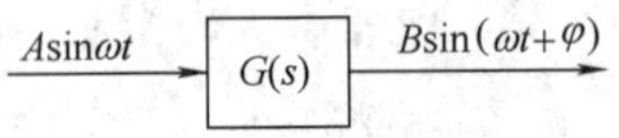

图 4-1　系统输入正弦信号

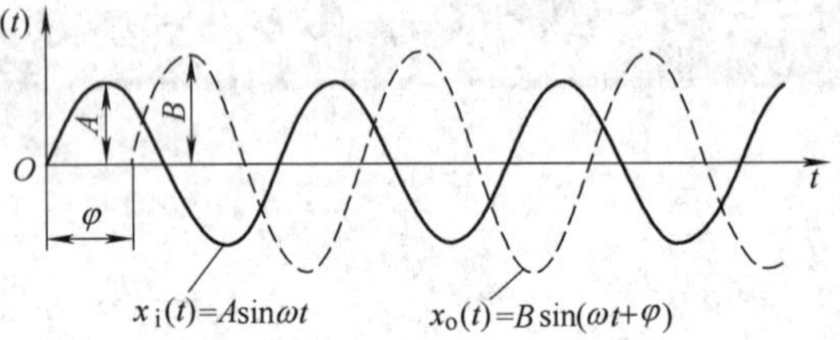

图 4-2　正弦输入及稳态输出波形

系统输出与输入的正弦幅值之比为

$$A(\omega) = \frac{B}{A} = |G(j\omega)| \tag{4-1}$$

输出与输入的正弦信号的相位差为

$$\varphi(\omega) = \angle G(j\omega) \tag{4-2}$$

在式（4-1）、式（4-2）中，$G(j\omega)$是在系统传递函数 $G(s)$ 中令 $s = j\omega$ 求得的，$G(j\omega)$称为系统的频率特性，$|G(j\omega)|$表示频率特性的幅值比，$\angle G(j\omega)$表示频率特性的相位差。当 ω 从 0→∞ 时，$A(\omega)$和 $\varphi(\omega)$分别称为系统的幅频特性和相频特性，统称为系统的频率特性。

例如简单的 RC 电路，如图 4-3 所示。

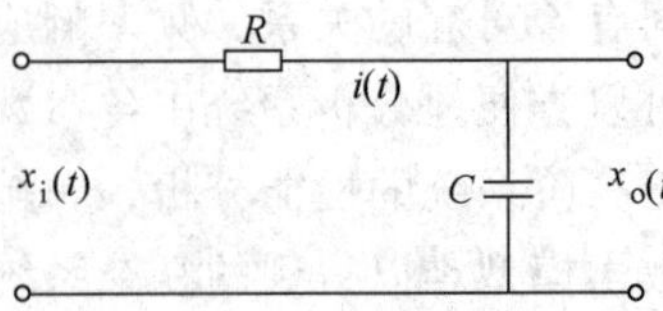

图 4-3　RC 电路

RC 电路的传递函数为

$$G(s) = \frac{1}{Ts + 1}$$

式中　T——时间常数，且 $T = RC$。

正弦输入信号为

$$x_i(t) = A\sin\omega t$$

取拉普拉斯变换为

$$X_i(s) = \frac{A\omega}{s^2 + \omega^2}$$

电路的输出为

$$X_o(s) = G(s)X_i(s) = \frac{1}{Ts+1}\frac{A\omega}{s^2+\omega^2}$$

上式取拉普拉斯反变换并整理得

$$x_o(t) = \frac{AT\omega}{1+T^2\omega^2}e^{-t/T} + \frac{A}{\sqrt{1+T^2\omega^2}}\sin(\omega t - \arctan T\omega)$$

上式即为由正弦输入引起的响应。其中,右边第一项是瞬态分量,第二项是稳态分量。当时间 $t\to\infty$,瞬态分量趋近于零,则系统的稳态响应为

$$\begin{aligned} x_o(t) &= \frac{A}{\sqrt{1+T^2\omega^2}}\sin(\omega t - \arctan T\omega) \\ &= A|G(j\omega)|\sin[\omega t + \angle G(j\omega)] \\ &= B\sin[\omega t + \varphi(\omega)] \end{aligned}$$

上述分析表明,当电路的输入为正弦信号时,其输出的稳态响应(即频率响应)也是一个正弦信号,其频率和输入信号的频率相同,但幅值和相位发生了变化,幅值、相位变化多少取决于 ω。

从 RC 电路的频率特性可见,电路参数(R、C)给定后,$G(j\omega)$随频率的变化规律就完全确定。即频率特性反映了电路的本身性质,与外界因素无关。这一结论虽然是分析 RC 电路得到的,但适用于所有线性定常系统。

由此可知,线性定常系统在正弦输入信号作用下,其稳态输出与输入的幅值比是输入信号频率 ω 的函数,称其为系统的幅频特性,记为 $A(\omega)$。它描述了在稳态情况下,当系统输入不同频率的正弦信号时,其幅值的增大或衰减特性。

稳态输出信号与输入信号的相位差 $\varphi(\omega)$ 也是 ω 的函数,称其为系统的相频特性。它描述了在稳态情况下,当系统输入不同频率的正弦信号时,其相位产生超前或滞后的特性。

系统的频率特性 $G(j\omega)$和系统的传递函数 $G(s)$有密切的联系。令 $G(s)$中的 $s=j\omega$,当 ω 从 0 到∞ 范围变化时,就可求出系统的频率特性。

事实上,频率特性是传递函数的一种特殊情形。由拉普拉斯变换可知,传递函数中的复变量 $s=\sigma+j\omega$;若 $\sigma=0$,则 $s=j\omega$;所以,$G(j\omega)$就是 $\sigma=0$ 时的 $G(s)$。

既然频率特性是传递函数的一种特殊情况,那么,传递函数的有关性质和运算规律对于频率特性也同样适用。

二、频率特性的求法

系统的频率特性可以通过以下三种方法求得,通常采用后两种方法。

1)根据已知系统的微分方程,把输入量以正弦函数代入,求其稳态解,取输出稳态分量和输入正弦的复数之比即得。

2)根据传递函数来求取。

3)通过实验测得。

另外,由于频率特性和传递函数以及微分方程式一样,都表征了系统的内在规律,所以可以简单地进行变换,得到相应的表达式。三者间的关系可以用图 4-4来说明。

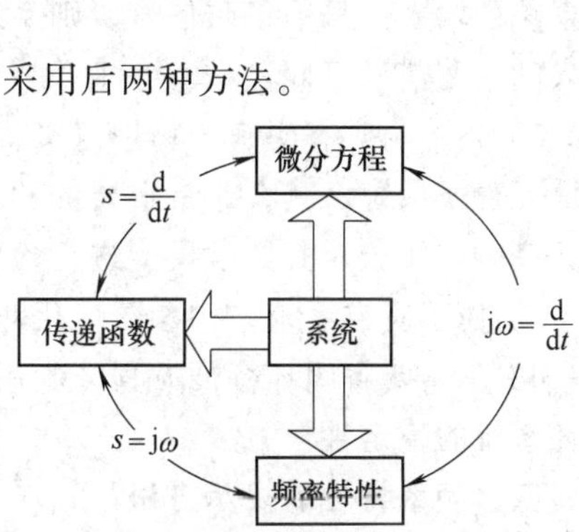

图 4-4 频率特性、传递函数和微分方程之间的转换

例 4-1 以典型二阶系统为例来说明系统的频率特性、传递函数和微分方程之间的转换关系。

解 一个典型二阶系统的传递函数为

$$G(s)=\frac{X_o(s)}{X_i(s)}=\frac{\omega_n^2}{s^2+2\xi\omega_n s+\omega_n^2}$$

以 $j\omega$ 代换 s，则频率特性为

$$G(j\omega)=\frac{X_o(j\omega)}{X_i(j\omega)}=\frac{\omega_n^2}{-\omega^2+2\xi\omega_n j\omega+\omega_n^2}$$

以$\frac{d}{dt}$代换 s，可以化成通常所熟悉的微分方程的形式

$$\frac{d^2x_o(t)}{dt}+2\xi\omega_n\frac{dx_o(t)}{dt}+\omega_n^2x_o(t)=\omega_n^2x_i(t)$$

由此可见，控制系统的三种表达式之间，能够很方便地转换。

例 4-2 已知 $G(s)=\frac{K(\tau s+1)}{Ts+1}$，求其频率特性。

解 令 $s=j\omega$

则频率特性为

$$G(j\omega)=\frac{K(j\tau\omega+1)}{jT\omega+1}$$

幅频特性为

$$A(\omega)=|G(j\omega)|=\left|\frac{K(j\tau\omega+1)}{jT\omega+1}\right|=K\sqrt{\frac{\tau^2\omega^2+1}{T^2\omega^2+1}}$$

相频特性为

$$\varphi(\omega)=\angle G(j\omega)=\angle\frac{K(j\tau\omega+1)}{jT\omega+1}=\arctan\tau\omega-\arctan T\omega$$

三、频率特性的特点

频率特性有以下特点：

1）频率特性是通过分析系统对不同频率正弦输入的稳态响应来获得系统的动态特性。若系统的输入信号为正弦信号，则系统的稳态输出也是同频率的正弦信号，但幅值和相位与输入的正弦信号不同。

2）频率响应有明确的物理意义，并且可以用实验的方法获得，这对于不能用解析法建模的元件或系统，具有非常重要的意义。即使对于能用解析法建模的元件或系统，也可以借助频率响应实验对其数学模型进行检验和修正。

3）便于研究系统结构参数变化对系统性能的影响。

4）不需要解闭环特征方程，利用奈奎斯特判据，根据系统的开环频率特性就可以研究闭环系统的稳定性。

四、频率特性的表示方法

表示系统或环节的频率特性的方法很多，其本质都是一样的，只是表示的形式不同而已。最常用的有幅相频率特性、对数频率特性和对数幅相频率特性。

1. 数学式表达方式

频率特性是一个复数，所以它和其他复数一样，可以表示为直角坐标、极坐标和指数形式，其表示方法为

$$G(j\omega) = U(\omega) + jV(\omega) \quad \text{（直角坐标表达式）}$$
$$= |G(j\omega)| \angle G(j\omega) \quad \text{（极坐标表达式）}$$
$$= A(\omega) e^{j\varphi(\omega)} \quad \text{（指数表达式）}$$

式中 $U(\omega)$ ——实频特性；

$V(\omega)$ ——虚频特性；

$A(\omega)$ ——幅频特性；

$\varphi(\omega)$ ——相频特性。

2. 图形表示方式

（1）对数坐标图或称伯德图（Bode 图） 对数频率特性图又称对数坐标图或伯德图，其由两张图组成，一张是对数幅频特性，另一张是对数相频特性。

Bode 图的横坐标是按频率 ω 的以 10 为底的对数分度，单位是 rad/s。但在以 $\lg\omega$ 分度的横坐标上，只标注 ω 的自然数值，如图 4-5 所示。频率每变化一倍，称作一倍频程，记作 oct，坐标间距为 0.301 长度单位。频率每变化十倍，称作十倍频程，记作 dec，坐标间距为一个长度单位。横坐标按频率 ω 的对数分度的优点在于：便于在较宽的频率范围内研究系统的频率特性。

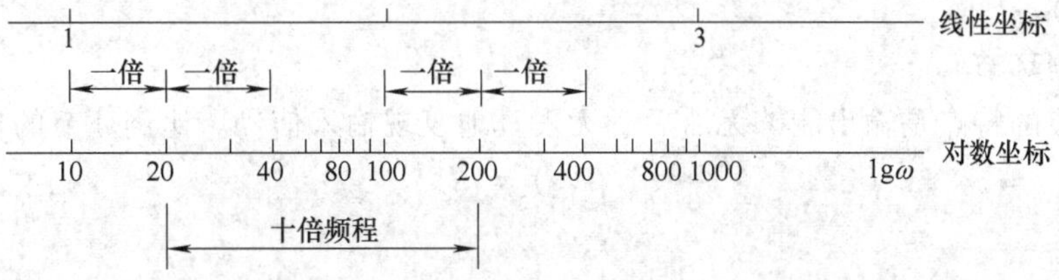

图 4-5 Bode 图横坐标

对数幅频图中的纵坐标采用均匀分度，坐标值取 $G(j\omega)$ 幅值的 20 倍对数，坐标值为 $L(\omega) = 20\lg|G(j\omega)|$，其单位称作分贝，记作 dB。

对数相频图的纵坐标也是采用均匀分度，坐标值取 $G(j\omega)$的相位角，记作 $\varphi(\omega) = \angle G(j\omega)$，单位为度(°)。图 4-6 所示为 Bode 图坐标系。

（2）极坐标图或称奈奎斯特图(Nyquist 图)也称幅相频率特性图 当 ω 从 $0\to\infty$ 变化时，根据频率特性的极坐标表达式

$$G(j\omega) = |G(j\omega)| \angle G(j\omega) = A(\omega) e^{j\varphi(\omega)}$$

可以计算出每一个 ω 值所对应的幅值 $A(\omega)$ 和相位 $\varphi(\omega)$。将它们画在极坐标平面上，将各矢量端点连成曲线即得到系统的频率特性的极坐标图，如图 4-7 所示。它不仅表示了幅频特性和相频特性，而且也表示了实频特性和虚频特性。图中 ω 的箭头方向为 ω 从小到大的方向。

（3）对数幅相图或称尼柯尔斯图 在所需要的频率范围内，以频率 ω 作为参数来表示的对数幅值和相角关系图。对数幅相频率特性也称为尼柯尔斯（Nichols）图。

本章主要介绍前两种图示方法，即对数坐标图和极坐标图。

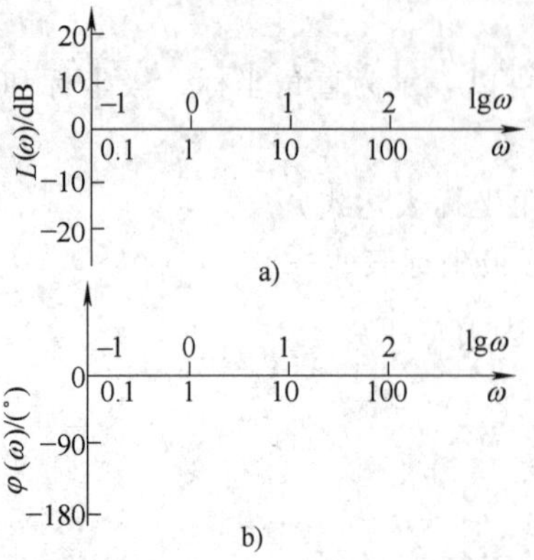

图 4-6 Bode 图坐标系
a）对数幅频特性 b）对数相频特性

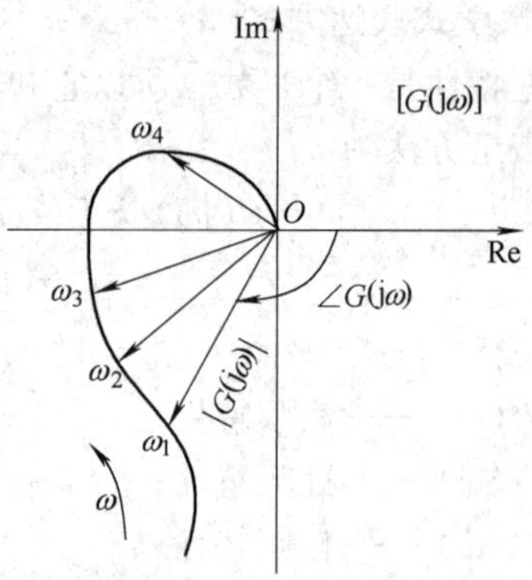

图 4-7 Nyquist 图

第二节 典型环节的频率特性

通常控制系统都是由典型环节组成的，故系统频率特性也都是由典型环节的频率特性组成的，熟悉典型环节的频率特性对于了解系统的频率特性和分析系统性能都会提供很大的方便。下面介绍典型环节的两种频率特性曲线——幅相频率特性（Nyquist 图）和对数频率特性（Bode 图）。

一、比例环节

比例环节的特点是输出能够无滞后、无失真地复现输入信号。比例环节的传递函数为

$$G(s) = K$$

其频率特性为

$$G(j\omega) = K$$

1. 幅相频率特性

$$G(j\omega) = K = U(\omega) + jV(\omega) = A(\omega)e^{j\varphi(\omega)}$$

式中 $U(\omega)=K$——实频特性；

$V(\omega)=0$——虚频特性；

$A(\omega)=K$——幅频特性；

$\varphi(\omega)=0$——相频特性。

比例环节的 Nyquist 图是实轴上的一个点，如图 4-8 所示。

2. 对数频率特性

对数幅频特性

$$L(\omega) = 20\lg|G(j\omega)| = 20\lg K$$

对数相频特性 $\varphi(\omega)=0$

由此可见，比例环节的对数幅频图为幅值等于 $20\lg K$（dB）的一条水平直线。对数相频图的相角为零，与频率无关。比例环节的 Bode 图如图 4-9 所示。

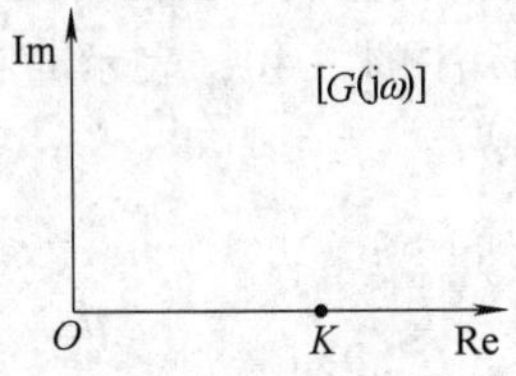

图 4-8 比例环节的 Nyquist 图

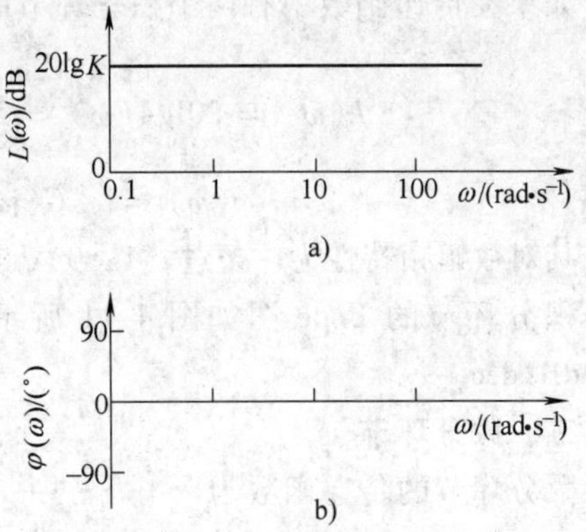

图 4-9 比例环节的 Bode 图
a）对数幅频特性 b）对数相频特性

二、积分环节

积分环节的传递函数为

$$G(s) = \frac{1}{s}$$

其频率特性为

$$G(j\omega) = \frac{1}{j\omega} = -j\frac{1}{\omega} = \frac{1}{\omega}e^{-j\pi/2}$$

1. 幅相频率特性

$$G(j\omega) = \frac{1}{j\omega} = -j\frac{1}{\omega} = \frac{1}{\omega}e^{-j\pi/2}$$

则实频特性为 $U(\omega) = 0$；虚频特性为 $V(\omega) = -\frac{1}{\omega}$；幅频特性为 $A(\omega) = \frac{1}{\omega}$；相频特性为 $\varphi(\omega) = -\frac{\pi}{2}$。

积分环节的 Nyquist 图是负虚轴，且由负无穷远处指向原点，如图 4-10 所示。可以看出，积分环节具有恒定的相位滞后。

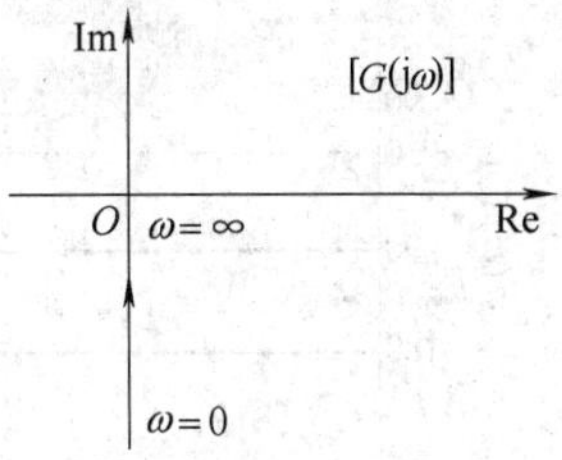

图 4-10 积分环节的 Nyquist 图

2. 对数频率特性

积分环节的对数幅频特性为

$$L(\omega) = 20\lg A(\omega) = 20\lg|G(j\omega)| = 20\lg\frac{1}{\omega} = -20\lg\omega$$

对数相频特性为

$$\varphi(\omega) = \angle G(j\omega) = \arctan\frac{-1/\omega}{0} = -90^\circ$$

由上式可知，每当频率增加 10 倍时，对数幅频特性就下降 20dB，故对数幅频特性是一条在 $\omega=1$ 时通过 0dB，斜率为 −20dB/dec 的直线，对数相频特性的相位角与频率 ω 无关，在整个频率范围内为一条恒等于 −90°的一条直线，如图 4-11 所示。图中直线旁边标注的 −20，表示直线的斜率是 −20dB/dec。

如果在传递函数中有两个积分环节串联，即 $G(\mathrm{j}\omega)=\dfrac{1}{(\mathrm{j}\omega)^2}$，则有

$$L(\omega)=20\lg A(\omega)=20\lg|G(\mathrm{j}\omega)|=20\lg\frac{1}{\omega^2}=-40\lg\omega$$

$$\varphi(\omega)=\angle G(\mathrm{j}\omega)=2\times(-90^\circ)=-180^\circ$$

其对数幅频特性为一条过（1，0）点、斜率为 -40dB/dec 的直线，相位角恒等于 -180°。两个积分环节的 Bode 图如图 4-11 所示，图中直线旁边标注的 -40，表示直线的斜率是 -40dB/dec。

三、微分环节

微分环节的传递函数为

$$G(s)=s$$

其频率特性为

$$G(\mathrm{j}\omega)=\mathrm{j}\omega$$

1. 幅相频率特性

$$G(\mathrm{j}\omega)=\mathrm{j}\omega=\omega e^{\mathrm{j}\pi/2}$$

实频特性为 $U(\omega)=0$；虚频特性为 $V(\omega)=\omega$；

幅频特性为 $A(\omega)=\omega$；相频特性为 $\varphi(\omega)=90^\circ$

微分环节的 Nyquist 图是正虚轴，且由原点指向正无穷远处，如图 4-12 所示。可以看出，微分环节具有恒定的相位超前。

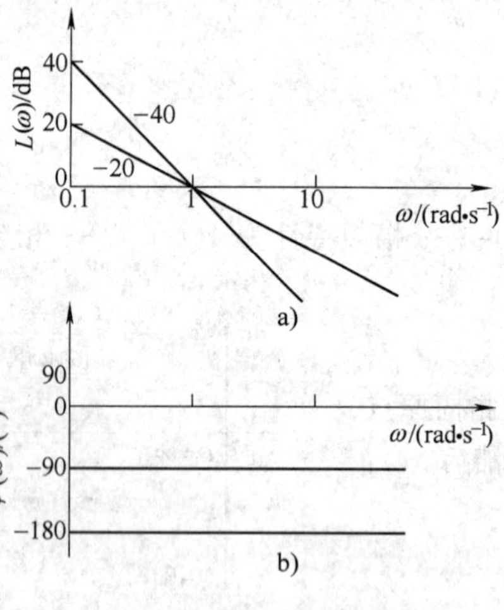

图 4-11　积分环节的 Bode 图
a）对数幅频特性　b）对数相频特性

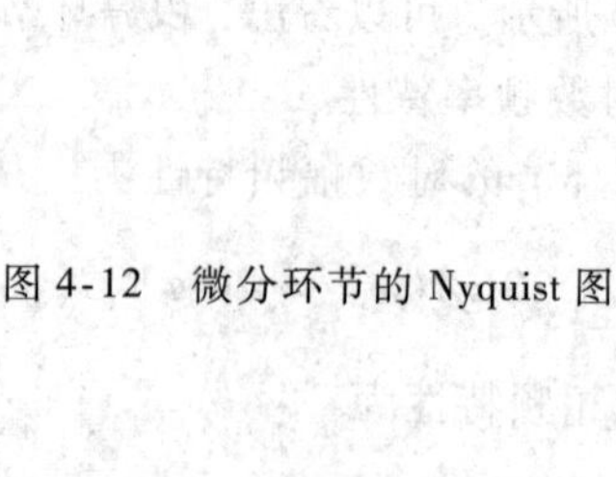

图 4-12　微分环节的 Nyquist 图

2. 对数频率特性

微分环节的对数幅频特性为

$$L(\omega)=20\lg A(\omega)=20\lg|G(\mathrm{j}\omega)|=20\lg\omega$$

对数相频特性为

$$\varphi(\omega)=\angle G(\mathrm{j}\omega)=\arctan\frac{\omega}{0}=90^\circ$$

由上式可知，每当频率增加为10倍时，对数幅频特性就增加20dB，故对数幅频特性是一条在$\omega=1$时通过0dB，斜率为20dB/dec的直线，对数相频特性的相位角与频率ω无关，在整个频率范围内为一条恒等于90°的直线。如图4-13所示。

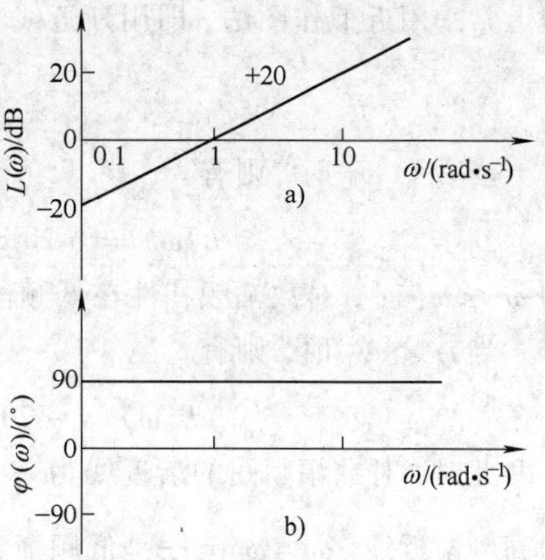

图4-13　微分环节的Bode图

a）对数幅频特性　b）对数相频特性

四、惯性环节

惯性环节的传递函数为

$$G(s)=\frac{1}{1+Ts}$$

式中　T——惯性环节的时间常数。

其频率特性为

$$G(j\omega)=\frac{1}{j\omega T+1}$$

1. 幅相频率特性

$$G(j\omega)=\frac{1}{j\omega T+1}=U(\omega)+jV(\omega)=\frac{1}{1+T^2\omega^2}-j\frac{T\omega}{1+T^2\omega^2}=A(\omega)e^{j\varphi(\omega)}$$

实频特性为$U(\omega)=\dfrac{1}{1+T^2\omega^2}$；虚频特性为$V(\omega)=-\dfrac{T\omega}{1+T^2\omega^2}$；

幅频特性为$A(\omega)=\dfrac{1}{\sqrt{1+T^2\omega^2}}$；相频特性为$\varphi(\omega)=\angle G(j\omega)=-\arctan T\omega$。

当$\omega=0$时，$|G(j\omega)|=1$，$\angle G(j\omega)=0°$；

当$\omega=1/T$时，$|G(j\omega)|=\dfrac{1}{\sqrt{2}}$，$\angle G(j\omega)=-45°$；

当$\omega=\infty$时，$|G(j\omega)|=0$，$\angle G(j\omega)=-90°$。

虚频特性与实频特性之比为

$$\frac{V(\omega)}{U(\omega)}=-T\omega$$

将其代入实频特性表达式中，可得

$$\left(U-\frac{1}{2}\right)^2+V^2=\left(\frac{1}{2}\right)^2$$

上式表明，当$\omega=0\rightarrow\infty$时，惯性环节的极坐标图是一个圆心在$\left(\dfrac{1}{2},0\right)$点、半径为$\dfrac{1}{2}$的下半圆，如图4-14所示。

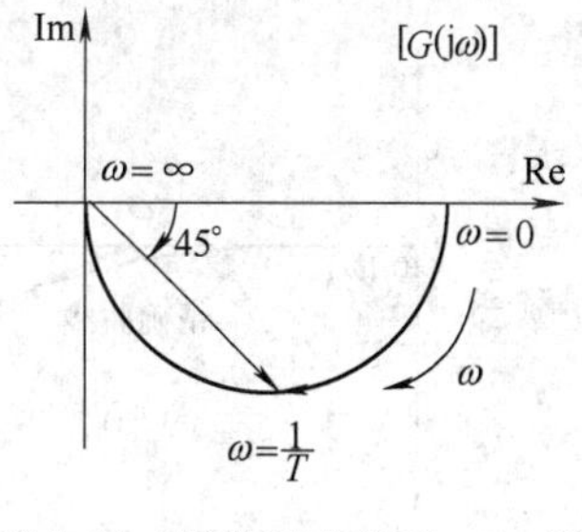

图4-14　惯性环节的Nyquist图

2. 对数频率特性

惯性环节对数幅频特性为

$$L(\omega)=20\lg A(\omega)=20\lg\left|\frac{1}{1+jT\omega}\right|=20\lg\frac{1}{\sqrt{1+T^2\omega^2}}=-20\lg\sqrt{1+T^2\omega^2}$$

对数相频特性为

$$\varphi(\omega)=\angle G(j\omega)=-\arctan T\omega$$

当ω从$0\rightarrow\infty$时，可以计算出相应的$L(\omega)$和$\varphi(\omega)$，画出幅频特性和相频特性图。在工

程上常采用近似作图法，即用渐近线表示幅频特性图，其原理如下：

令 $\omega_T = \dfrac{1}{T}$

当 $\omega \ll \omega_T$ 时，则有

$$L(\omega) = -20\lg\sqrt{1 + T^2\omega^2} \approx -20\lg 1 = 0(\mathrm{dB})$$

即 $\omega \ll \omega_T$ 时，对数幅频特性在低频段近似为一条 0dB 线。此 0dB 线称为低频渐近线。

当 $\omega \gg \omega_T$ 时，则有

$$L(\omega) = -20\lg\sqrt{1 + T^2\omega^2} \approx -20\lg\omega T(\mathrm{dB})$$

此时，对数幅频图的渐近线为一条过点$(1/T, 0)$、斜率为 -20dB/dec 的直线。此斜线称为高频渐近线。$\omega = \omega_T = \dfrac{1}{T}$是低频渐近线与高频渐近线的交点处的频率，称为转折频率或转角频率。

惯性环节的 Bode 图如图 4-15 所示。图中也画出了精确的对数幅频曲线。

惯性环节的相频特性为

$$\varphi(\omega) = \angle G(\mathrm{j}\omega) = -\arctan T\omega$$

当 $\omega = 0$ 时，$\angle G(\mathrm{j}\omega) = 0°$；

当 $\omega = 1/T$ 时，$\angle G(\mathrm{j}\omega) = -45°$；

当 $\omega = \infty$ 时，$\angle G(\mathrm{j}\omega) = -90°$。

由图 4-15 可知，对数相频特性是关于在$(1/T, -45°)$弯点斜对称的反正切曲线。ω 从 $0 \to \infty$ 时，$\angle G(\mathrm{j}\omega)$的相角范围为 $0° \sim -90°$。

渐近线与精确的对数幅频特性曲线之间有误差，但用渐近线作图简单方便，且足以接近其精确曲线，可参照图 4-16 的误差曲线对渐近线进行修正。由图可见，最大误差发生在转折频率 $\omega = \omega_T = \dfrac{1}{T}$处，其误差值为 -3dB。

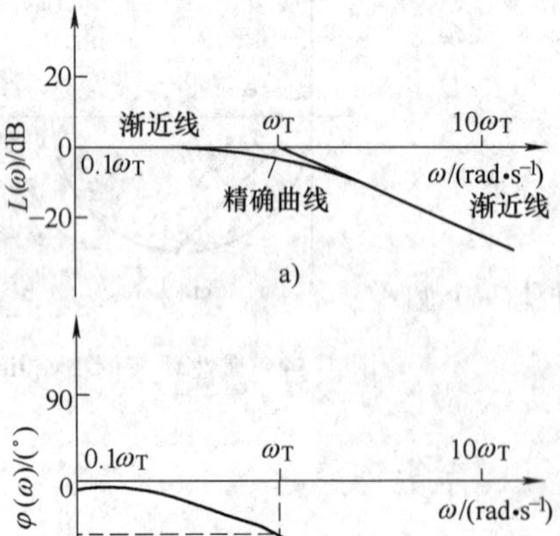

图 4-15　惯性环节的 Bode 图

a）对数幅频特性　b）对数相频特性

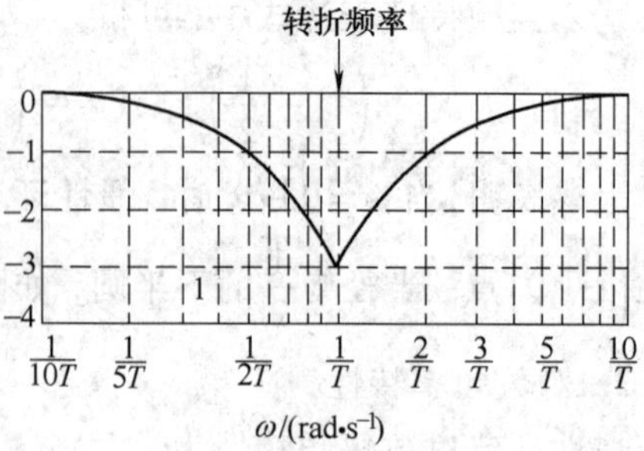

图 4-16　误差修正曲线

由惯性环节的 Bode 图可见，惯性环节具有低通滤波器的作用，对于高频信号，其对数幅值迅速衰减，即滤掉输入信号的高频部分。在低频段，输出能较准确地反映输入。

当改变时间常数 T 时，转折频率发生变化，但对数幅频和相频曲线的形状仍保持不变。

五、一阶微分环节

一阶微分环节的传递函数为

$$G(s) = 1 + Ts$$

其频率特性为

$$G(\mathrm{j}\omega) = 1 + \mathrm{j}T\omega$$

1. 幅相频率特性

$$G(\mathrm{j}\omega) = 1 + \mathrm{j}T\omega = \sqrt{1 + (T\omega)^2}\,\mathrm{e}^{\mathrm{j}\varphi(\omega)}$$

实频特性为 $U(\omega)=1$；虚频特性 $V(\omega)=T\omega$；

幅频特性为 $A(\omega)=\sqrt{1+(T\omega)^2}$；相频特性 $\varphi(\omega)=\arctan T\omega$。

因此有：

当 $\omega=0$ 时，$|G(\mathrm{j}\omega)|=1$，$\angle G(\mathrm{j}\omega)=0°$；

当 $\omega=1/T$ 时，$|G(\mathrm{j}\omega)|=\sqrt{2}$，$\angle G(\mathrm{j}\omega)=45°$；

当 $\omega=\infty$ 时，$|G(\mathrm{j}\omega)|=\infty$，$\angle G(\mathrm{j}\omega)=90°$。

一阶微分环节的 Nyquist 图为过（1，0）点、平行于虚轴的上半部直线，如图 4-17 所示。

2. 对数频率特性

对数幅频特性为

$$L(\omega) = 20\lg A(\omega) = 20\lg\sqrt{1 + (T\omega)^2}$$

对数相频特性为

$$\varphi(\omega) = \arctan T\omega$$

显然，它与惯性环节的对数幅频特性和相频特性比较，仅相差一个符号。所以，一阶微分环节和惯性环节的对数幅频曲线对称于 0dB 线，对数相频曲线对称于 0°线，如图 4-18 所示。

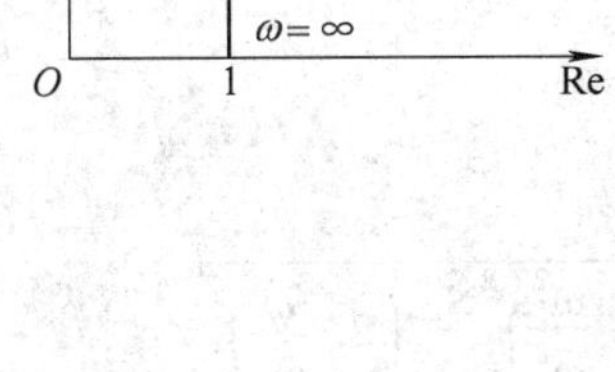

图 4-17　一阶微分环节的 Nyquist 图

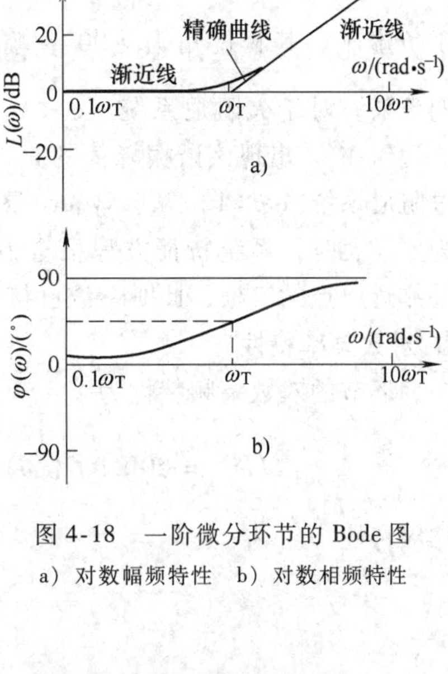

图 4-18　一阶微分环节的 Bode 图

a）对数幅频特性　b）对数相频特性

六、振荡环节

振荡环节的传递函数为

$$G(s)=\frac{\omega_n^2}{s^2+2\xi\omega_n s+\omega_n^2}=\frac{1}{\frac{s^2}{\omega_n^2}+2\xi\frac{s}{\omega_n}+1}$$

其频率特性为

$$G(j\omega)=\frac{1}{\frac{(j\omega)^2}{\omega_n^2}+2\xi\frac{j\omega}{\omega_n}+1}=\frac{1}{\left(1-\frac{\omega^2}{\omega_n^2}\right)+j2\xi\left(\frac{\omega}{\omega_n}\right)}$$

1. 幅相频率特性

幅频特性为

$$|G(j\omega)|=\frac{1}{\sqrt{\left(1-\frac{\omega^2}{\omega_n^2}\right)^2+\left(2\xi\frac{\omega}{\omega_n}\right)^2}}$$

相频特性为

$$\varphi(\omega)=\angle G(j\omega)=-\arctan\frac{2\xi\frac{\omega}{\omega_n}}{1-\frac{\omega^2}{\omega_n^2}}$$

根据频率特性公式，求其某些特殊点的值为：

当 $\omega=0$ 时，$|G(j\omega)|=1, \angle G(j\omega)=0°$；

当 $\omega=\omega_n$ 时，$|G(j\omega)|=\frac{1}{2\xi}, \angle G(j\omega)=-90°$；

当 $\omega=\infty$ 时，$|G(j\omega)|=0, \angle G(j\omega)=-180°$。

振荡环节的 Nyquist 图与阻尼比 ξ 有关，对应于不同的 ξ 值，形成一簇极坐标曲线，如图4-19 所示。由图可见，当 ω 由 $0\to\infty$ 变化时，不论 ξ 值如何，Nyquist 曲线均从（1，0）点开始，到（0，0）点结束，相位角相应由 $0°\to-180°$。当 $\omega=\omega_n$ 时，Nyquist 曲线均交于负虚轴，其相位角为 $-90°$，幅值为$\frac{1}{2\xi}$，曲线在第三、四象限。对于欠阻尼系统（$\xi<1$），系统会出现谐振峰值，记作 M_r，出现该谐振峰值的频率称为谐振频率 ω_r。对于过阻尼系统（$\xi>1$），其 Nyquist 图接近一个半圆，这是因为 ξ 很大时，系统特征方程根全为实根，而起主导作用的是靠近原点的实根，此时系统已接近为一阶惯性环节。

图 4-19　振荡环节的 Nyquist 图

2. 对数频率特性

振荡环节的对数幅频特性为

$$L(\omega)=20\lg|G(j\omega)|=-20\lg\sqrt{\left(1-\frac{\omega^2}{\omega_n^2}\right)^2+\left(2\xi\frac{\omega}{\omega_n}\right)^2}$$

对数相频特性

$$\varphi(\omega) = \angle G(j\omega) = -\arctan 2\xi\frac{\omega}{\omega_n}\Big/\left(1-\frac{\omega^2}{\omega_n^2}\right)$$

由此可以求出对数幅频曲线的渐近线。当 $\omega \ll \omega_n$ 的低频段时，$L(\omega) \approx -20\lg 1 = 0$，渐近线为一条 0dB 线。当 $\omega \gg \omega_n$ 的高频段时，$L(\omega) \approx -20\lg\frac{\omega^2}{\omega_n^2} = -40\lg\frac{\omega}{\omega_n}$，渐近线为一条过（$\omega_n$，0）点、斜率为 -40dB/dec 的直线。

这两条线相交处的交点频率为 ω_n，称作转折频率。在转折频率附近，幅频特性与渐近线之间存在一定的误差，其值取决于阻尼比 ξ 的值，阻尼比越小，则误差越大。当 $\xi<0.707$ 时，在对数幅频特性图上出现峰值。二阶振荡环节的 Bode 图如图 4-20 所示。

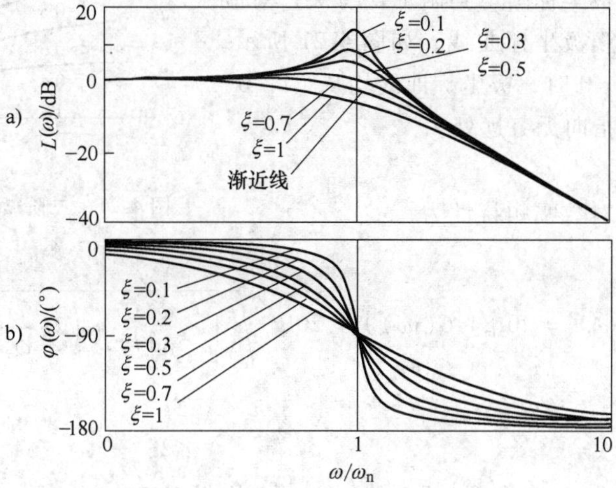

图 4-20　二阶振荡环节的 Bode 图

a）对数幅频特性　b）对数相频特性

由振荡环节的对数相频特性可知：

当 $\omega=0$ 时，$\varphi(\omega)=\angle G(j\omega)=0°$；

当 $\omega=\omega_n$ 时，$\varphi(\omega)=\angle G(j\omega)=-90°$；

当 $\omega=\infty$ 时，$\varphi(\omega)=\angle G(j\omega)=-180°$。

振荡环节的对数相频曲线关于在（ω_n，-90°）弯点斜对称的反正切曲线，如图 4-20 所示。

七、二阶微分环节

二阶微分环节的传递函数为

$$G(s) = s^2 + 2\xi\omega_n s + \omega_n^2$$

其频率特性为

$$G(j\omega) = 1 + 2\xi\frac{j\omega}{\omega_n} + \left(\frac{j\omega}{\omega_n}\right)^2$$

1. 幅相频率特性

幅频特性为

$$|G(j\omega)| = \sqrt{\left(1-\frac{\omega^2}{\omega_n^2}\right)^2 + \left(2\xi\frac{\omega}{\omega_n}\right)^2}$$

相频特性为

$$\varphi(\omega)=\angle G(\mathrm{j}\omega)=\arctan\frac{2\xi\dfrac{\omega}{\omega_n}}{1-\dfrac{\omega^2}{\omega_n^2}}$$

根据频率特性公式，求其某些特殊点的值为：

当 $\omega=0$ 时，$|G(\mathrm{j}\omega)|=1$，$\angle G(\mathrm{j}\omega)=0°$；

当 $\omega=\omega_n$ 时，$|G(\mathrm{j}\omega)|=2\xi$，$\angle G(\mathrm{j}\omega)=90°$；

当 $\omega=\infty$ 时，$|G(\mathrm{j}\omega)|=\infty$，$\angle G(\mathrm{j}\omega)=180°$。

二阶微分环节的极坐标图也与阻尼比有关，对应不同的 ξ 值，形成一簇极坐标曲线，如图 4-21 所示。不论 ξ 值如何，当 $\omega=0$ 时，极坐标曲线均从（1，0）点开始，在 $\omega=\infty$ 时指向无穷远处。

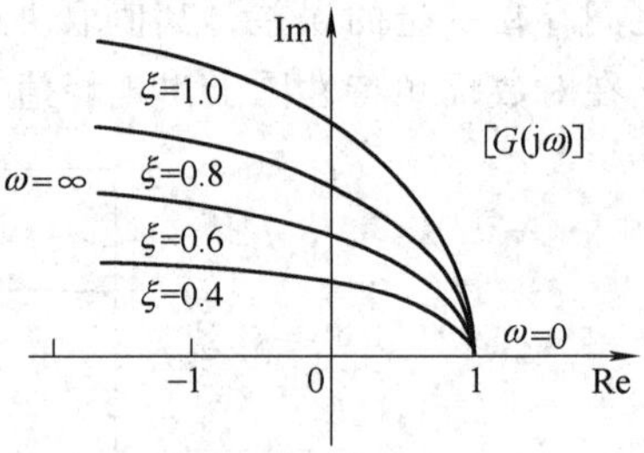

图 4-21　二阶微分环节的 Nyquist 图

2. 对数频率特性

二阶微分环节的对数幅频特性为

$$L(\omega)=20\lg|G(\mathrm{j}\omega)|=20\lg\sqrt{\left(1-\frac{\omega^2}{\omega_n^2}\right)^2+\left(2\xi\frac{\omega}{\omega_n}\right)^2}$$

对数相频特性为

$$\varphi(\omega)=\angle G(\mathrm{j}\omega)=\arctan\frac{2\xi\dfrac{\omega}{\omega_n}}{1-\dfrac{\omega^2}{\omega_n^2}}$$

显然，二阶微分环节和振荡环节的对数频率特性仅相差一个符号。因此，二阶微分环节与振荡环节的对数幅频曲线对称于 0dB 线，对数相频曲线对称于0°线，其 Bode 图如图 4-22 所示。

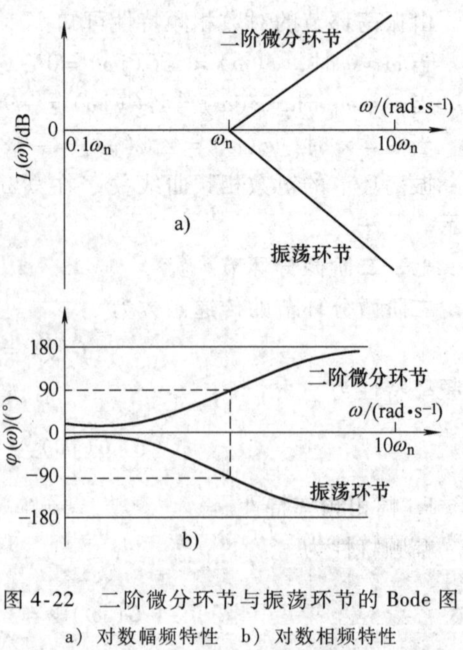

图 4-22　二阶微分环节与振荡环节的 Bode 图

a）对数幅频特性　b）对数相频特性

八、延时环节

延时环节的传递函数为

$$G(s)=\mathrm{e}^{-\tau s}$$

其频率特性为

$$G(\mathrm{j}\omega)=\mathrm{e}^{-\mathrm{j}\tau\omega}$$

1. 幅相频率特性（Nyquist 图）

幅频特性为 $A(\omega)=1$，相频特性为 $\varphi(\omega)=-\tau\omega$，故幅相频率特性是一个以原点为圆心，半径为 1 的圆，如图 4-23 所示。

2. 对数频率特性

延时环节的对数幅频特性为

$$L(\omega) = 20\lg|G(j\omega)| = 0$$

对数相频特性为

$$\varphi(\omega) = -\tau\omega$$

即对数幅频特性为 0dB 线，对数相频特性随着 ω 增加而线性增加，在线性坐标中，$\angle G(j\omega)$ 应是一条直线，但对数相频特性是一条曲线，如图 4-24 所示。

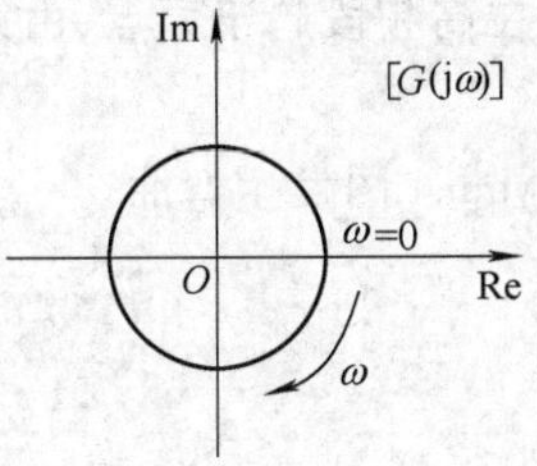

图 4-23 延时环节的 Nyquist 图

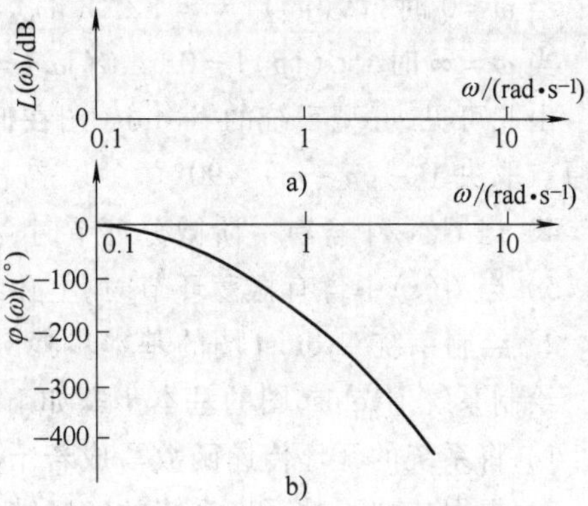

图 4-24 延时环节的 Bode 图

a) 对数幅频特性 b) 对数相频特性

第三节 系统开环频率特性的绘制

一、开环系统的幅相频率特性图（Nyquist 图）

绘制准确的开环幅相频率特性图是很麻烦的。因此，在一般情况下，可绘制概略开环幅相特性曲线。但概略曲线应保持准确曲线的重要特性，并且在要研究的点附近有足够的准确性。概略曲线可以根据开环幅相曲线的特点绘制，下面首先介绍开环幅相特性曲线的特点，然后举例说明概略曲线的绘制方法。

1. 开环幅相特性曲线的特点

设系统开环传递函数一般形式为

$$G(s) = \frac{K(1+\tau_1 s)(1+\tau_2 s)\cdots(1+\tau_m s)}{s^v(1+T_1 s)(1+T_2 s)\cdots(1+T_{n-v}s)} \quad (n \geqslant m)$$

式中，τ_1，τ_2，…，τ_m，T_1，T_2，…，T_{n-v} 均大于零，则其频率特性为

$$G(j\omega) = \frac{K(1+j\tau_1\omega)(1+j\tau_2\omega)\cdots(1+j\tau_m\omega)}{(j\omega)^v(1+jT_1\omega)(1+jT_2\omega)\cdots(1+jT_{n-v}\omega)} \quad (n \geqslant m)$$

系统对应的幅相频率特性曲线如下：

1）0 型系统（$v=0$）：

当 $\omega=0$ 时，$|G(j\omega)|=K, \angle G(j\omega)=0°$；

当 $\omega=\infty$ 时，$|G(j\omega)|=0, \angle G(j\omega)=-(n-m)\times 90°$。

由此可见，0 型系统的 Nyquist 图始于正实轴上的点，在高频段趋于原点，由第几象限趋于原点取决于 $-(n-m)\times 90°$。

2）Ⅰ型系统（$v=1$）：

当 $\omega=0$ 时，$|G(\mathrm{j}\omega)|=\infty$，$\angle G(\mathrm{j}\omega)=-90°$；

当 $\omega=\infty$ 时，$|G(\mathrm{j}\omega)|=0$，$\angle G(\mathrm{j}\omega)=-(n-m)\times 90°$。

由此可见，Ⅰ型系统 Nyquist 图的渐近线在低频段与负虚轴平行，在高频段趋于原点，由第几象限趋于原点取决于 $-(n-m)\times 90°$。

3）Ⅱ型系统（$v=2$）：

当 $\omega=0$ 时，$|G(\mathrm{j}\omega)|=\infty$，$\angle G(\mathrm{j}\omega)=-180°$；

当 $\omega=\infty$ 时，$|G(\mathrm{j}\omega)|=0$，$\angle G(\mathrm{j}\omega)=-(n-m)\times 90°$。

由此可见，Ⅱ型系统的 Nyquist 图在低频段趋于负实轴，在高频段趋于原点，由第几象限趋于原点取决于 $-(n-m)\times 90°$。

4）当 $G(s)$ 中含有一阶微分环节时，相位非单调下降，Nyquist 图发生弯曲。

5）当 $G(s)$ 中含有振荡环节时，上述结论不变。

2. 绘制系统 Nyquist 图的基本步骤

绘制系统 Nyquist 图的基本步骤如下：

1）将系统的开环传递函数写成若干典型环节串联形式。

2）根据传递函数写出系统的实频特性、虚频特性和幅频特性、相频特性的表达式。

3）分别求出起始点（$\omega=0$）和终点（$\omega=\infty$），并表示在极坐标上。

4）找出必要的特征点，如与实轴的交点、与虚轴的交点等，并表示在极坐标上。

5）补充必要的几点，根据已知点和 $|G(\mathrm{j}\omega)|$、$\angle G(\mathrm{j}\omega)$ 的变化趋势以及 $G(\mathrm{j}\omega)$ 所处的象限，绘制 Nyquist 曲线的大致图形。

下面举例说明绘制 Nyquist 图的一般方法和 Nyquist 图的一般形状。

例 4-3 已知系统的开环传递函数 $G(s)=\dfrac{K}{(1+T_1s)(1+T_2s)}$，试绘制系统的 Nyquist 图。

解 由系统的开环传递函数 $G(s)=\dfrac{K}{(1+T_1s)(1+T_2s)}$ 可知，系统是由两个惯性环节串联组成，其频率特性为

$$G(\mathrm{j}\omega)=\frac{K}{(1+\mathrm{j}T_1\omega)(1+\mathrm{j}T_2\omega)}$$

$$=\frac{K(1-T_1T_2\omega^2)}{(1+\mathrm{j}T_1^2\omega^2)(1+\mathrm{j}T_2^2\omega^2)}-\mathrm{j}\frac{K\omega(T_1+T_2)}{(1+T_1^2\omega)(1+T_2^2\omega)}$$

幅频特性为

$$A(\omega)=|G(\mathrm{j}\omega)|=\frac{K}{\sqrt{(T_1\omega)^2+1}\sqrt{(T_2\omega)^2+1}}$$

相频特性为

$$\varphi(\omega)=\angle G(\mathrm{j}\omega)=-\arctan T_1\omega-\arctan T_2\omega$$

根据频率特性公式，求其某些特殊点的值为：

当 $\omega=0$ 时，$|G(\mathrm{j}\omega)|=K$，$\angle G(\mathrm{j}\omega)=0°$；

当 $\omega=\infty$ 时，$|G(\mathrm{j}\omega)|=0$，$\angle G(\mathrm{j}\omega)=-180°$。

由此可见，系统的 Nyquist 图始于正实轴上的一个有限点（K，0），随着 ω 的增大，当 $\omega\to\infty$ 时，$G(\mathrm{j}\omega)$ 以 $-180°$ 相位角趋于坐标原点。系统的 Nyquist 图如图 4-25 所示。

例 4-4 已知系统的开环传递函数 $G(s)=\dfrac{K}{s\ (1+Ts)}$，试绘制系统的 Nyquist 图。

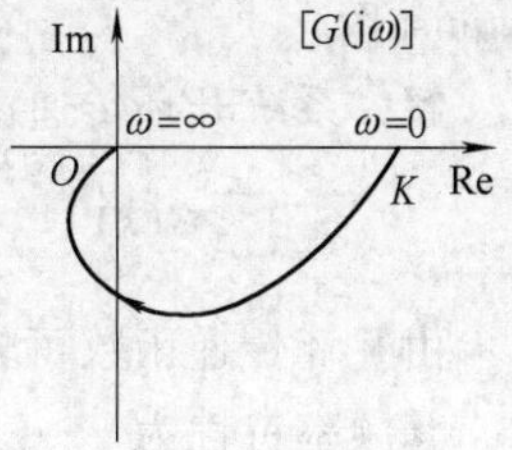

图 4-25 例 4-3 系统的 Nyquist 图

解 系统的开环传递函数为

$$G(s)=\frac{K}{s(1+Ts)}=K\frac{1}{s}\frac{1}{(1+Ts)}$$

由开环传递函数可知，系统是由比例环节、积分环节和惯性环节串联组成，其频率特性为

$$G(j\omega)=\frac{K}{j\omega(1+jT\omega)}=K\frac{1}{j\omega}\frac{1}{(1+jT\omega)}$$

幅频特性为

$$A(\omega)=|G(j\omega)|=\frac{K}{\omega\sqrt{1+(T\omega)^2}}$$

相频特性为

$$\varphi(\omega)=\angle G(j\omega)=-90°-\arctan T\omega$$

根据频率特性公式，求其某些特殊点的值为：

当 $\omega=0$ 时，$|G(j\omega)|=\infty$，$\angle G(j\omega)=-90°$；

当 $\omega=\infty$ 时，$|G(j\omega)|=0$，$\angle G(j\omega)=-180°$。

由此可见，系统的 Nyquist 图在低频段与负虚轴平行，在高频段由负实轴趋于原点。下面求特征点的数值。

系统的频率特性为

$$G(j\omega)=\frac{K}{j\omega(1+jT\omega)}=\frac{Kj\omega(1-jT\omega)}{(j\omega)^2(1+jT\omega)(1-jT\omega)}=\frac{-KT}{1+T^2\omega^2}+j\frac{-K}{\omega(1+T^2\omega^2)}$$

则系统的实频特性为

$$U(\omega)=\mathrm{Re}[G(j\omega)]=\frac{-KT}{1+T^2\omega^2}$$

虚频特性为

$$V(\omega)=\mathrm{Im}[G(j\omega)]=\frac{-K}{\omega(1+T^2\omega^2)}$$

系统的 Nyquist 图起始平行于负虚轴时，则有

$$\lim_{\omega\to0}\mathrm{Re}[G(j\omega)]=\lim_{\omega\to0}\frac{-KT}{1+T^2\omega^2}=-KT$$

$$\lim_{\omega\to0}\mathrm{Im}[G(j\omega)]=\lim_{\omega\to0}\frac{-K}{\omega(1+T^2\omega^2)}=\infty$$

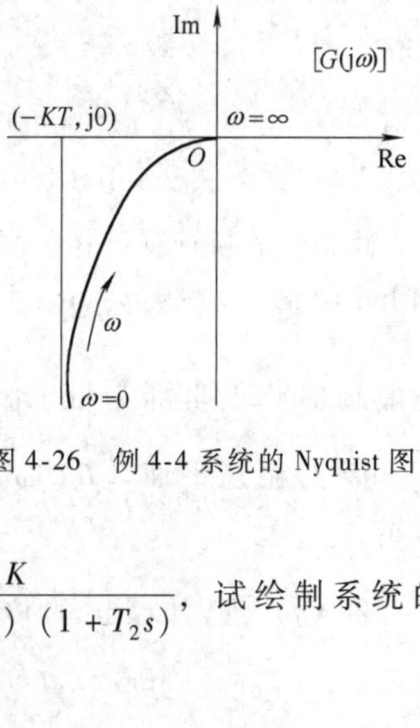

图 4-26 例 4-4 系统的 Nyquist 图

由 $\omega\to0$ 时的实频特性和虚频特性的取值可知，系统 Nyquist 图的起始渐近线过点（$-KT$，j0），且平行于负虚轴。系统的 Nyquist 图如图 4-26 所示。

例 4-5 已知系统的开环传递函数 $G(s)=\dfrac{K}{s^2(1+T_1s)\ (1+T_2s)}$，试绘制系统的

Nyquist 图。

解 系统开环传递函数为

$$G(s)=\frac{K}{s^2(1+T_1s)(1+T_2s)}=K\frac{1}{s}\frac{1}{s}\frac{1}{(1+T_1s)}\frac{1}{(1+T_2s)}$$

由开环传递函数可知，系统是由一个比例环节、两个积分环节和两个惯性环节串联组成，其频率特性为

$$G(j\omega)=\frac{K}{(j\omega)^2(1+jT_1\omega)(1+jT_2\omega)}=K\frac{1}{j\omega}\frac{1}{j\omega}\frac{1}{(1+jT_1\omega)}\frac{1}{(1+jT_2\omega)}$$

幅频特性为

$$A(\omega)=|G(j\omega)|=\frac{K}{\omega^2\sqrt{1+T_1^2\omega^2}\sqrt{1+T_2^2\omega^2}}$$

相频特性为

$$\varphi(\omega)=\angle G(j\omega)=-180°-\arctan T_1\omega-\arctan T_2\omega$$

根据频率特性公式，求其某些特殊点的值为：

当 $\omega=0$ 时，$|G(j\omega)|=\infty$，$\angle G(j\omega)=-180°$；

当 $\omega=\infty$ 时，$|G(j\omega)|=0$，$\angle G(j\omega)=-360°$。

由此可见，系统的 Nyquist 图在低频段与负实轴平行，在高频段由正实轴趋于原点。下面求特征点的数值。

由系统的频率特性

$$G(j\omega)=\frac{K}{-\omega^2(1+jT_1\omega)(1+jT_2\omega)}$$

$$=\frac{K(1-T_1T_2\omega^2)}{-\omega^2(1+T_1^2\omega^2)(1+T_2^2\omega^2)}+j\frac{K(T_1+T_2)}{\omega(1+T_1^2\omega^2)(1+T_2^2\omega^2)}$$

可知系统的实频特性和虚频特性。为了求系统 Nyquist 图与虚轴的交点坐标，令实频特性 $\mathrm{Re}[G(j\omega)]=0$，求得 $\omega=\frac{1}{\sqrt{T_1T_2}}$，将其代入虚频特性得

$$\mathrm{Im}[G(j\omega)]=\frac{K(T_1T_2)^{\frac{3}{2}}}{T_1+T_2}$$

又有

$$\lim_{\omega\to0}\mathrm{Re}[G(j\omega)]\to-\infty\qquad\lim_{\omega\to0}\mathrm{Im}[G(j\omega)]\to\infty$$

由以上分析计算可知，当 ω 由 $0\to\infty$ 时，$\mathrm{Re}[G(j\omega)]$ 和 $\mathrm{Im}[G(j\omega)]$ 均从 $\infty\to0$，并且 $\mathrm{Im}[G(j\omega)]$ 始终为正值，与虚轴的交点坐标为 $\left[0,\ j\frac{K(T_1T_2)^{\frac{3}{2}}}{T_1+T_2}\right]$。这说明系统的 Nyquist 图在复平面 $[G(j\omega)]$ 的上半平面，如图 4-27 所示。

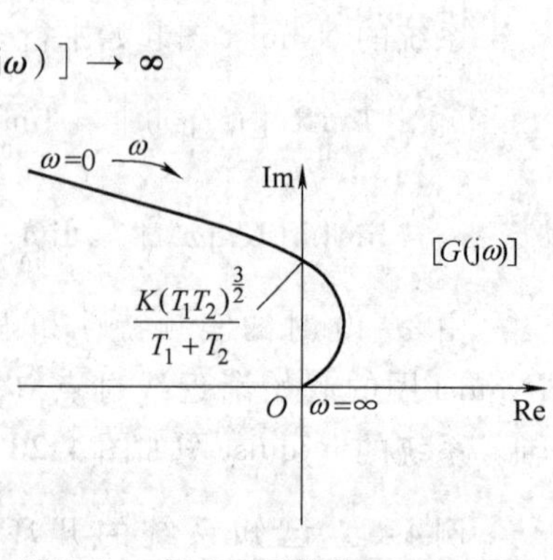

图 4-27 例 4-5 系统的 Nyquist 图

例 4-6 已知系统的传递函数 $G(s)=\frac{K(1+T_1s)}{s(1+T_2s)}$

$(T_1 > T_2)$，试绘制其 Nyquist 图。

解 由系统的开环传递函数可知，系统是由一个比例环节、一个积分环节、一个一阶微分环节和一个惯性环节串联组成，其频率特性为

$$G(j\omega) = \frac{K(1 + jT_1\omega)}{j\omega(1 + jT_2\omega)} = \frac{K(T_1 - T_2)}{1 + T_2^2\omega^2} - j\frac{K(1 + T_1 T_2\omega^2)}{\omega(1 + T_2^2\omega^2)}$$

幅频特性为

$$A(\omega) = |G(j\omega)| = \frac{K\sqrt{1 + T_1^2\omega^2}}{\omega\sqrt{1 + T_2^2\omega^2}}$$

相频特性为

$$\varphi(\omega) = \angle G(j\omega) = \arctan T_1\omega - 90° - \arctan T_2\omega$$

根据频率特性公式，求其某些特殊点的值为：

当 $\omega = 0$ 时，$|G(j\omega)| = \infty$，$\angle G(j\omega) = -90°$；

当 $\omega = \infty$ 时，$|G(j\omega)| = 0$，$\angle G(j\omega) = -90°$。

并且 $T_1 > T_2$，故 Re $[G(j\omega)] > 0$，Im $[G(j\omega)] < 0$。

系统的 Nyquist 图如图 4-28 所示。由图可知，若开环传递函数有一阶微分环节，即超前环节，则 Nyquist 曲线发生弯曲，即相位可能非单调变化。

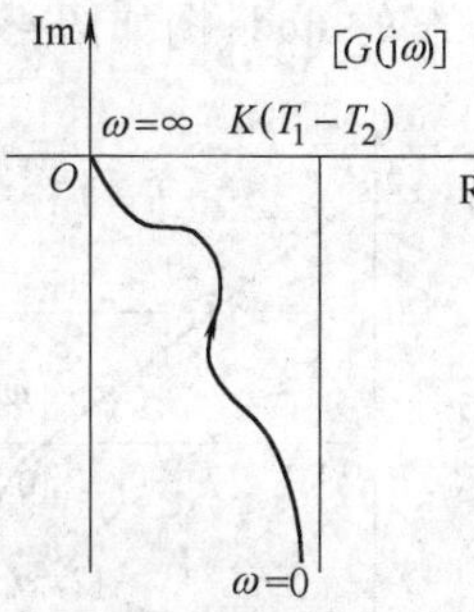

图 4-28 例 4-6 系统的 Nyquist 图

二、开环系统的对数坐标图（Bode 图）

掌握了典型环节的 Bode 图后，绘制系统的 Bode 图就比较容易，特别是按渐近线绘制 Bode 图是很方便的。绘制系统 Bode 图的基本步骤如下：

1）由传递函数 $G(s)$ 求出频率特性 $G(j\omega)$，并将 $G(j\omega)$ 化为若干典型环节频率特性相乘的形式。

2）求出各典型环节的转折频率、阻尼比 ξ 等参数。

3）分别画出各典型环节的幅频曲线的渐近线和相频曲线。

4）将各环节的对数幅频曲线的渐近线进行叠加，得到系统幅频曲线的渐近线，并对其进行修正。

5）将各环节相频曲线叠加，得到系统的相频曲线。

下面举例说明绘制 Bode 图的方法和步骤。

例 4-7 已知系统的开环传递函数为 $G(s) = \dfrac{K}{s(1 + Ts)}$，其中 $K = 10$，$T = 0.087$，试绘制系统的 Bode 图。

解 1）由系统的开环传递函数 $G(s)$ 求得系统的频率特性 $G(j\omega)$，并化为典型环节相乘的形式为

$$G(j\omega) = \frac{K}{j\omega(1 + jT\omega)}$$

系统由三个典型环节组成，即比例环节、积分环节和惯性环节。

2）各环节的参数。

比例环节 K： $L(\omega) = 20\lg K = 20$

$$\varphi(\omega) = 0°$$

积分环节$\frac{1}{j\omega}$：$L(\omega)$ 为过（1，0）、斜率为 -20dB/dec 的直线，$\varphi(\omega)=90°$。

惯性环节$\frac{1}{1+jT\omega}$：转折频率 $\omega_T=\frac{1}{T}=\frac{1}{0.087}=11.5$。

3）分别画出三个典型环节对数幅频曲线的渐近线和对数相频曲线，如图 4-29 虚线所示。

4）将三个环节对数幅频曲线的渐近线进行叠加，并进行修正。

5）将三个环节对数相频特性叠加。

系统的 Bode 图如图 4-29 所示。

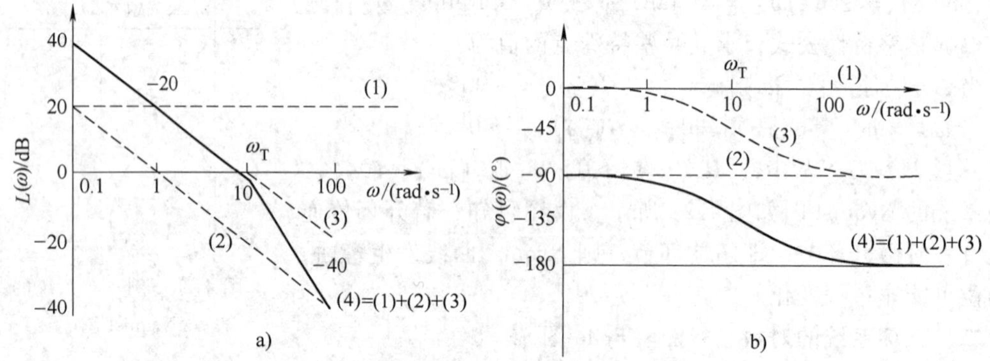

图 4-29 例 4-7 系统的 Bode 图

a）对数幅频特性 b）对数相频特性

例 4-8 已知系统的开环传递函数为 $G(s)=\dfrac{7.5\left(\frac{1}{3}s+1\right)}{s\left(\frac{1}{2}s+1\right)\left(\frac{1}{2}s^2+\frac{1}{2}s+1\right)}$，试绘制系统的 Bode 图。

解 1）由系统的开环传递函数 $G(s)$ 求得系统的频率特性 $G(j\omega)$，并化为典型环节相乘的形式为

$$G(j\omega)=\frac{7.5\left(\frac{1}{3}j\omega+1\right)}{j\omega\left(\frac{1}{2}j\omega+1\right)\left(\frac{1}{2}(j\omega)^2+\frac{1}{2}j\omega+1\right)}$$

系统由五个典型环节组成，即比例环节、积分环节、一阶微分环节、惯性环节和振荡环节。

2）各环节的参数。

比例环节 K：$20\lg K=20\lg 7.5=17.5\text{dB}$

$$\varphi(\omega)=0°$$

积分环节$\frac{1}{j\omega}$：$L(\omega)$ 为过（1，0）、斜率为 -20dB/dec 的直线，$\varphi(\omega)=-90°$。

一阶微分环节$\frac{1}{3}j\omega+1$：转折频率 $\omega_{T1}=\frac{1}{T_1}=\frac{1}{\frac{1}{3}}=3$。

惯性环节$\frac{1}{\frac{1}{2}j\omega+1}$：转折频率 $\omega_{T2}=\frac{1}{T_2}=\frac{1}{\frac{1}{2}}=2$。

振荡环节$\frac{1}{\frac{1}{2}(j\omega)^2+\frac{1}{2}j\omega+1}$：转折频率 $\omega_{T3}=\frac{1}{T_3}=\frac{1}{\frac{1}{\sqrt{2}}}=\sqrt{2}$。

因为$\frac{2\xi}{\omega_n}=\frac{1}{2}$，所以 $\xi=0.35$。

3）分别画出五个典型环节对数幅频曲线的渐近线和对数相频曲线，如图 4-30 虚线所示。

4）将五个环节对数幅频曲线的渐近线进行叠加，并进行修正。

5）将五个环节对数相频特性曲线叠加，如图 4-30 实线所示。

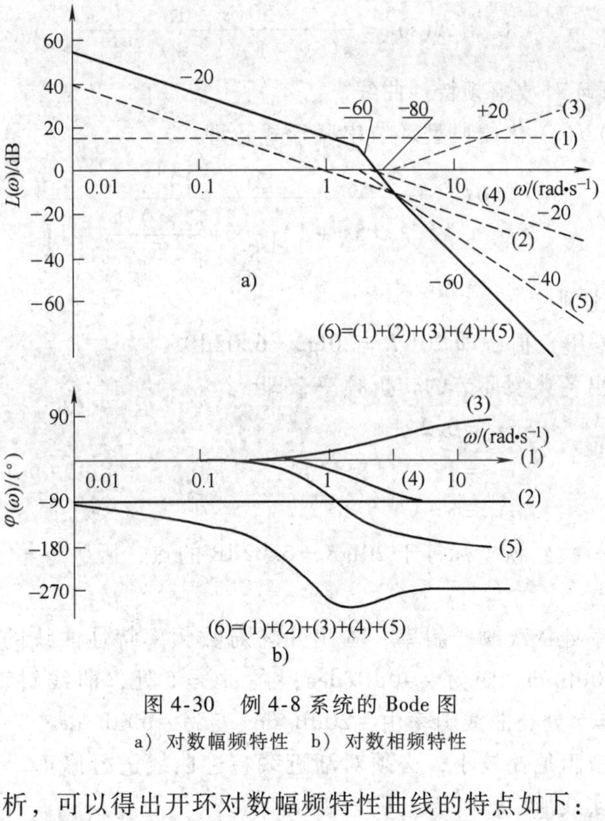

图 4-30 例 4-8 系统的 Bode 图

a）对数幅频特性 b）对数相频特性

通过以上作图分析，可以得出开环对数幅频特性曲线的特点如下：

1）曲线最左端直线斜率为 -20νdB/dec，ν 为系统含有积分环节的个数。

2）曲线在 $\omega=1$ 处的幅值为 20lg$K$（dB），除比例环节外的其他各典型环节，都应在此基础上叠加。

3）曲线斜率在转折频率 ω_T 或 ω_n 处发生改变，改变多少由典型环节确定。

典型环节中，积分环节和惯性环节，曲线斜率要减少 20dB/dec；理想微分环节和一阶微分环节，曲线斜率要增加 20dB/dec；振荡环节，曲线斜率要减少 40dB/dec；二阶微分环节，曲线斜率要增加 40dB/dec。因此，开环对数幅频特性曲线完全可以直接绘出。

根据上述特点，便可以直接绘制系统的对数幅频特性，其步骤如下：

1）将系统传递函数写成标准形式，并求出其频率特性。

2）确定各典型环节的转折频率，并由小到大将其顺序标在横坐标上。

3）计算 $20\lg K$，在横坐标上找出 $\omega=1$，纵坐标为 $20\lg K$ 的点。

4）过该点作斜率为 -20νdB/dec 的斜线，以后从第一个转折频率开始沿轴向右，每经过一个转折频率便改变一次斜率，其原则是：如遇惯性环节的转折频率，则斜率增加 -20dB/dec；遇一阶微分环节的转折频率，斜率增加 +20dB/dec；如遇振荡环节的转折频率，斜率增加 -40dB/dec；二阶微分环节则增加 +40dB/dec。

5）根据需要，可根据误差修正曲线对渐近线进行修正，其办法是在同一频率处将各环节误差值叠加，即可得到精确的对数幅频特性曲线。

6）对数相频特性曲线为各典型环节的相频特性曲线的叠加。

例 4-9 系统的开环传递函数为

$$G(s)H(s)=\frac{50(s+1)}{s(5s+1)(s^2+s+25)}$$

试直接绘制系统的开环对数幅频特性曲线。

解 1）将 $G(s)H(s)$ 化成典型环节串联形式，即

$$G(s)H(s)=\frac{2(s+1)}{s(5s+1)\left(\dfrac{s^2}{5^2}+\dfrac{2\times0.1}{5}s+1\right)}$$

2）选定坐标轴比例尺。

3）计算 $20\lg K$（dB）值，即 $20\lg K=20\lg 2=6.02$dB

4）在横轴上标出各典型环节的转折频率，即

惯性环节 $\omega_1=0.2$

一阶微分环节 $\omega_2=1$

振荡环节 $\omega_3=5$

5）在 $\omega_2=1$ 处，找到纵坐标等于 $20\lg K=6.02$dB 的点，因为 $\nu=1$，所以过该点作斜率为 -20dB/dec 的直线。

6）在各转折频率处依次改变斜率，画出开环对数频率特性曲线的渐近线。在 $\omega_1=0.2$ 处，曲线斜率由 -20dB/dec 变为 -40dB/dec；在 $\omega_2=1$ 处，曲线斜率由 -40dB/dec 变为 -20dB/dec；在 $\omega_3=5$ 处，曲线斜率由 -20dB/dec 变为 -60dB/dec。

7）本例振荡环节阻尼比较小，必须对渐近线特性曲线进行修正，修正后的对数幅频特性曲线如图 4-31 中实线所示。

三、最小相位系统的概念

1. 最小相位系统

若系统传递函数 $G(s)$ 的所有零点和极点均在［s］平面的左半平面，则该系统称为最小相位系统。对于最小相位系统而言，当频率从零变化到无穷大时，相位角的变化范围最小，当 $\omega=\infty$ 时，其相位角为 $-(n-m)\times90°$。

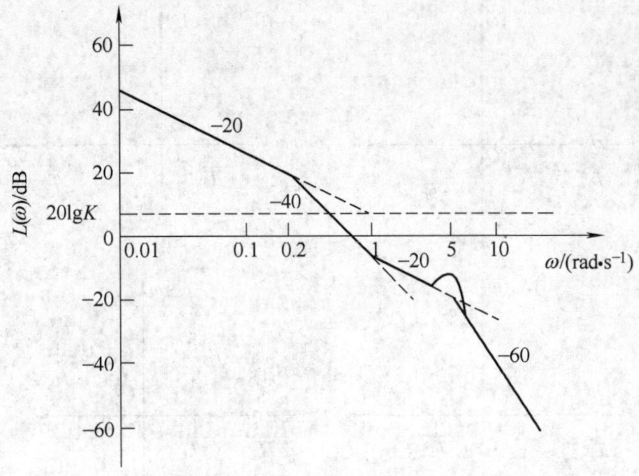

图 4-31 例 4-9 系统的 Bode 图

2. 非最小相位系统

若系统传递函数 $G(s)$ 有零点或极点在[s] 平面的右半平面时，则该系统称为非最小相位系统。对于非最小相位系统而言，当频率从零变化到无穷大时，相位角的变化范围总是大于最小相位系统的相角范围，当 $\omega=\infty$ 时，其相位角不等于 $-(n-m)\times 90^\circ$。

例 4-10 有四个不同的系统，其传递函数分别为

$$G_1(s)=\frac{T_2s+1}{T_1s+1}\qquad G_2(s)=\frac{-T_2s+1}{T_1s+1}$$

$$G_3(s)=\frac{T_2s+1}{-T_1s+1}\qquad G_4(s)=\frac{T_2s+1}{T_1s+1}e^{-\tau s}$$

式中，$T_1>T_2>0$，试判断它们是否为最小相位系统，并分别画出它们的 Bode 图，比较其相频特性与幅频特性。

解 $G_1(s)$:零点为 $z=-\dfrac{1}{T_2}$,极点为 $p=-\dfrac{1}{T_1}$。

$G_2(s)$:零点为 $z=\dfrac{1}{T_2}$,极点为 $p=-\dfrac{1}{T_1}$。

$G_3(s)$:零点为 $z=-\dfrac{1}{T_2}$,极点为 $p=\dfrac{1}{T_1}$。

$G_4(s)$:零点为 $z=-\dfrac{1}{T_2}$,极点为 $p=-\dfrac{1}{T_1}$。

其零、极点的分布如图 4-32a、b、c、d 所示。

根据最小相位系统的定义，虽然 $G_4(s)$ 与 $G_1(s)$ 的零、极点相同，但 $G_4(s)$ 中含有延时环节，所以 $G_1(s)$ 为最小相位系统，$G_2(s)$、$G_3(s)$ 和 $G_4(s)$ 为非最小相位系统。它们的频率特性曲线如图 4-33 所示。由图可见，四个系统具有相同的幅频特性，但相频特性不同，最小相位系统 $G_1(s)$ 的相角变化范围最小。它们的相角分别为

$$\angle G_1(j\omega)=\arctan\omega T_2-\arctan\omega T_1\qquad \angle G_2(j\omega)=-\arctan\omega T_2-\arctan\omega T_1$$

$$\angle G_3(j\omega)=\arctan\omega T_2+\arctan\omega T_1\qquad \angle G_4(j\omega)=\arctan\omega T_2-\arctan\omega T_1-\omega\tau$$

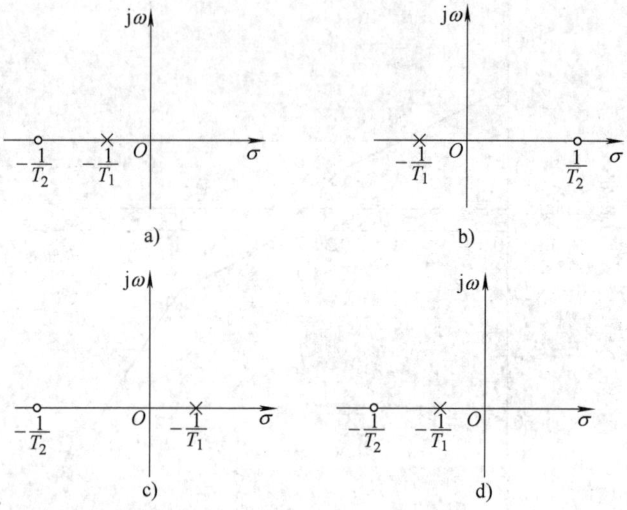

图 4-32 $G_1(s)$，$G_2(s)$，$G_3(s)$，$G_4(s)$ 的零、极点分布图

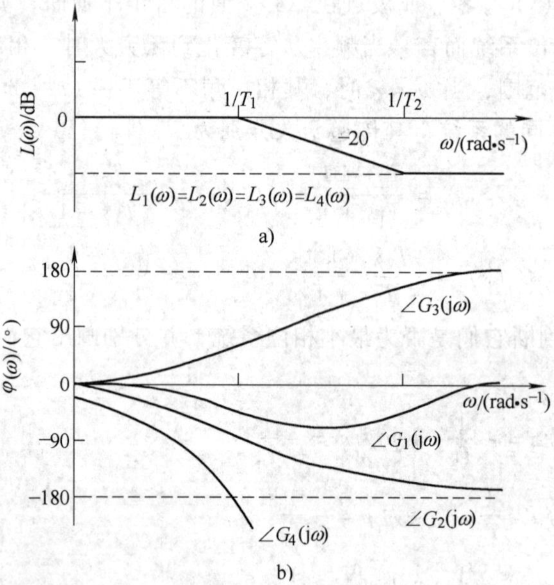

图 4-33 $G_1(s)$，$G_2(s)$，$G_3(s)$，$G_4(s)$ 的 Bode 图

a）对数幅频特性 b）对数相频特性

由以上分析可见，最小相位系统的特点是：它的对数相频特性和对数幅频特性间存在着确定的对应关系。即一条对数幅频特性曲线 $L(\omega)$，只能有一条对数相频特性 $\varphi(\omega)$ 与之对应。因此，利用 Bode 图对系统进行分析时，对于最小相位系统，往往只画出它的对数幅频特性曲线就够了。并且对于最小相位系统，只需根据其对数幅频特性就能写出其传递函数。在本书中，若无特殊说明，所研究的系统一般均指最小相位系统。非最小相位系统存在着过大的相位滞后，不仅影响系统的稳定性，也影响系统响应的快速性。延时环节就是一个典型的非最小相位环节。

四、由系统的对数频率特性求对应的传递函数

在很多情况下，由于实际对象的复杂性，完全从理论上推导数学模型（或传递函数）及其参数，往往很困难。可以采用实验的方法获得系统或过程的传递函数，并确定其参数，或直接利用频率特性测试仪器来测得其频率特性，由频率特性来求取系统传递函数。

根据系统 Bode 图确定传递函数的步骤如下：

1）根据低频段对数幅频特性渐近线的斜率确定系统中含有积分环节的个数。当低频段对数幅频特性渐近线的斜率呈现为 -20νdB/dec 时，系统即为 ν 型系统。ν 即是系统中串联积分环节的个数。

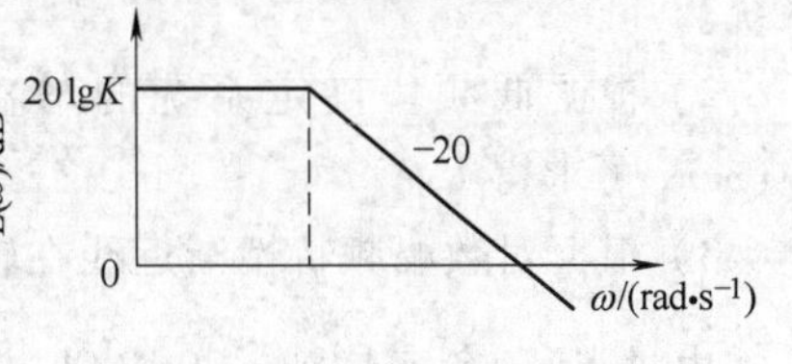

图 4-34 0 型系统的 Bode 图

2）根据低频段确定系统的增益 K，由系统幅频特性与系统型次的关系可知：

① 0 型系统。对数幅频曲线低频部分是一条水平线，增益 K 满足下式

$$20\lg K = 20\lg|G(j\omega)| \qquad (\omega \ll 1)$$

Bode 图如图 4-34 所示。

② Ⅰ型系统。对数幅频曲线低频部分是斜率为 -20dB/dec 的直线，增益 K 等于该渐近线（或其延长线）与 0dB 线交点处的频率，即 $K=\omega$，如图 4-35 所示。

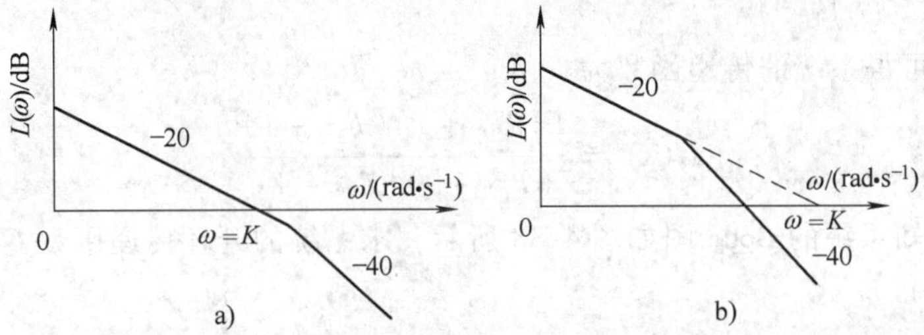

图 4-35 Ⅰ型系统的 Bode 图

a）对数幅频特性 1 b）对数幅频特性 2

③ Ⅱ型系统。对数幅频曲线低频部分是斜率为 -40dB/dec 的直线，增益 K 的二次方根等于该渐近线（或其延长线）与 0dB 线交点处的频率，即 $\omega=\sqrt{K}$，如图 4-36 所示。

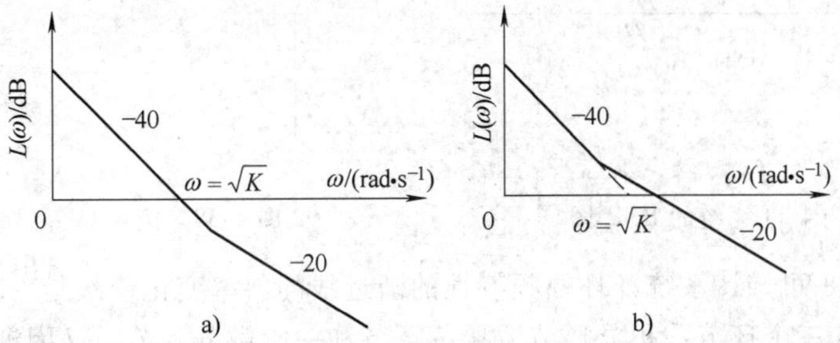

图 4-36 Ⅱ型系统的 Bode 图

3）根据对数幅频特性渐近线在转折频率处斜率的变化，确定系统的串联环节。

4）进一步根据对数幅频特性的形状及参量，计算二阶振荡环节中的阻尼比 ξ。或者根据最小相位系统对数幅频曲线的斜率与相频特性之间的单值对应关系，检验系统是否串联有延

时环节，并计算延时环节的参量。

例 4-11 由实验得到的系统 Bode 图如图 4-37 所示，试确定系统的传递函数。

解 1）根据低频段对数幅频特性渐近线的斜率确定系统中含有积分环节的个数：由图 4-37 可见，其低频段为一水平直线，由此推知，系统不含积分环节（即 $\nu=0$），为 0 型系统。

2）根据低频段确定系统的增益 K：由它在低频段的高度为 $L_1(\omega)$，已知 $20\lg K=L_1(\omega)$，可求得 K。

3）根据对数幅频特性渐近线在转折频率处斜率的变化，确定系统的串联环节：

由过点 ω_1 斜率增加 -20dB/dec 可知，包含一个惯性环节$\dfrac{1}{T_1s+1}\left(式中，T_1=\dfrac{1}{\omega_1}\right)$。

由过点 ω_2 成水平线可知，斜率增加了 $+20$dB/dec，所以包含一个微分环节 T_2s+1 $\left(式中，T_2=\dfrac{1}{\omega_2}\right)$。

由过点 ω_3 斜率又成 $+20$dB/dec 可知，又包含一个微分环节 $T_3s+1\left(式中，T_3=\dfrac{1}{\omega_3}\right)$。

由过点 ω_4 又成水平线可知，斜率增加了 -20dB/dec，则意味着还包含一个惯性环节 $\dfrac{1}{T_4s+1}\left(式中，T_4=\dfrac{1}{\omega_4}\right)$。

综上所述，可得系统的传递函数为

$$G(s)=\frac{K(T_2s+1)(T_3s+1)}{(T_1s+1)(T_4s+1)}$$

例 4-12 已知系统的 Bode 图如图 4-38 所示，求系统的开环传递函数 $G(s)$。

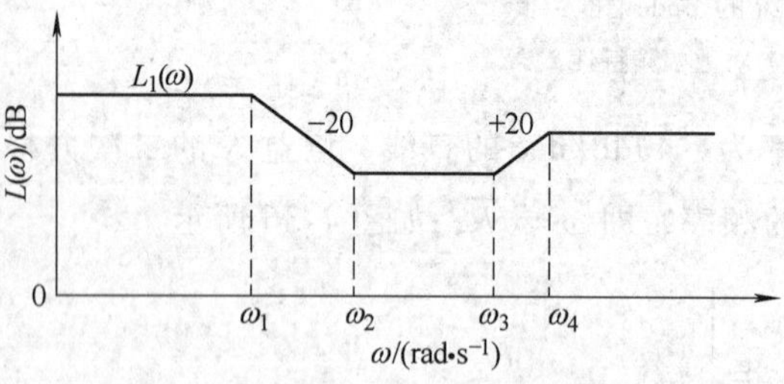

图 4-37 例 4-11 系统的 Bode 图

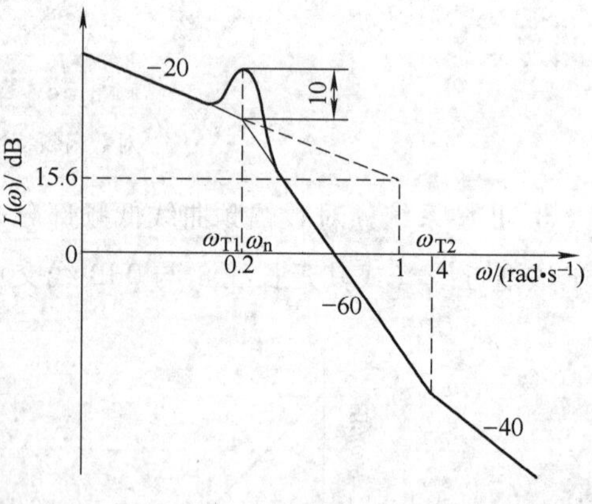

图 4-38 例 4-12 系统的 Bode 图

解 由图 4-38 可知，系统开环幅频特性的渐近线的斜率变化依次是 $-20\to-60\to-40$，说明系统至少包含三个环节：积分环节、振荡环节和一阶微分环节。又因渐近线起始段的延长线不通过（1，0）点，则系统还应包含一个比例环节。因此，系统的开环传递函数表达式为

$$G(s)=\frac{K\omega_n^2(1+Ts)}{s(s^2+2\xi\omega_ns+\omega_n^2)}$$

1）求 K：对数幅频特性曲线的起始段是比例积分环节。当 $\omega=1$ 时，幅值即为 $20\lg K$，因此，由 $20\lg K=15.6\text{dB}$，求得 $K=6$。

2）求 ω_n：在图 4-38 中，由积分环节到振荡环节的转折频率 $\omega_{T1}=0.2$，此即振荡环节的固有频率 $\omega_n\approx0.2$。

3）求 ξ：当 $\omega=\omega_n$ 时，振荡环节的峰值（即最大误差值）为 10dB，即

$$20\lg\frac{1}{2\xi}=10 \qquad \xi=0.158$$

4）求 T：在图 4-38 中，由振荡环节到一阶微分环节的转折频率 $\omega_{T2}=4$，所以微分环节的时间常数 $T=\frac{1}{4}=0.25$。

将上述求得的各参数值代入 $G(s)$ 的表达式得

$$G(s)=\frac{0.06s+0.24}{s(s^2+0.0632s+0.04)}$$

第四节　闭环频率特性

一、反馈控制系统的闭环频率特性

对于典型的闭环系统如图 4-39 所示，当 $H(s)=1$ 时，为单位反馈控制系统；当 $H(s)\neq1$ 时，为非单位反馈控制系统。

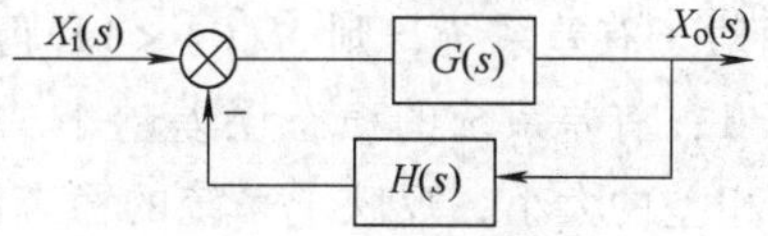

图 4-39　典型闭环系统框图

1. 单位反馈控制系统

闭环传递函数 $\Phi(s)$ 与开环传递函数 $G(s)$ 之间的关系为

$$\Phi(s)=\frac{X_o(s)}{X_i(s)}=\frac{G(s)}{1+G(s)} \qquad (4\text{-}3)$$

将 $s=\mathrm{j}\omega$ 代入式（4-3），则得

$$\Phi(\mathrm{j}\omega)=\frac{X_o(\mathrm{j}\omega)}{X_i(\mathrm{j}\omega)}=\frac{G(\mathrm{j}\omega)}{1+G(\mathrm{j}\omega)}=M(\omega)\mathrm{e}^{\mathrm{j}\alpha(\omega)}$$

则 $\Phi(\mathrm{j}\omega)$ 称为闭环频率特性，$M(\omega)$ 表示闭环频率特性的幅值，$\alpha(\omega)$ 表示其相位。

因此，已知开环频率特性 $G(\mathrm{j}\omega)$，就可以求出系统的闭环频率特性，即可绘出闭环频率特性图。

2. 非单位反馈控制系统

若前向通道传递函数为 $G(s)$，反馈通道传递函数为 $H(s)$，则系统的闭环频率特性为

$$\Phi(\mathrm{j}\omega)=\frac{X_o(\mathrm{j}\omega)}{X_i(\mathrm{j}\omega)}=\frac{G(\mathrm{j}\omega)}{1+G(\mathrm{j}\omega)H(\mathrm{j}\omega)}=\frac{G(\mathrm{j}\omega)H(\mathrm{j}\omega)}{1+G(\mathrm{j}\omega)H(\mathrm{j}\omega)}\frac{1}{H(\mathrm{j}\omega)}$$

令

$$\frac{G(\mathrm{j}\omega)H(\mathrm{j}\omega)}{1+G(\mathrm{j}\omega)H(\mathrm{j}\omega)}=M_1(\omega)\mathrm{e}^{\mathrm{j}\alpha_1(\omega)}$$

$$H(\mathrm{j}\omega)=M_2(\omega)\mathrm{e}^{\mathrm{j}\alpha_2(\omega)}$$

则

$$\Phi(j\omega)=\frac{G(j\omega)H(j\omega)}{1+G(j\omega)H(j\omega)}\frac{1}{H(j\omega)}=\frac{M_1(\omega)}{M_2(\omega)}e^{j[\alpha_1(\omega)-\alpha_2(\omega)]}=M(\omega)e^{j\alpha(\omega)} \tag{4-4}$$

式中

$$M(\omega)=\frac{M_1(\omega)}{M_2(\omega)}$$

$$\alpha(\omega)=\alpha_1(\omega)-\alpha_2(\omega)$$

由式（4-4）可见，式中的第一项是单位反馈系统的频率特性，其前向通道传递函数为 $G(s)H(s)$，因此，非单位反馈控制系统的闭环频率特性即转化为一个单位反馈系统的频率特性乘以$\frac{1}{H(j\omega)}$。

二、频域性能指标

在第三章的时域分析中，介绍了衡量系统过渡过程的时域性能指标，下面介绍在频域分析时要用到的频域性能指标，如图 4-40 所示。

1. 零频幅值 $M(0)$

零频幅值 $M(0)$ 表示当频率 ω 接近于零时，闭环系统输出的幅值与输入的幅值之比。在频率极低时，对单位反馈系统而言，若输出幅值能完全准确地反映输入幅值，则 $M(0)=1$，即对于无差系统来说，闭环幅值特性的零频值 $M(0)=1$，而对于有差系统，则 $M(0)<1$，但 $M(0)$ 越接近于1，有差系统的稳态误差越小。所以 $M(0)$ 与 1 相差的大小，反映了系统的稳态精度。

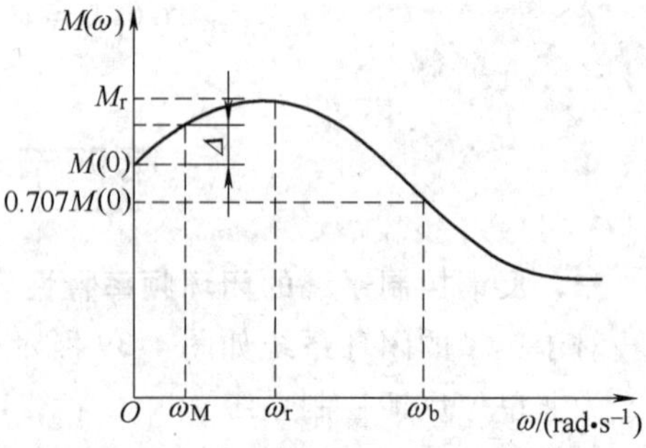

图 4-40　频率特性的特征量

2. 复现频率 ω_M 与复现带宽 $0\sim\omega_M$

若事先规定一个 Δ 作为反映低频输入信号的允许误差，那么，ω_M 就是幅频特性值与 $M(0)$之差第一次达到 Δ 时的频率值，称为复现频率。当频率超过 ω_M 时，输出就不能“复现”输入，所以，$0\sim\omega_M$ 表征复现低频输入信号的频带宽度，称为复现带宽。

根据上述，$M(0)$、ω_M 及 Δ 都是用来表征闭环幅频特性低频段的形状的，所以，控制系统的稳态性能主要取决于闭环幅频特性在低频段 $0\leqslant\omega\leqslant\omega_M$ 的形状。

3. 谐振频率 ω_r 及相对谐振峰值 $M_r\left(\frac{M_{max}}{M(0)}\right)$

幅频特性 $M(\omega)$ 出现最大值 M_{max}时的频率称为谐振频率 ω_r。当 $\omega=\omega_r$ 时的幅值 $M(\omega_r)=M_{max}$与 $M(0)$ 之比$\frac{M_{max}}{M(0)}$，称为相对谐振峰值或谐振比。

若取分贝值，则

$$20\lg M_r=20\lg M_{max}-20\lg M(0)$$

在 $M(0)=1$ 时，M_r 与 M_{max}在数值上相同，系统的 M_r反映了系统的相对稳定性。一般而言，M_r值越大，则该系统阶跃响应的瞬态响应的超调量 M_P也越大，表明系统的阻尼小，相对稳定性差。对于二阶系统，由最大超调量 $M_P=e^{-\xi\pi/\sqrt{1-\xi^2}}$ 和谐振峰值 $M_r=1/(2\xi\sqrt{1-\xi^2})$ 可以看出，它们均随着阻尼比 ξ 的增大而减小。由此可见，M_r 越大的系统，相应的 M_P 也越大，瞬态响应的相对稳定性越差。为了减弱系统的振荡性，同时使系统又具有一定的快速性，应当适当选取 M_r 值。如果 M_r 取值在 $1<M_r<1.4$ 范围内，相当于阻尼比 ξ 在 $0.4<\xi<0.7$ 范围内，这时二阶系统阶跃响应的超调量 $M_P<25\%$。

4. 截止频率 ω_b 和截止带宽 $0\sim\omega_b$

截止频率 ω_b 是指系统闭环特性的幅值下降到其零频率幅值以下 3dB 时的频率，即 $M(\omega)$ 由 $M(0)$ 下降到 $0.707M(0)$ 时的频率称为系统的截止频率 ω_b，用分贝值表示为

$$20\lg M(\omega_b) = 20\lg M(0) - 3 = 20\lg 0.707M(0)$$

频率 $0\sim\omega_b$ 的范围称为系统的截止带宽或带宽，表征了系统响应的快速性，也反映了系统对噪声的滤波性能。即表示超过 ω_b 后，输出就急剧衰减，跟不上输入，形成系统响应的截止状态。

对于随动系统来说，系统的带宽表征系统允许工作的最高频率范围，若此带宽大，则系统的动态性能好。对于低通滤波器，希望带宽要小，即只允许频率较低的输入信号通过系统，而频率稍高的输入信号均被滤掉。因此，在确定系统带宽时，必须根据实际系统综合考虑来选择合适的频率范围。

例 4-13　已知一阶系统的传递函数为 $G(s)=\dfrac{1}{Ts+1}$，求该系统的 ω_b。

解

$$G(j\omega)=\frac{1}{Tj\omega+1}$$

$$\left|\frac{1}{Tj\omega+1}\right|_{\omega=\omega_b} = \frac{1}{\sqrt{2}}\left|\frac{1}{Tj\omega+1}\right|_{\omega=0}$$

即

$$\frac{1}{\sqrt{1+\omega_b^2T^2}}=\frac{1}{\sqrt{2}}$$

故

$$\omega_b=\frac{1}{T}=\omega_T$$

一阶系统的截止频率 ω_b 等于系统的转折频率 ω_T，即等于系统时间常数的倒数。也说明频宽越大，系统时间常数 T 越小，响应速度越快。

三、由开环频率特性求闭环频率特性的方法

在系统开环频率特性已知的情况下，采用式（4-4）就可以求出系统的闭环频率特性，也就可以绘出闭环频率特性图，其繁琐的计算由计算机容易完成。但这种方法，由于不能很清晰地说明开环频率特性和闭环频率特性之间的相互联系，因此，对控制系统的分析及设计将会带来很多困难。对于图 4-39 所示系统，若反馈回路传递函数 $H(s)=1$，则称为单位反馈系统，其闭环传递函数为

$$\Phi(s)=\frac{X_o(s)}{X_i(s)}=\frac{G(s)}{1+G(s)}$$

在图 4-41 所示的 Nyquist 图上，矢量 $\boldsymbol{OA}$ 表示 $G(j\omega_A)$，其中 ω_A 为 A 点频率。矢量 $\boldsymbol{OA}$ 的长度为 $|G(j\omega_A)|$，矢量 $\boldsymbol{OA}$ 的角度为 $\angle G(j\omega_A)$。由点 P $(-1, j0)$ 到 A 点的矢量 $\boldsymbol{PA}$ 表示 $1+G(j\omega_A)$。因此，

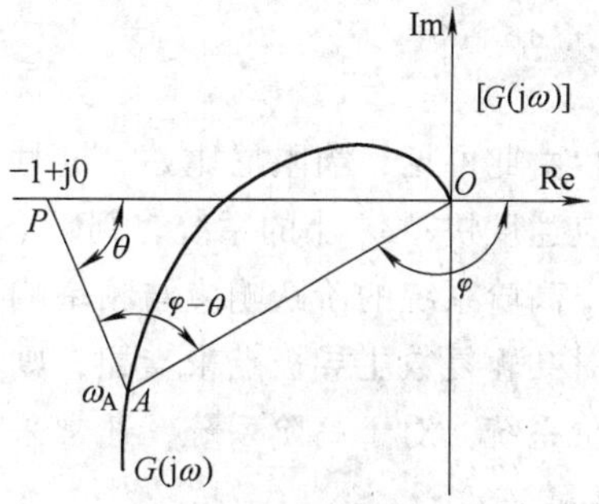

图 4-41　由开环频率特性求闭环频率特性

矢量 **OA** 与 **PA** 之比就表示了闭环频率特性，即

$$\frac{\boldsymbol{OA}}{\boldsymbol{PA}}=\frac{G(\mathrm{j}\omega_A)}{1+G(\mathrm{j}\omega_A)}=\frac{X_o(\mathrm{j}\omega_A)}{X_i(\mathrm{j}\omega_A)}$$

在 $\omega=\omega_A$ 处，闭环频率特性的幅值比就是矢量 **OA** 与 **PA** 的大小比值，相位角就是两向量的夹角，即 $\alpha=\varphi-\theta$，如图 4-41 所示。当系统的开环频率特性确定后，根据图 4-41 就可以求出闭环频率特性。

设闭环频率特性的幅值比为 M、相位角为 α，则闭环频率特性为

$$\Phi(\mathrm{j}\omega)=\frac{X_o(\mathrm{j}\omega)}{X_i(\mathrm{j}\omega)}=M\mathrm{e}^{\mathrm{j}\alpha} \tag{4-5}$$

第五节　闭环系统性能分析

一、频域指标与时域指标之间的关系

第三章介绍了系统在时域中的动态性能，并定义和计算了控制系统的时域性能指标，本章又介绍了系统在频域中的动态性能，并定义了系统的频域性能指标，这两种性能指标都表征了控制系统的性能，明确它们之间的关系将有利于直接根据闭环系统频率特性进行系统性能分析。下面先研究典型二阶系统的频域指标与时域指标之间的关系，然后近似推广到高阶系统中。

对于标准二阶系统，其谐振峰值为

$$M_r=1/(2\xi\sqrt{1-\xi^2})$$

最大超调量为

$$M_p=\mathrm{e}^{-\xi\pi/\sqrt{1-\xi^2}}$$

由此可见，最大超调量 M_p 和谐振峰值 M_r 都随着阻尼比 ξ 的增大而减小。同时随着 M_r 的增加，相应地 M_p 也增加，其物理意义在于：当闭环幅频特性有谐振峰值时，系统输入信号的频谱在 $\omega=\omega_r$ 附近的谐波分量通过系统后显著增强，从而引起振荡。

二阶系统的谐振频率为

$$\omega_r=\omega_n\sqrt{1-2\xi^2}$$

其过渡过程时间为

$$t_s\approx\frac{3\sim4}{\xi\omega_n}=\frac{(3\sim4)\sqrt{1-2\xi^2}}{\xi\omega_r}$$

由此可见，当阻尼比 ξ 一定时，调整时间 t_s 与谐振频率 ω_r 成反比。ω_r 大的系统，瞬态响应速度快；ω_r 小的系统，则瞬态响应速度慢。

高阶系统的阶跃响应与频率响应之间的关系比较复杂。如果高阶系统的控制性能主要由一对共轭复数主导极点来支配，则其频域性能指标与时域性能指标之间的关系就可近似视为二阶系统。对于高阶系统，通常采用以下两个经验公式：

$$M_p=0.16+0.4(M_r-1)$$

$$t_s=\frac{\pi}{\omega_c}[2+1.5(M_r-1)+2.5(M_r-1)^2]$$

二、闭环系统性能分析

由于开环系统的频率特性与闭环系统的时间响应密切相关，所以在这里主要讲述用系统开环频率特性来分析闭环系统的性能。通常，控制系统精确的开环对数幅频特性完全反映了闭环系统的性能，开环对数频率特性的低频段、中频段、高频段分别表征了系统的稳定性、动态特性和抗干扰能力。一般将系统开环频率特性的幅值穿越频率 ω_c 看成是频率响应的中心频率，并将在 ω_c 附近的频率区间称为中频段；把 $\omega<\omega_c$ 的频率区间称为低频段；把 $\omega>\omega_c$ 的区间称为高频段，如图 4-42 所示。

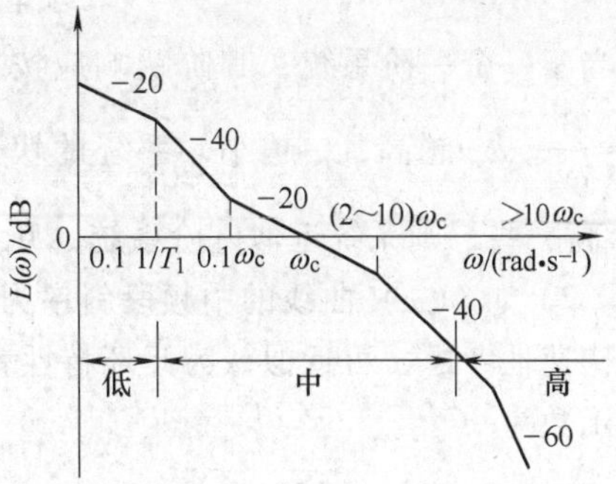

图 4-42 系统 Bode 图的分段特性

下面具体来说明三个频段对闭环系统性能的影响。

1. 低频段

低频段通常是指开环对数幅频特性在第一个转折频率以前的频率区段，这一段特性完全由系统的类型和开环增益决定。在低频段，根据幅频特性曲线的幅值 $L(\omega)=20\lg K$ 和斜率，就可确定开环增益 K 和积分环节个数 ν，这两个参数反映了闭环系统的稳态性能。因此，闭环系统的稳态性能可通过分析开环对数幅频特性曲线的低频段来确定。

(1) 0 型系统　$\nu=0$，对数幅频特性曲线的斜率为 0dB/dec，$G(j\omega)$ 在低频时的幅值为 $20\lg K_0$。此时，K 可以由频率特性 $G(j\omega)$ 确定，即 $K=K_0$，K_0 为 0 型系统的开环增益。

(2) Ⅰ型系统　$\nu=1$，其低频段是斜率为 -20dB/dec 的直线，该直线或其延长线与 0dB 线的交点频率为 ω_V，此时，$K=\omega_V$。

(3) Ⅱ型系统　$\nu=2$，其低频段是斜率为 -40dB/dec 的直线，该直线或其延长线与 0dB 线（横轴）的交点频率为 ω_a，此时，$K=\omega_a^2$。

可以看出，低频段的斜率越小，位置越高，对应的积分环节数目越多，开环增益越大，从而闭环系统在满足稳定的条件下，其稳态误差越小，动态响应的稳态精度越高。

2. 中频段

中频段是指开环对数幅频曲线 $L(\omega)$ 在穿越频率 ω_c 附近的区段，这段特性集中反映了系统动态响应的稳定性和快速性。

对于二阶系统，令 $|G(j\omega)|=1$，可以求得幅值穿越频率为

$$\omega_c=\omega_n\sqrt{\sqrt{1+4\xi^4}-2\xi^2}$$

式中，若阻尼比 ξ 保持不变，则 ω_c 与 ω_n 成正比。对于二阶系统，其动态性能指标 t_r、t_P、t_s 均与 ω_n 成反比，即与 ω_c 成反比。因此，幅值穿越频率 ω_c 反映了闭环系统动态响应的快速性。

中频段的斜率和宽度决定了系统动态响应的平稳性，下面讨论两种极端情况。

1) 如 $L(\omega)$ 曲线的中频段斜率为 -20dB/dec，且占据的频率区间较宽，这时如只从平稳性和快速性考虑，可近似认为开环的整个特性为 -20dB/dec 的直线，如图 4-43 所示。其对应的传递函数为

$$G(s)\approx\frac{K}{s}=\frac{\omega_c}{s}$$

这时，如果 $H(s)=1$，则有

$$\Phi(s)=\frac{G(s)}{1+G(s)}\approx\frac{\omega_c/s}{1+\omega_c/s}=\frac{1}{s/\omega_c+1}$$

相当于一个一阶系统，其阶跃响应按指数规律变化，没有振荡，即有较高的稳定程度，且 $t_s\approx\dfrac{3}{\omega_c}$，$\omega_c$ 越高，t_s 越小，系统的快速性越好。故中频段配置较宽的 -20dB/dec 斜率线，ω_c 高一些，则系统近似一阶系统，M_p 及 t_s 小。

2）如 $L(\omega)$ 曲线的中频段斜率为 -40dB/dec，且占据的频率区间较宽。这时从平稳性和快速性考虑，可近似认为开环特性就是 -40dB/dec 的直线，如图 4-44 所示。其对应的传递函数为

$$G(s)\approx\frac{K}{s^2}=\frac{\omega_c^2}{s^2}$$

如果 $H(s)=1$，则有

$$\Phi(s)=\frac{G(s)}{1+G(s)}\approx\frac{\omega_c^2/s^2}{1+\omega_c^2/s^2}=\frac{\omega_c^2}{s^2+\omega_c^2}$$

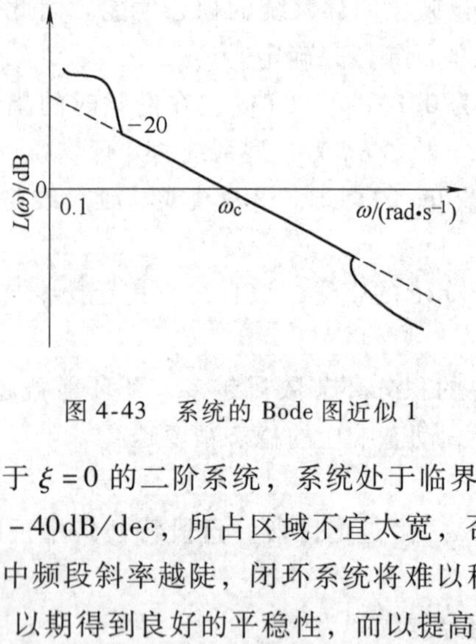

图 4-43　系统的 Bode 图近似 1

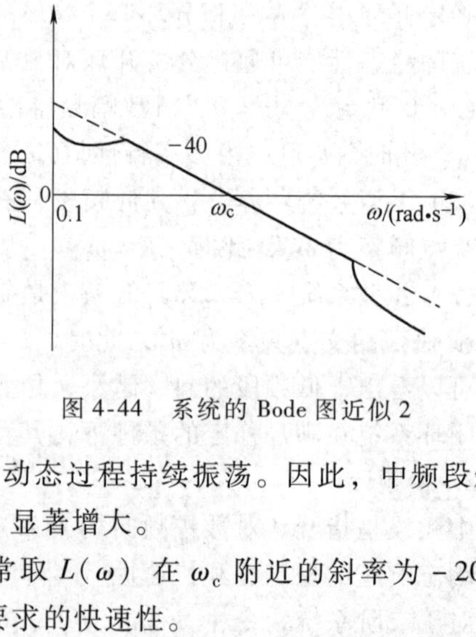

图 4-44　系统的 Bode 图近似 2

相当于 $\xi=0$ 的二阶系统，系统处于临界稳定状态，动态过程持续振荡。因此，中频段斜率如为 -40dB/dec，所占区域不宜太宽，否则 M_p 及 t_s 显著增大。

中频段斜率越陡，闭环系统将难以稳定，故通常取 $L(\omega)$ 在 ω_c 附近的斜率为 -20dB/dec，以期得到良好的平稳性，而以提高 ω_c 来保证要求的快速性。

因此，在中频段，通过剪切频率 ω_c（反映 ω_b）来说明闭环系统的动态特性，这集中反映了闭环系统动态响应的快速性和平稳性。因此，分析闭环系统的动态性能时，应主要分析开环对数幅频特性的中频段。

3. 高频段

高频段是指过中频段以后的 $\omega\to\infty$ 的频率区段，主要反映了系统抗高频干扰的能力。高频段是小参数寄存区域，由系统中时间常数很小、频率很高的部件决定，由于远离 ω_c，一般分贝值又较低，故对系统动态性能影响不大。

从系统抗干扰的角度看，高频段特性是有其意义的，由于高频部位开环幅频一般较低，即

$$L(\omega)=20\lg|G(j\omega)|\ll 0,\ |G(j\omega)|\ll 1$$

若 $H(s)=1$，则有

$$|\Phi(j\omega)|=\frac{|G(j\omega)|}{|1+G(j\omega)|}\approx|G(j\omega)|$$

即闭环幅频等于开环幅频，所以系统开环对数幅频在高频段的幅值，直接反映了系统对输入端高频干扰信号的抑制能力。这部分特性的分贝值越低，系统的抗干扰能力越强。因此，要求高频段频率特性曲线应具有较陡的斜率和较负的幅值，以提高系统的抗干扰能力。

三频段的划分并没有严格的准则，但它反映了对控制系统性能影响的主要方面。三频段的概念为直接运用开环频率特性分析闭环系统性能及工程设计指出了原则和方向。

第六节 频域分析的 MATLAB 实现

频域分析是经典控制理论的核心，MATLAB 控制工具箱提供了用于频域分析的函数和工具，MATLAB 的频域分析函数见表 4-1。

表 4-1 MATLAB 的频域分析函数

函数	功 能	调用格式	说 明
nyquist	绘制奈奎斯特(Nyquist)图	nyquist(num,den) nyquist(num,den,w) [re,im,w] = nyquist(num, den,w)	num 和 den 分别表示传递函数的分子和分母中包含以 s 的降序排列的多项式系数。命令 nyquist( )可以绘制系统的奈奎斯特图,或按指定的频率段,绘制系统的奈奎斯特图。带有输出引用变量的函数只计算指定频率点 ω 处频率响应的实部和虚部,而不绘出曲线
bode	绘制伯德(Bode)图	bode(num,den) bode(num,den,w) [mag,phase,w] = bode(num,den,w)	num 和 den 分别表示传递函数的分子和分母中包含以 s 的降序排列的多项式系数。命令 bode( )可以绘制系统的伯德图,或按指定的频率段,绘制系统的伯德图。带有输出引用变量的函数只计算指定频率点 ω 处频率响应的幅值和相位,而不绘出曲线
nichols	绘制尼柯尔斯(Nichols)图	nichols(num,den) nichols(num,den,w) [mag,phase,w] = nichols(num,den,w)	num 和 den 分别表示传递函数的分子和分母中包含以 s 的降序排列的多项式系数。命令 nichols(num,den,w)可以绘制系统的尼柯尔斯图,或按指定的频率段,绘制系统的尼柯尔斯图。带有输出引用变量的函数只计算指定频率点 ω 处频率响应的实部和虚部,而不绘出曲线

例 4-14 试绘制惯性环节 $G(s)=\dfrac{1}{s+1}$的 Nyquist 图，并求 $\omega=1$ 和 $\omega=10$ 时频率响应的实部和虚部。

解 MATLAB 程序如下：

```
>> num = [1];den = [1 1];
>> sys = tf(num,den);
>> nyquist(sys)
>> [re,im,w] = nyquist(sys,1)
re =
    0.5000
```

```
im =
     -0.5000
w =
     1
>> [re,im,w] = nyquist(sys,10)
re =
     0.0099
im =
     -0.0990
w =
     10
```

程序执行后，绘出惯性环节的 Nyquist 图如图 4-45 所示，并求出频率 $\omega=1$ 和 $\omega=10$ 的频率响应实部和虚部。

由图 4-45 可知，函数 nyquist（ ）运行后，绘出的是 ω 从 $-\infty\to0$ 和从 $0\to\infty$ 的 Nyquist 图。

例 4-15 已知控制系统的开环传递函数为

$$G(s)=\frac{10}{s(0.1s+1)}$$

试绘出系统的频域分析曲线。

解 MATLAB 程序如下：

```
>> num = [10];den = [0.1 1 0];
>> nyquist(num,den)
>> bode(num,den)
>> nichols(num,den)
>> grid on
```

程序执行后绘出系统的 Nyquist 图如图 4-46 所示，系统的 Bode 图、Nichols 图分别如图 4-47、图 4-48 所示。

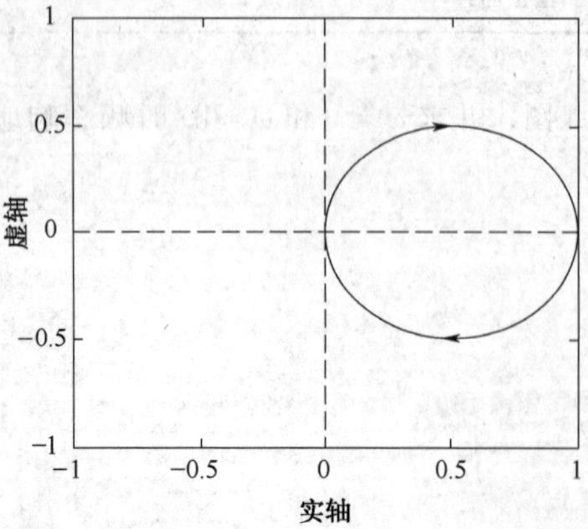

图 4-45　惯性环节的 Nyquist 图

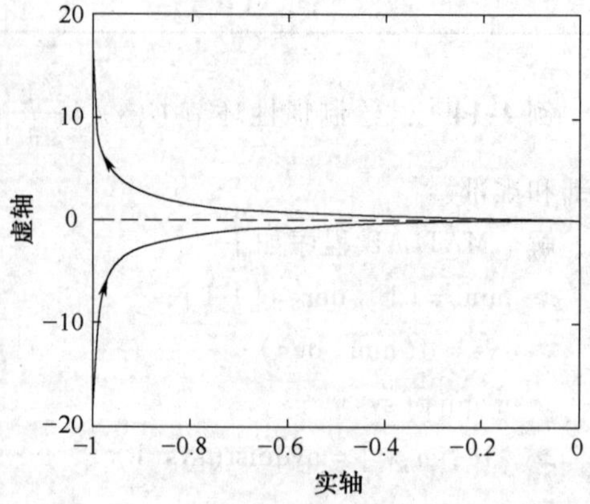

图 4-46　系统的 Nyquist 图

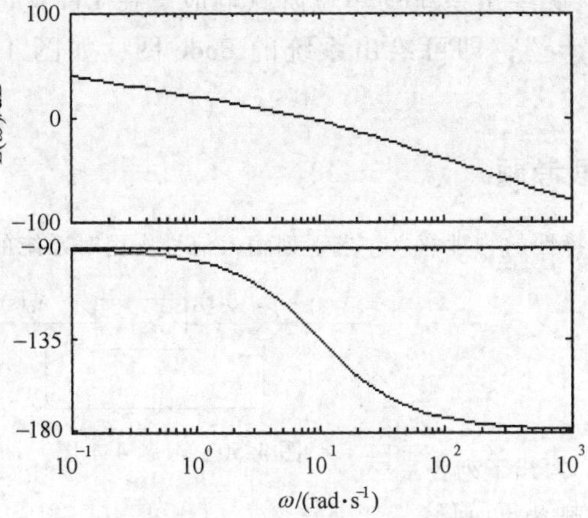

图 4-47 系统的 Bode 图

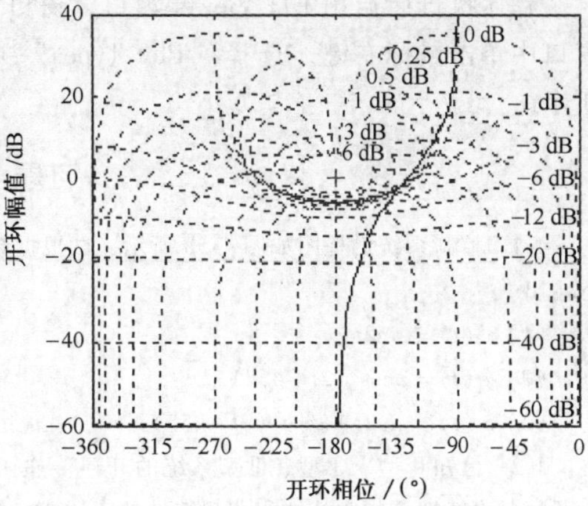

图 4-48 系统的 Nichols 图

已知系统的传递函数，除了用表 4-1 中的频域分析函数对系统进行频域性能分析外，也可以启用 LTI Viewer 绘制系统的频率特性曲线。

例 4-16 已知某机床进给系统的传递函数为

$$G(s)=\frac{37500}{s(s^3+162.5s^2+16250s+625000)}$$

试用 LTI Viewer 绘出系统的 Bode 图。

解 MATLAB 程序如下：

```
≫ num = [37500];den = [1 162.5 16250 625000 1];
≫ sys = tf(num,den);
≫ ltiview(sys)
```

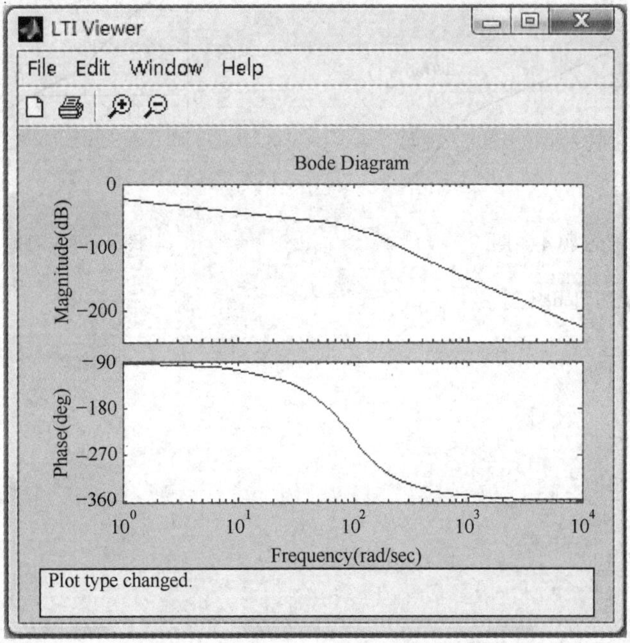

图 4-49 用 LTI Viewer 绘出的系统 Bode 图

程序执行后启用 LTI Viewer 窗口，窗口中默认绘出系统的单位阶跃响应。在 LTI Viewer 窗口中单击鼠标右键，选择“Plot Types”→“Bode”，即可绘出系统的 Bode 图，如图 4-49 所示。

习题与思考题

4-1　控制系统的框图如图 4-50 所示，试根据频率特性的物理意义，求下列输入信号作用时系统的稳态输出。

(1) $x_i(t)=\sin 2t$

(2) $x_i(t)=2\cos(2t-45°)$

(3) $x_i(t)=\sin 2t+2\cos(2t-45°)$

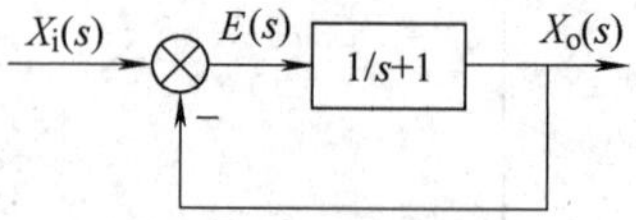

图 4-50　习题 4-1 图

4-2　已知 0 型、Ⅰ型、Ⅱ型系统的开环传递函数，写出下列各系统开环频率特性、幅频特性和相频特性的表达式，并绘制 Nyquist 图。

(1) $G(s)H(s)=\dfrac{2}{(s+1)(2s+1)}$

(2) $G(s)H(s)=\dfrac{2}{s(s+1)(2s+1)}$

(3) $G(s)H(s)=\dfrac{2}{s^2(s+1)(2s+1)}$

4-3　绘制环节 $G(s)=\dfrac{1}{s-1}$的 Bode 图，并和惯性环节 $G(s)=\dfrac{1}{s+1}$的 Bode 图相比较。

4-4　最小相位系统的开环对数幅频特性的渐近线如图 4-51 所示，试确定系统的开环传递函数，并绘制系统相频特性曲线的大致形状。

4-5　已知最小相位系统的开环对数幅频特性曲线如图 4-52 所示，试写出开环传递函数 $G_k(s)$。

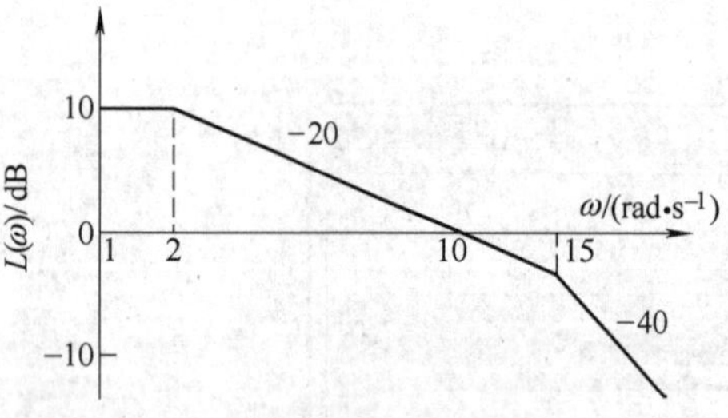

图 4-51　习题 4-4 图

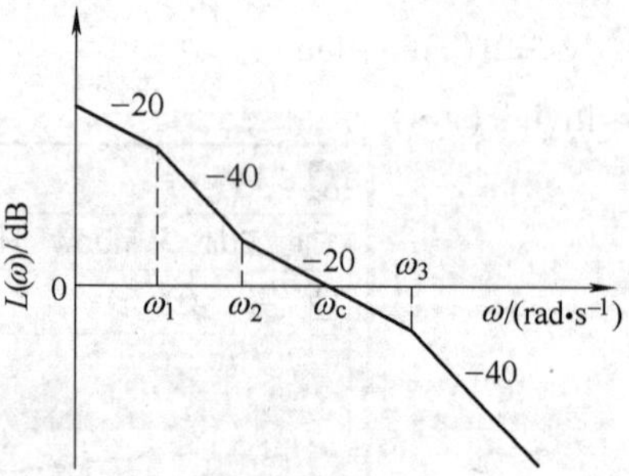

图 4-52　习题 4-5 图

4-6　绘制下列系统的 Bode 图。

(1) $G(s)=\dfrac{10}{s^2(s+2)}$

(2) $G(s)=\dfrac{1+0.2s}{1+0.05s}$

(3) $G(s)=\dfrac{1+0.05s}{1+0.2s}$

(4) $G(s)=\dfrac{10(0.5+s)}{s^2(2+s)}$

(5) $G(s)=\dfrac{10}{s(0.04s+1)(0.4s+1)}$

(6) $G(s)=\dfrac{10(0.02s+1)}{s(s^2+4s+100)}$

4-7　已知单位负反馈系统的开环传递函数为

$$G(s)=\frac{10}{s(0.05s+1)(0.1s+1)}$$

试计算闭环系统的 M_r 和 ω_r。

第五章　系统的稳定性

稳定性是机械工程系统在实际应用中的首要条件，它也是控制系统的重要性能指标之一。一个实际的系统必须是稳定的，只有稳定才能付诸工程应用。经典控制论对于判定一个线性定常系统是否稳定提供了多种方法。本章首先介绍线性定常系统稳定性的基本概念，然后重点讨论两种常用的稳定性判据：劳斯稳定判据和奈奎斯特稳定判据，最后介绍系统的相对稳定性及其表示形式。

第一节　概　　述

一、稳定性的概念

任何实际的控制系统在工作过程中都会受到外界扰动因素的影响，例如电动机的转速控制系统、数控机床加工切削中的负载变化、电网电压的波动等。对于不稳定的或相对稳定性差的控制系统，在扰动作用下，尽管扰动不大，也会使系统中的各变量偏离原平衡点，逐渐发散，变成不稳定状态。即使扰动消失，系统也无法恢复到原来的工作状态，这样的系统就是不稳定的系统。

关于动态系统稳定性的一般定义是俄国学者李雅普诺夫在统一考虑了线性系统稳定性问题之后于 1882 年提出的，一直沿用至今。李雅普诺夫定义的稳定概念如下：

设系统的平衡工作点为 O，若扰动使系统偏离平衡工作点的初始偏差不超过域 $\eta(t)$，扰动引起的输出（由初始状态引起的零输入响应）的终态不超过允许的域 ε，则称为李雅普诺夫定义下的稳定，或简称稳定，如图 5-1 所示。

显然，这里所指的是局部稳定性，或“小偏差”稳定性。当系统的数学模型是建立在小偏差线性化的基础上时，就只能讨论局部稳定问题。

如果系统的输出在初始偏差（即初态）作用下，其终态能回到原始平衡工作点，则称为渐近稳定，如图 5-2 所示。渐近稳定是线性定常系统的一种特性，或者说如果线性定常系统是稳定的，则一定是渐近稳定。

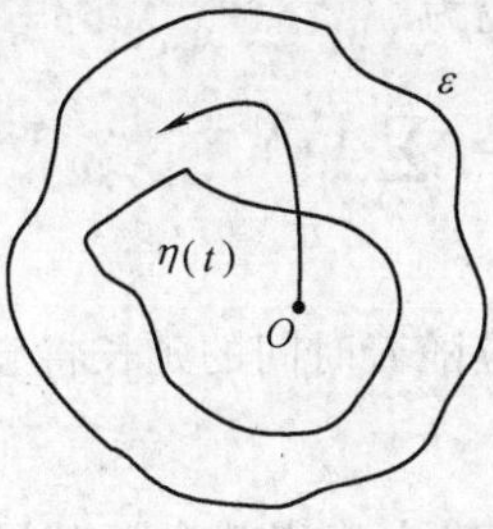

图 5-1　李雅普诺夫定义下的稳定

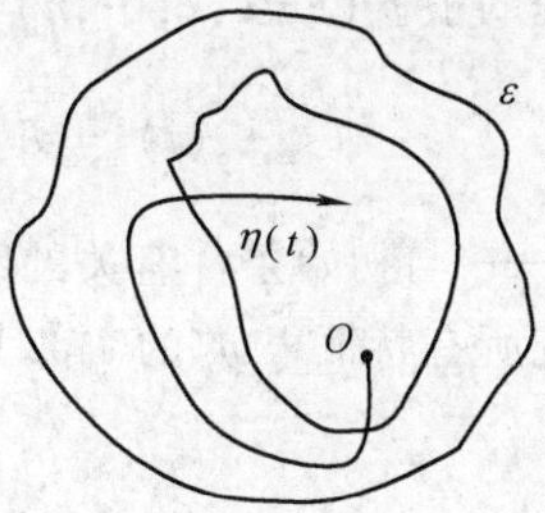

图 5-2　渐近稳定

如果系统在任意初始条件下都保持渐近稳定，则称系统为大范围渐近稳定。在控制工程中，一般都希望系统是大范围渐近稳定的。如果系统不是这样，就需要确定系统渐近稳定的最大范围，这往往是困难的。但是对于线性定常系统而言，由于只有一个平衡状态，因此，如果系统是稳定的，则一定是大范围渐近稳定。

可见，线性定常系统的稳定性表现为输出时间响应的收敛性。如果系统受到扰动作用时，输出偏离平衡状态，当扰动消除后，若系统在足够长的时间内能恢复到其原来的平衡状态或趋于一个给定的新平衡状态，则该系统是稳定的。反之，如果系统对干扰的瞬态响应随时间的推移而不断扩大或发生持续振荡，则系统是不稳定的。

线性系统的稳定性取决于系统本身固有的特性，而与扰动信号无关，它取决于瞬态扰动消失后，暂态分量是否衰减。

从某种角度也可以这样定义：一个稳定的系统是输出响应有界的系统。也就是说，若系统在有界输入或干扰的作用下，其响应的幅度也是有界的，则称系统是稳定的。

二、稳定性的充分必要条件

对于线性系统，稳定性同闭环传递函数极点的位置有关。设线性定常系统的微分方程为

$$a_0\frac{\mathrm{d}^n}{\mathrm{d}t^n}x_o(t)+a_1\frac{\mathrm{d}^{n-1}}{\mathrm{d}t^{n-1}}x_o(t)+\cdots+a_{n-1}\frac{\mathrm{d}}{\mathrm{d}t}x_o(t)+a_nx_o(t)=$$

$$b_0\frac{\mathrm{d}^m}{\mathrm{d}t^m}x_i(t)+b_1\frac{\mathrm{d}^{m-1}}{\mathrm{d}t^{m-1}}x_i(t)+\cdots+b_{m-1}\frac{\mathrm{d}}{\mathrm{d}t}x_i(t)+b_mx_i(t)\quad(m\geqslant n)\tag{5-1}$$

对式(5-1)在初始条件不为零的条件下取拉普拉斯变换，得

$$X_o(s)=\frac{M(s)}{D(s)}X_i(s)+\frac{N(s)}{D(s)}\tag{5-2}$$

式中　$M(s)=b_0s^m+b_1s^{m-1}+\cdots+b_{m-1}s+b_m$；

$D(s)=a_0s^n+a_1s^{n-1}+\cdots+a_{n-1}s+a_n$；

$\frac{M(s)}{D(s)}=G(s)$——系统的传递函数；

$N(s)$——与初始条件有关的 s 多项式。

在零输入条件下，即 $X_i(s)=0$，系统的输出响应为

$$X_o(s)=\frac{N(s)}{D(s)}\tag{5-3}$$

系统的特征方程为

$$D(s) = a_0 s^n + a_1 s^{n-1} + \cdots + a_{n-1}s + a_n = 0 \tag{5-4}$$

设特征方程的根 $p_i(i=1,2,\cdots,n)$ 各不相同，此时零输入响应为

$$x_o(t) = L^{-1}[X_o(s)] = L^{-1}\left[\frac{N(s)}{D(s)}\right] = \sum_{i=1}^{n} A_i e^{p_i t} \tag{5-5}$$

式中 A_i—— 与初始条件有关的系数。

若系统所有特征根 p_i 的实部 $\mathrm{Re}[p_i] < 0$，则零输入响应随着时间的延长将衰减到零，即

$$\lim_{t\to\infty} x_o(t) = 0 \tag{5-6}$$

此时系统为稳定的系统。反之，若特征根 p_i 具有正实部，则零输入响应就会随时间的延长而发散，即

$$\lim_{t\to\infty} x_o(t) = \infty \tag{5-7}$$

此时系统为不稳定的系统。

当系统的特征根具有重根时，只要满足 $\mathrm{Re}[p_i] < 0$，就有 $\lim_{t\to\infty} x_o(t) = 0$，系统就是稳定的系统。

由此可见，暂态分量的是否衰减，决定于系统闭环传递函数的极点（即系统的特征根）在[s]复平面上的分布，系统稳定的充分必要条件是：系统的全部特征根都具有负实部。如果所有极点都分布在[s]复平面的左半平面，系统的暂态分量将逐渐衰减为零，则系统是稳定的；如果有共轭极点分布在虚轴上，则系统的暂态分量作等幅振荡，系统处于临界稳定状态；如果有闭环极点分布在[s]复平面的右侧，系统具有发散振荡的分量，则系统是不稳定的。

由于系统的特征根就是系统闭环传递函数的极点，因此，系统稳定的充分必要条件还可以表述为系统闭环传递函数的全部极点均位于[s]复平面的左半平面。

第二节　劳斯稳定判据

如前所述，线性系统的稳定性取决于系统特征方程的根，只要求解特征方程的根，就可以判定系统是否稳定。然而当特征方程的阶次较高时，求解困难，必须借助数字计算机。因此，在实践中需要一种方法，不必解出特征方程的根，就能判别系统是否有[s]右半平面的根以及有几个[s]右半平面的根。这是代数中一个已经解决的问题，用它来研究控制系统的稳定性，就称为稳定性判据。

劳斯稳定判据也称代数稳定判据，它是基于特征方程根与系数的关系建立的，通过对系统特征方程式的各项系数进行代数运算，得出全部根具有负实部的条件，以此来判断系统的稳定性。

一、系统稳定的必要条件

设系统的特征方程为

$$\begin{aligned} D(s) &= a_0 s^n + a_1 s^{n-1} + \cdots + a_{n-1}s + a_n \\ &= a_0\left(s^n + \frac{a_1}{a_0}s^{n-1} + \frac{a_2}{a_0}s^{n-2} + \cdots + \frac{a_{n-1}}{a_0}s + \frac{a_n}{a_0}\right) \\ &= a_0(s-p_1)(s-p_2)\cdots(s-p_n) = 0 \end{aligned} \tag{5-8}$$

式中 $p_1, p_2, \cdots, p_n$——系统的特征根。

由根和系数的关系可知，若使全部特征根 p_1，p_2，…，p_n 均具有负实部，系统必须满足以下条件：

1）特征方程的各项系数 $a_i \neq 0$。

2）特征方程的各项系数 a_i 的符号都相同。

在控制工程中，一般取 a_0 为正值。系统稳定的必要条件为特征方程的各项系数 $a_i > 0$。

二、劳斯（Routh）稳定判据举例

设系统的特征方程为

$$a_0 s^n + a_1 s^{n-1} + a_2 s^{n-2} + \cdots + a_{n-1} s + a_n = 0 \tag{5-9}$$

将系统特性方程的 $n+1$ 个系数排列成下面形式的行与列，称为劳斯数列。

$$\begin{array}{c|ccccc}
s^n & a_0 & a_2 & a_4 & a_6 & \cdots \\
s^{n-1} & a_1 & a_3 & a_5 & a_7 & \cdots \\
s^{n-2} & b_1 & b_2 & b_3 & b_4 & \cdots \\
s^{n-3} & c_1 & c_2 & c_3 & c_4 & \cdots \\
\cdots & \cdots & \cdots & \cdots & \cdots & \\
s^2 & e_1 & e_2 & & & \\
s^1 & f_1 & & & & \\
s^0 & g_1 & & & &
\end{array} \tag{5-10}$$

其中，各未知元素 b_1，b_2，b_3，b_4，…，c_1，c_2，c_3，c_4，…，e_1，e_2，f_1，g_1 根据下列公式计算：

$$b_1 = \frac{a_1 a_2 - a_0 a_3}{a_1},\ b_2 = \frac{a_1 a_4 - a_0 a_5}{a_1},\ b_3 = \frac{a_1 a_6 - a_0 a_7}{a_1},\ \cdots$$

$$c_1 = \frac{a_3 b_1 - a_1 b_2}{b_1},\ c_2 = \frac{a_5 b_1 - a_1 b_3}{b_1},\ c_3 = \frac{a_7 b_1 - a_1 b_4}{b_1},\ \cdots$$

$$\cdots$$

每一行的元素计算到零为止。为简化运算过程，可以用一正整数去乘以或除以某一行的各项。

系统满足稳定性的必要条件：所有系数 a_i 均为正值。劳斯稳定判据给出系统稳定的充分条件是劳斯数列中第一列所有元素的符号均为正号。

劳斯稳定判据还指出：劳斯数列中第一列各元素符号改变的次数等于系统特征方程具有正实部特征根的个数。

列出劳斯数列后，可能会出现以下几种情况：

1. 劳斯数列中第一列元素均不为零

例 5-1　已知系统的特征方程为 $D(s) = s^5 + 2s^4 + s^3 + 3s^2 + 4s + 5 = 0$，用劳斯判据判断系统的稳定性。

解　1）该系统特征方程的系数不缺项且均同号，满足系统稳定的必要条件。

2）列劳斯数列为

$$
\begin{array}{l|lll l}
s^5 & 1 & 1 & 4 & \\
s^4 & 2 & 3 & 5 & \\
s^3 & -1 & 3 & 0 & \text{各元素乘以 2} \\
s^2 & 9 & 5 & 0 & \\
s^1 & 32 & & & \text{各元素乘以 9} \\
s^0 & 5 & & &
\end{array}
$$

由劳斯数列可见，第一列元素的符号改变了两次，由 2 变成了 -1，又由 -1 变成了 9，因此，该系统有两个正实部的特征根，系统不稳定。

2. 劳斯数列中某一行的第一列元素为零，但该行其余元素不全为零

在这种情况下，可以用一个很小的正数 ε 来代替第一列等于零的元素，然后继续计算劳斯数列中其余各个元素，最后令小正数 ε 趋于零，再按照前述方法对系统稳定性进行判别。

例 5-2 已知系统的特征方程为 $D(s)=s^5+2s^4+2s^3+4s^2+11s+10=0$，用劳斯判据判断系统的稳定性。

解 1）该特征方程系数满足系统稳定的必要条件。

2）列劳斯数列为

$$
\begin{array}{l|ccc}
s^5 & 1 & 2 & 11 \\
s^4 & 2 & 4 & 10 \\
s^3 & \varepsilon & 6 & 0 \\
s^2 & \dfrac{4\varepsilon-12}{\varepsilon}\approx\dfrac{-12}{\varepsilon} & 10 & 0 \\
s^1 & \approx 6 & 0 & 0 \\
s^0 & 10 & 0 & 0
\end{array}
$$

由劳斯数列可知系统不稳定，有两个根位于［s］右半平面。

3. 劳斯数列中某一行的元素全部为零

在这种情况下，可以用该零行的上一行元素构成一个辅助多项式，取辅助多项式的一阶导数所得到的一组系数来代替该零行，然后继续计算劳斯数列中的其余各个元素，最后再按照前述方法进行判别。

例 5-3 已知系统的特征方程为 $D(s)=s^6+2s^5+8s^4+12s^3+20s^2+16s+16=0$，用劳斯判据判断系统的稳定性。

解 1）该系统特征方程系数满足稳定的必要条件。

2）列劳斯数列为

$$
\begin{array}{l|llll l}
s^6 & 1 & 8 & 20 & 16 & \\
s^5 & 2 & 12 & 16 & 0 & \\
s^4 & 1 & 6 & 8 & 0 & \longrightarrow F(s)=s^4+6s^2+8 \\
s^3 & 0 & 0 & & & \\
s^3 & 4 & 12 & \longleftarrow & & F'(s)=4s^3+12s \\
s^2 & 3 & 8 & & & \\
s^1 & \dfrac{4}{3} & & & & \\
s^0 & 8 & & & &
\end{array}
$$

表中第一列元素均为正号，系统没有正实部特征根。但由于劳斯数列出现全零行，说明系统在虚轴上有共轭虚根，求解辅助多项式构成的辅助方程，就可得该共轭虚根，即求解

$$F(s) = s^4 + 6s^2 + 8$$

得两对共轭虚根为

$$p_{1,2} = \pm\sqrt{2}\mathrm{j} \quad p_{3,4} = \pm 2\mathrm{j}$$

可见，系统处于临界稳定状态。

三、劳斯稳定判据的应用

例 5-4 已知控制系统的传递函数为 $\Phi(s) = \dfrac{10\ (s+1)}{s^3+21s^2+10s+10}$，试用劳斯稳定判据判别系统的稳定性。

解 1）令控制系统闭环传递函数的分母等于零，得到系统的特征方程式，即

$$s^3+21s^2+10s+10=0$$

特征方程式的各项系数均大于零，满足控制系统稳定的必要条件。

2）由特征方程系数构成的劳斯数列为

$$\begin{array}{c|cc} s^3 & 1 & 10 \\ s^2 & 21 & 10 \\ s^1 & 9.25 & 0 \\ s^0 & 10 & \end{array}$$

劳斯数列表中第一列元素均大于零，满足系统稳定的充分条件，因此，该系统是稳定的。

例 5-5 已知单位反馈系统的开环传递函数为 $G(s) = \dfrac{K(s+1)}{s(1+Ts)(1+2s)}$，试确定使闭环系统稳定的 T 和 K 的范围。

解 单位反馈系统的闭环传递函数为

$$\Phi(s) = \frac{G(s)}{1+G(s)} = \frac{K(s+1)}{2Ts^3+(2+T)s^2+(1+K)s+K}$$

系统的特征方程式为

$$2Ts^3+(2+T)s^2+(1+K)s+K=0$$

若使系统稳定，首先特征方程式的各项系数均大于零，满足控制系统稳定的必要条件，即

$$T>0,\ K>0$$

由特征方程系数构成的劳斯数列为

$$\begin{array}{c|cc} s^3 & 2T & 1+K \\ s^2 & T+2 & K \\ s^1 & \dfrac{(T+2)(1+K)-2TK}{T+2} & 0 \\ s^0 & K & \end{array}$$

若使系统稳定，还必须使劳斯数列中第一列元素均大于零，满足稳定的充分条件，因此有

$$\begin{cases} T+2>0 \\ \dfrac{(T+2)(1+K)-2TK}{T+2}>0 \end{cases}$$

解得

$$\begin{cases} T > 2 \\ 0 < K < \dfrac{T+2}{T-2} \end{cases}$$

第三节　奈奎斯特稳定判据

用代数法判断系统的稳定性，要求必须知道闭环系统的特征方程，而实际系统的特征方程是难以写出来的。另一方面，代数法不适合对系统的稳定程度作定量的分析。

系统的频率响应描述了系统对正弦输入的稳态响应，它所包含的信息足以确定系统的相对稳定性。用不同频率的正弦信号激励系统，可以方便地得到系统的频率响应，因此，频率响应法是一种基于实验的系统分析方法，适合于分析含有未知参数的系统的稳定性，这是频率响应法的一个突出优点。此外，根据频率域内的稳定性判据，还能方便地调整系统参数，从而提高系统的相对稳定性。

奈奎斯特稳定判据又称频域法判据，它是根据开环频率特性来判断闭环系统的稳定性，同时还可以得知系统的相对稳定性及指出改善系统稳定性的途径。

奈奎斯特判据的数学基础是复变函数中的映射定理，又称幅角定理。

一、基本原理

幅角映射：幅角映射是指利用关系函数 $F(s)$ 将 $[s]$ 平面上的闭合曲线或轨迹映射转换到另一个平面上。

设有一复变函数为

$$F(s)=\frac{K_1(s-z_1)(s-z_2)\cdots(s-z_m)}{(s-p_1)(s-p_2)\cdots(s-p_n)} \tag{5-11}$$

其中 s 为复变量，即为$[s]$平面上的 $s=\sigma+\mathrm{j}\omega$，$F(s)$以$[F(s)]$平面上的 $F(s)=U+\mathrm{j}V$ 表示。

设 $F(s)$是在$[s]$平面上除有限个奇点外的任一点 s 的解析函数（即单值连续的正则函数），则对于$[s]$平面上的任意一点，在$[F(s)]$平面上必有一个映射点与之对应。因此，若在$[s]$平面上任意选定一条闭合封闭曲线 L_s，使其不通过 $F(s)$的任一奇点（即任何零点和极点），则在$[F(s)]$平面上必有一条封闭映射曲线 L_F 与之对应，如图 5-3 所示。L_F 的运动方向或是顺时针，或是逆时针，这取决于 $F(s)$本身的特性。这里需要注意的重点不是映射曲线的形状，而是它是否包围$[F(s)]$平面的坐标原点以及包围原点的方向和圈数，因为这与系统的稳定性密切相关。

将 $F(s)$写成 s 多项式分式的形式，即

$$F(s)=\frac{K_1(s-z_1)(s-z_2)\cdots(s-z_m)}{(s-p_1)(s-p_2)\cdots(s-p_n)}=|F(s)|\mathrm{e}^{\mathrm{j}\angle F(s)} \tag{5-12}$$

其中

$$|F(s)|=K_1\frac{\prod\limits_{i=1}^{m}|s-z_i|}{\prod\limits_{j=1}^{n}|s-p_j|}$$

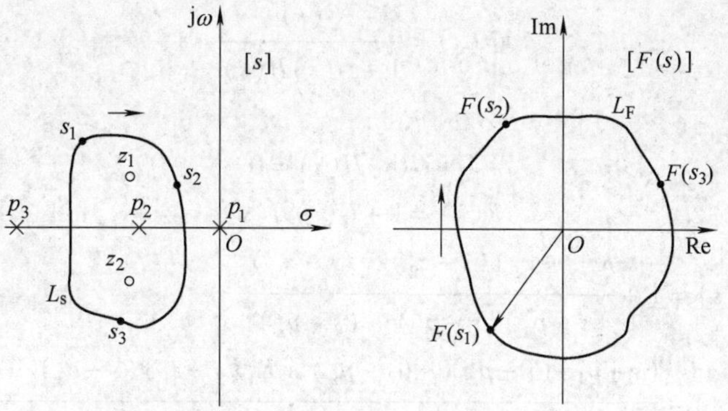

图 5-3　[s]平面与[F(s)]平面的映射关系

$$\angle F(s) = \sum_{i=1}^{m} \angle (s - z_i) - \sum_{j=1}^{n} \angle (s - p_j) = \sum_{i=1}^{m} \varphi_{z_i} - \sum_{j=1}^{n} \varphi_{p_j}$$

若封闭曲线 L_s 内只包围了 $F(s)$ 的一个零点，而其他零、极点均位于 L_s 之外，如图 5-4a 所示。当 s 沿着 L_s 顺时针运动一圈时，向量 $(s-z_i)$ 的相位角变化 -2π(这里定义逆时针旋转的角度为正)，而其他各向量的角度变化为零，$F(s)$ 的相位角变化为 -2π。或者说，$F(s)$ 在 $[F(s)]$ 平面沿 L_F 绕原点顺时针旋转了一圈，如图 5-4b 所示。依此类推，若 L_F 包围了 P 个极点，则在 $[F(s)]$ 平面上的映射轨迹 L_F 将绕原点逆时针旋转 P 圈。

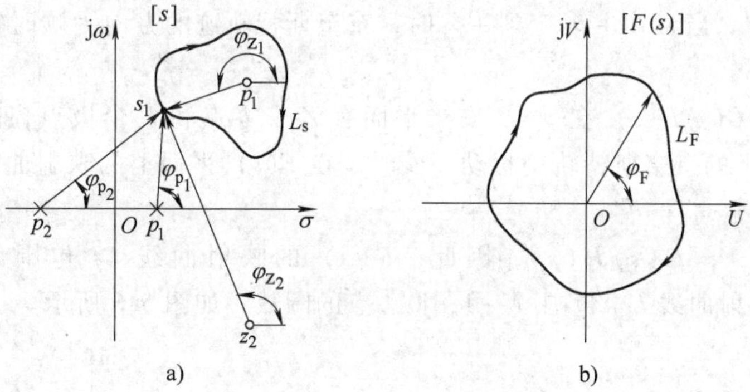

图 5-4　L_s 包围零点时的映射

综上所述，可得幅角定理：设 [s] 平面上封闭曲线 L_s 包围 $F(s)$ 的 Z 个零点和 P 个极点，并且该封闭曲线不经过 $F(s)$ 的任一零点和极点，则当复变量 s 沿着封闭曲线按顺时针方向移动一圈时，在 $[F(s)]$ 平面上的映射曲线绕原点顺时针转过 N 圈，即 $N = Z - P$。若 $N > 0$ 表示顺时针旋转 N 圈；若 $N < 0$，则表示逆时针旋转 N 圈。

二、奈奎斯特（Nyquist）稳定判据举例

1. [s] 平面虚轴上无开环极点

设闭环系统的开环传递函数为

$$G_k(s) = G(s)H(s) = \frac{K(s-z_1)(s-z_2)\cdots(s-z_m)}{(s-p_1)(s-p_2)\cdots(s-p_n)} \quad (n \geqslant m)$$

系统的闭环传递函数为

$$\Phi(s)=\frac{G(s)}{1+G(s)H(s)}$$

系统的特征方程为

$$1+G(s)H(s)=0$$

令

$$F(s)=1+G(s)H(s)$$

$$\begin{aligned}F(s)&=1+\frac{K(s-z_1)(s-z_2)\cdots(s-z_m)}{(s-p_1)(s-p_2)\cdots(s-p_n)}\\&=\frac{(s-p_1)(s-p_2)\cdots(s-p_n)+K_1(s-z_1)(s-z_2)\cdots(s-z_m)}{(s-p_1)(s-p_2)\cdots(s-p_n)}\\&=\frac{(s-s_1)(s-s_2)\cdots(s-s_n)}{(s-p_1)(s-p_2)\cdots(s-p_n)}\end{aligned}$$

其中 s_1，s_2，…，s_n 是复变函数 $F(s)$ 的零点。由此可见，$F(s)$ 的零点即为系统闭环传递函数 $\Phi(s)$ 的极点；$F(s)$ 的极点即为开环传递函数 $G_k(s)$ 的极点。

线性定常系统稳定的充分必要条件是：闭环系统的特征方程 $1+G(s)H(s)=0$ 的全部根具有负实部，即 $\Phi(s)$ 在［s］平面的右半平面没有极点，也就是 $F(s)$ 在［s］平面的右半平面没有零点。

选择一条封闭曲线 L_s 包围整个［s］平面的右半平面。这一封闭曲线 L_s 称为［s］平面上的奈奎斯特轨迹。当 ω 由 $-\infty$ 变到 $+\infty$ 时，奈奎斯特轨迹的方向为顺时针方向，如图 5-5 所示。

若 $F(s)=1+G(s)H(s)$ 在［s］右半平面有 Z 个零点和 P 个极点，由幅角定理可知，当 s 沿［s］平面上的奈奎斯特轨迹移动一圈时，在 $F(s)$ 平面上的映射曲线 L_F 将顺时针包围原点 $N=Z-P$ 圈。

由于 $F(s)-1=G(s)H(s)$，因此，$F(s)$ 的映射曲线 L_F 包围原点的圈数就等于$G(s)H(s)$ 的映射曲线 L_{GH}包围（-1，j0）点的圈数，如图 5-6 所示。

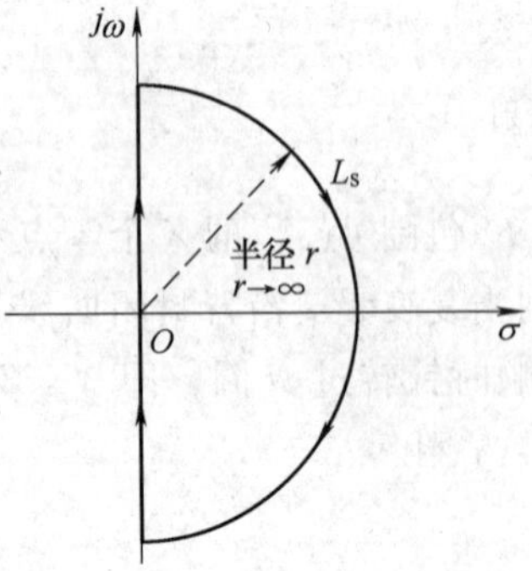

图 5-5　奈奎斯特轨迹

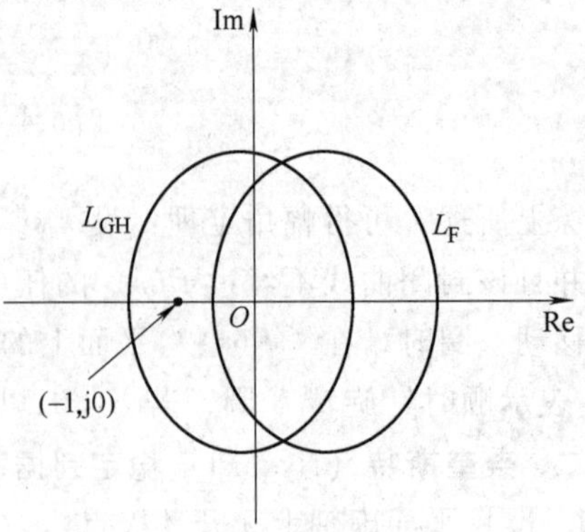

图 5-6　［GH］平面上的 L_{GH}与［F］平面上的 L_F 的对应

闭环系统稳定的充要条件是 $F(s)$ 在［s］平面的右半平面无零点，即 $Z=0$。若 $G(s)H(s)$ 的奈奎斯特轨迹逆时针包围（-1，j0）点的圈数等于其在［s］右半平面的极点数

P，即 $N=P$，由 $N=P-Z$ 得出 $Z=0$，闭环系统稳定。

综上所述，奈奎斯特稳定判据表述为：如果开环传递函数 $G(s)H(s)$ 在［s］右半平面上有 P 个极点，当 ω 由 $-\infty \to +\infty$ 时，［GH］平面上的开环频率特性 $G(\mathrm{j}\omega)H(\mathrm{j}\omega)$逆时针包围（$-1$，j0）点 P 圈，则闭环系统稳定。反之，闭环系统就不稳定。

奈奎斯特稳定判据也可以表述为：如果开环传递函数 $G(s)H(s)$ 在［s］右半平面上有 P 个极点，当 ω 由 $0\to +\infty$ 时，［GH］平面上的开环频率特性 $G(\mathrm{j}\omega)H(\mathrm{j}\omega)$ 逆时针包围（-1，j0）点 $P/2$ 圈，则闭环系统稳定。反之，闭环系统就不稳定。

若开环系统稳定，即 $P=0$，此时闭环系统稳定的充分必要条件是，系统的开环频率特性$G(\mathrm{j}\omega)H(\mathrm{j}\omega)$ 不包围（-1，j0）点。

例 5-6　已知开环传递函数为 $G(s)H(s)=\dfrac{K}{(T_1s+1)(T_2s+1)}$（$K>0$），试用奈奎斯特稳定判据判别系统的稳定性。

解　当 $\omega=0$ 时，$|G(\mathrm{j}\omega)H(\mathrm{j}\omega)|=K$，$\angle G(\mathrm{j}\omega)H(\mathrm{j}\omega)=0°$

当 $\omega=\infty$ 时，$|G(\mathrm{j}\omega)H(\mathrm{j}\omega)|=0$，$\angle G(\mathrm{j}\omega)H(\mathrm{j}\omega)=-180°$

系统的奈奎斯特如图 5-7 所示，因为 $G(s)H(s)$ 在［s］平面的右半平面无极点，即 $P=0$，且系统的奈奎斯特不包围（-1，j0）点，因此无论 K 取何正值，系统总是稳定的。

例 5-7　已知开环传递函数为 $G(s)H(s)=\dfrac{K}{Ts-1}$，试用奈奎斯特稳定判据确定闭环系统稳定的 K 的范围。

解　开环频率特性为

$$G(\mathrm{j}\omega)H(\mathrm{j}\omega)=\frac{K}{\mathrm{j}T\omega-1}$$

幅频特性和相频特性分别为

$$|G(\mathrm{j}\omega)H(\mathrm{j}\omega)|=\frac{K}{\sqrt{1+T^2\omega^2}}$$

$$\angle G(\mathrm{j}\omega)H(\mathrm{j}\omega)=-180°+\arctan T\omega$$

系统的奈奎斯特如图 5-8 所示，该系统 $P=1$，由图可见，若 $G(\mathrm{j}\omega)H(\mathrm{j}\omega)$ 按逆时针方向绕（-1，j0）点一圈，则闭环系统稳定，为此要求 $K>1$；若 $K<1$，则闭环系统不稳定。由此可见，对于开环不稳定系统，闭环后有可能稳定，也有可能不稳定。

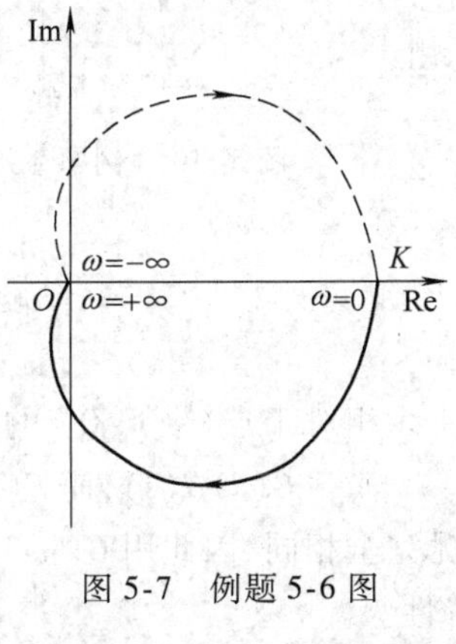

图 5-7　例题 5-6 图

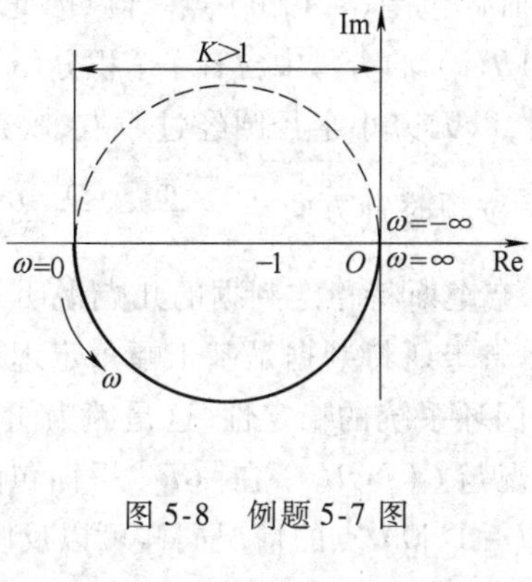

图 5-8　例题 5-7 图

2. [s] 平面原点处有开环极点

如果开环传递函数 $G(s)H(s)$ 在原点有一个极点，由于 [s] 平面上的奈奎斯特轨迹不能经过开环极点，这时应以半径为无穷小的圆弧逆时针绕过开环极点所在的原点，如图 5-9 所示。

设系统的开环传递函数为

$$G(s)H(s)=\frac{K\prod_{i=1}^{m}(\tau_i s+1)}{s^v\prod_{j=1}^{n-v}(T_j s+1)}$$

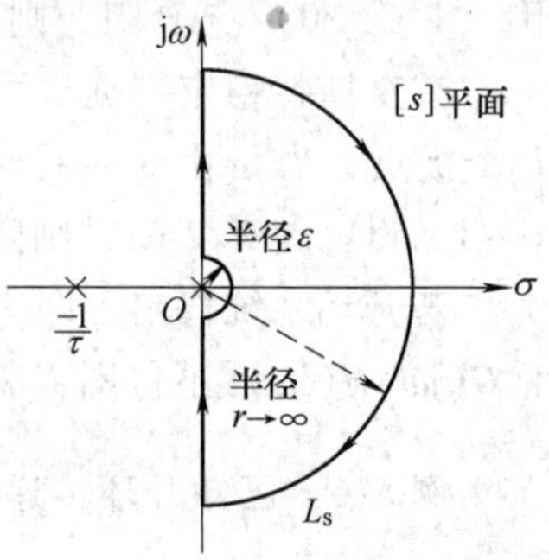

图 5-9 [s] 平面原点处有开环极点的奈奎斯特轨迹

式中，v 为串联积分环节的数目，当沿着无穷小半圆逆时针方向移动时，有 $s=\lim\limits_{r\to 0} re^{j\theta}$，映射到 [GH] 平面的曲线可以按下式求得

$$G(s)H(s)\Big|_{s=\lim\limits_{r\to 0} re^{j\theta}}=\frac{K\prod_{i=1}^{m}(\tau_i s+1)}{s^v\prod_{j=1}^{n-v}(T_j s+1)}\Bigg|_{s=\lim\limits_{r\to 0} re^{j\theta}}$$

$$=\lim_{r\to 0}\frac{K}{r^v}e^{-jv\theta}=\infty e^{-jv\theta}$$

当 s 沿小半圆从 $\omega=0^-$ 变化到 $\omega=0^+$ 时，θ 角从 $-\frac{\pi}{2}$ 经 0° 变化到 $\frac{\pi}{2}$，这时 $G(s)H(s)$ 平面上的奈奎斯特轨迹将沿无穷大半径按顺时针方向从 $\omega=0^-$ 转过 $v\pi$ 到 $\omega=0^+$。即如果有 v 个开环极点在 [s] 平面的原点处，则 $G(s)H(s)$ 平面上的奈奎斯特轨迹将沿无穷大半径按顺时针方向从 $-v\frac{\pi}{2}$ 转到 $v\frac{\pi}{2}$。

例 5-8 图 5-10 为 $P\neq 0$ 的极坐标图，开环传递函数为

$$G(s)H(s)=\frac{K(s+3)}{s(s-1)}\quad(K>1)$$

试根据奈奎斯特判据判别系统的稳定性。

解 因为 $G(s)H(s)$ 在 [s] 平面的右半平面有一个极点 $s=1$，所以 $P=1$。当 ω 由 $-\infty\to+\infty$ 时，由于开环奈奎斯特轨迹逆时针包围 $(-1, j0)$ 点一圈，因此闭环系统是稳定的。由于 $G(s)H(s)$ 的分母中含有一个积分环节，所以当 ω 由 $-\infty\to+\infty$ 时，以无穷小半径圆经过原点，映射到 [GH] 平面就是半径为 ∞ 按顺时针方向从 $-\frac{\pi}{2}\to\frac{\pi}{2}$ 的圆弧。

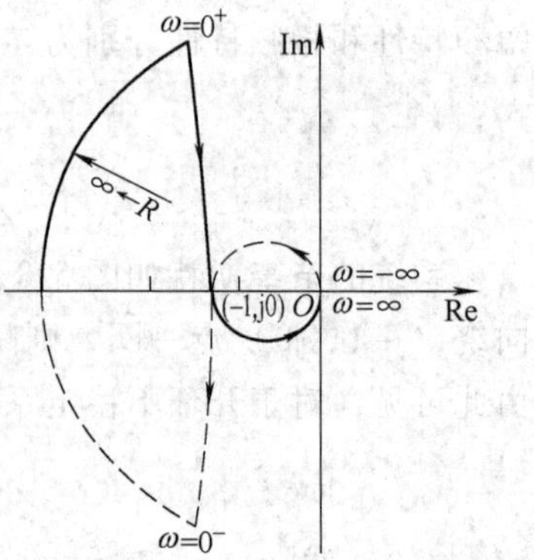

图 5-10 例题 5-8 图

3. 奈奎斯特稳定判据的几点说明

1）奈奎斯特判据是基于幅角定理通过开环频率特性曲线相对于点 $(-1, j0)$ 的包围情况来判别闭环系统的稳定性。这是因为闭环特征多项式为 $F(s)=1+G(s)H(s)$，而 $F(s)$ 包围原点的情况与 $G(s)H(s)$ 在 [GH] 平面包围 $(-1, j0)$ 点的情况完全相同，因此用 $G(j\omega)H(j\omega)$ 曲线包围 $(-1, j0)$ 点的情况同样可以反映闭环系统的固有特性。

2）用奈奎斯特判据判别闭环系统稳定性的基本公式是 $N = Z - P$，判别步骤如下：首先要确定开环是否稳定，即 P 是多少，然后绘出开环频率特性 $G(\mathrm{j}\omega)H(\mathrm{j}\omega)$ 的奈奎斯特图，根据其围绕 $(-1,\mathrm{j}0)$ 点的情况确定包围圈数 N，$N<0$ 表示逆时针旋转，$N>0$ 表示顺时针旋转，最后再根据 $N = Z - P$ 确定 Z 是否为零，$Z = 0$ 表示闭环系统稳定，$Z \neq 0$ 表示闭环系统不稳定，Z 的数值等于闭环极点在[s]右半平面的数目。

3）开环频率特性 $G(\mathrm{j}\omega)H(\mathrm{j}\omega)$ 的奈奎斯特图是以实轴为对称的，因此一般只需给出 ω 由 $0\to+\infty$ 变化的曲线即可判别闭环系统的稳定性。

4. 具有延迟环节系统的稳定性分析

开环传递函数含有一个延迟环节时，仍可采用奈奎斯特稳定判据判断系统的稳定性。图 5-11 为具有延迟环节的系统框图。系统的开环传递函数为

$$G_{\mathrm{k}}(s) = G(s)\mathrm{e}^{-\tau s}$$

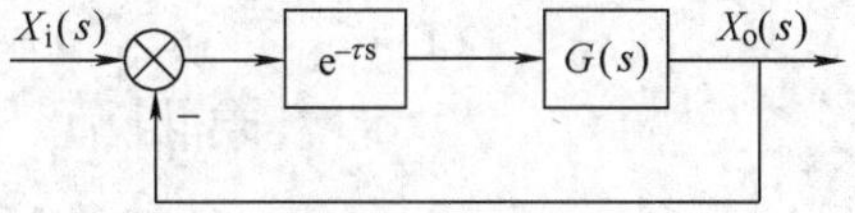

图 5-11　具有延迟环节的系统框图

系统开环频率特性为

$$G_{\mathrm{k}}(\mathrm{j}\omega) = G(\mathrm{j}\omega)\mathrm{e}^{-\mathrm{j}\tau\omega}$$

幅频特性和相频特性为

$$|G_{\mathrm{k}}(\mathrm{j}\omega)| = |G(\mathrm{j}\omega)|$$

$$\angle G_{\mathrm{k}}(\mathrm{j}\omega) = \angle G(\mathrm{j}\omega) - \tau\omega$$

延迟环节不改变系统的幅频特性，仅使相频特性发生变化，不利于系统的稳定性。

5. 对数奈奎斯特判据

根据奈奎斯特稳定判据，若控制系统的开环是稳定的，闭环系统稳定的充要条件是开环频率特性不包围 $(-1,\mathrm{j}0)$ 点。若将极坐标图转换成对数坐标图，两种坐标图之间有如下对应关系：

（1）奈奎斯特坐标图上的单位圆 $|G(\mathrm{j}\omega)H(\mathrm{j}\omega)| = 1$，对应于 Bode 图上的 0dB 线，即对数幅频特性图的横轴。单位圆之外，$|G(\mathrm{j}\omega)H(\mathrm{j}\omega)| > 1$，对应于对数幅频特性图的 0dB 线以上。

（2）奈奎斯特坐标图上的负实轴相当于对数相频特性图上的 $-180°$ 线。

奈奎斯特图与单位圆交点的频率，即对数幅频特性曲线与横轴交点的频率，称为剪切频率或幅值穿越频率，用 ω_{c} 表示。奈奎斯特图与负实轴交点的频率，即对数相频特性曲线与 $-180°$ 线交点的频率称为相位穿越频率，记为 ω_{g}。

于是，在奈奎斯特图上，若开环频率响应按逆时针方向包围 $(-1,\mathrm{j}0)$ 点一圈，则 $G(\mathrm{j}\omega)H(\mathrm{j}\omega)$ 必然从上而下穿越负实轴的 -1 至 $-\infty$ 线段一次，因为伴随这种穿越的相移 $\angle G(\mathrm{j}\omega)H(\mathrm{j}\omega)$ 将产生增量，称为正穿越。相反，若开环频率响应按顺时针方向包围奈奎斯特图上的 $(-1,\mathrm{j}0)$ 点一圈，$G(\mathrm{j}\omega)H(\mathrm{j}\omega)$ 必然从下而上穿越负实轴的 -1 至 $-\infty$ 线段一次，因为伴随这种穿越的相移 $\angle G(\mathrm{j}\omega)H(\mathrm{j}\omega)$ 将产生负增量，称为负穿越，如图 5-12 所示。

对数奈奎斯特稳定判据表述为：如果开环系统在[s]平面的右半平面有 P 个极点，闭环系统稳定的充要条件是在对数幅频特性为正的所有频段内，相频特性曲线在 $-180°$ 线上的正负穿越之差为 $P/2$，其中，P 为位于[s]平面右半部的开环极点数目。

如果开环系统是稳定的，即 $P = 0$，则在对数幅频特性为正的所有频段内，相频特性曲线不穿越 $-180°$ 线，则闭环系统稳定。

对数奈奎斯特稳定判据也可以表述为：若开环系统稳定（$P = 0$），开环对数幅频特性比其对数相频特性先交于横轴，即 $\omega_{\mathrm{c}} < \omega_{\mathrm{g}}$，则闭环系统稳定；若开环对数幅频特性比其对数相频特性后交于横轴，即 $\omega_{\mathrm{c}} > \omega_{\mathrm{g}}$，则闭环系统不稳定；若 $\omega_{\mathrm{c}} = \omega_{\mathrm{g}}$，则闭环系统临界稳定。

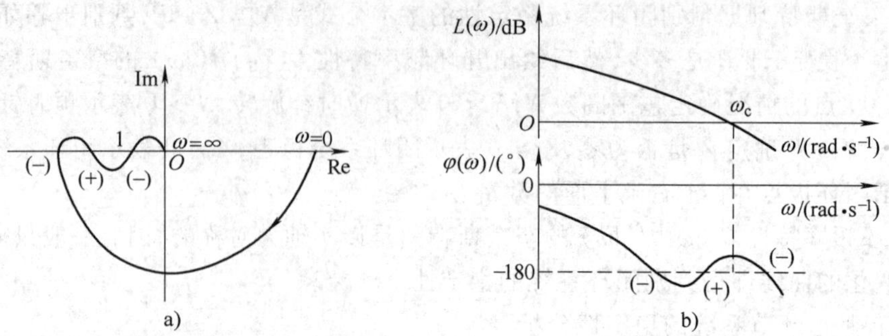

图 5-12 Nyquist 图与 Bode 图之间的对应关系

a）Nyquist 图 b）Bode 图

第四节 系统的相对稳定性

设计控制系统时，要求它必须稳定，这是控制系统能够正常工作的必要条件，除此之外，还要求控制系统具有适当的相对稳定性。

系统的相对稳定性通过开环幅相特性曲线对(- 1,j0) 点的靠近程度来表征。定量表示通常用相位裕度 γ 和幅值裕度 K_g 来表征。

一、相位裕度 γ

如图 5-13 所示，奈奎斯特曲线与单位圆交点的频率为幅值穿越频率 ω_c，因此有

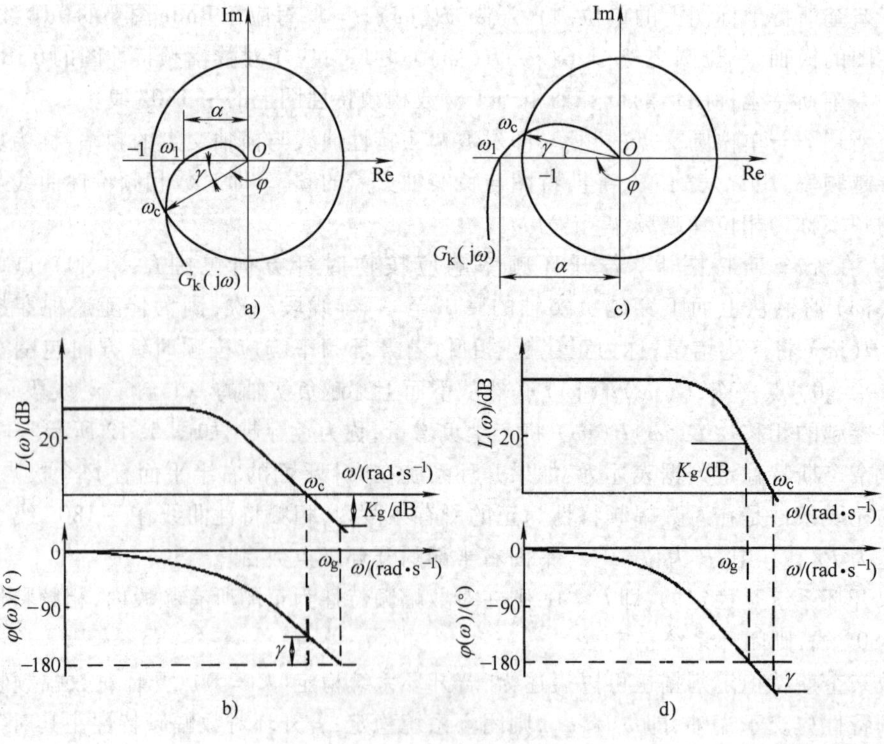

图 5-13 相位裕度与幅值裕量

$$A(\omega_c) = |G(j\omega_c)H(j\omega_c)| = 1$$

在 $\omega=\omega_c$ 时，使系统达到不稳定边缘所需要附加的相位滞后量称为相位裕度。相位裕度 γ 等于 180°加上相角 $\varphi(\omega_c)$，即

$$\gamma(\omega_c) = 180° + \varphi(\omega_c)$$

式中 $\varphi(\omega_c)$——开环传递函数在幅值穿越频率上的相角。

在对数坐标图上，在 $\omega=\omega_c$ 时，$20\lg|G(j\omega)H(j\omega)|=0\text{dB}$，相频特性曲线距 -180°线的相位差值即为相位裕度。

对于稳定的系统，γ 必在 Bode 图 -180°线以上，即为正相位裕度；对于不稳定系统，γ 必在 Bode 图 -180°线以下，即为负相位裕度。

若使最小相位系统稳定，相位裕度 γ 必须为正值。

二、幅值裕度 K_g

如图 5-13 所示，奈奎斯特曲线与［GH］平面负实轴的交点频率为相位穿越频率 ω_g。在相位等于 -180°的频率 ω_g 上，开环幅频特性$|G(j\omega_g)H(j\omega_g)|$的倒数，称为系统的幅值裕度，即

$$K_g = \frac{1}{|G(j\omega_g)H(j\omega_g)|}$$

在 Bode 图上，幅值裕度改为分贝表示为

$$K_g(\text{dB}) = 20\lg K_g = -20\lg|G(j\omega_g)H(j\omega_g)|$$

对于稳定系统，$K_g(\text{dB})$ 必在 0dB 线以下，$K_g(\text{dB})>0$，即为正相位裕度；对于不稳定系统，$K_g(\text{dB})$ 必在 0dB 线以上；$K_g(\text{dB})<0$，即为负相位裕度。

因此，对于开环为 $P=0$ 的闭环系统来说，开环频率特性 $G(j\omega)H(j\omega)$ 具有正幅值裕度与正相位裕度时，则闭环系统稳定。

从工程控制实践中，一般希望

$$\gamma(\omega_c) = 30° \sim 60°$$
$$K_g(\text{dB}) > 6\text{dB}$$

例 5-9 若控制系统的开环传递函数为

$$G(s)H(s) = \frac{K}{s(1+T_1 s)(1+T_2 s)}$$

试求：1）不同 K 值时系统的稳定性；

2）当 $T_1=1$，$T_2=0.2$ 和 $K=0.75$ 时系统的幅值裕度。

解 系统的开环频率特性为

$$G(j\omega)H(j\omega) = \frac{K}{j\omega(1+T_1 j\omega)(1+T_2 j\omega)} = U(\omega)+jV(\omega)$$

对应于不同的 K 值，系统的开环幅相特性曲线如图 5-14 所示。

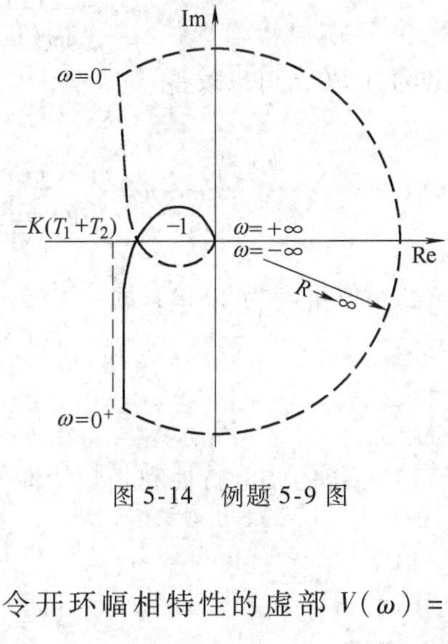

图 5-14 例题 5-9 图

开环幅相特性曲线与负实轴交点处的频率为 ω_2，令开环幅相特性的虚部 $V(\omega)=0$，

可得

$$\omega_2 = \frac{1}{\sqrt{T_1 T_2}}$$

若使系统稳定，必须满足开环幅相特性曲线不包围（-1，j0）点，即

$$U(\omega_2) = -\frac{KT_1 T_2}{(T_1 + T_2)} > -1$$

解得

$$K < \frac{T_1 + T_2}{T_1 T_2}$$

由此可见，当 $K < \frac{T_1 + T_2}{T_1 T_2}$ 时，开环幅相特性曲线不包围（-1，j0）点，闭环系统稳定；当 $K = \frac{T_1 + T_2}{T_1 T_2}$ 时，开环幅相特性曲线正好穿过（-1，j0）点，闭环系统临界稳定；当 $K > \frac{T_1 + T_2}{T_1 T_2}$ 时，开环幅相特性曲线包围（-1，j0）点，闭环系统不稳定。

系统的幅值裕度定义为开环幅相特性曲线与负实轴交点处幅值的倒数，即

$$K_g = \left[\frac{KT_1 T_2}{T_1 + T_2}\right]^{-1}$$

将 $T_1 = 1$，$T_2 = 0.2$ 和 $K = 0.75$ 代入上式，得

$$K_g = 4, \quad K_g(\mathrm{dB}) = 20\lg 4\mathrm{dB} = 12\mathrm{dB}$$

例 5-10 若单位反馈系统的开环传递函数为

$$G(s) = \frac{K}{s(s+1)(0.1s+1)}$$

试求：1）使系统的幅值裕度 $K_g = 20\mathrm{dB}$ 的 K 值；

2）使系统的相位裕度 $\gamma = 60°$ 的 K 值。

解 1）系统的开环频率特性为

$$G(\mathrm{j}\omega) = \frac{K}{\mathrm{j}\omega(\mathrm{j}\omega+1)(0.1\mathrm{j}\omega+1)} = U(\omega) + \mathrm{j}V(\omega)$$

令 $V(\omega_g) = 0$，可以求得

$$\omega_g = \sqrt{10}$$

$$|G(\mathrm{j}\omega_g)| = \frac{K}{\omega_g\sqrt{1+\omega_g^2}\sqrt{1+0.01\omega_g^2}} = \frac{K}{11}$$

系统的幅值裕度为 20dB，即

$$K_g(\mathrm{dB}) = -20\lg|G(\mathrm{j}\omega_g)| = -20\lg\left(\frac{K}{11}\right) = 20\mathrm{dB}$$

解得

$$K = 1.1$$

2）系统的幅频特性和相频特性分别为

$$|G(\mathrm{j}\omega)| = \frac{K}{\omega\sqrt{1+\omega^2}\sqrt{1+0.01\omega^2}}$$

$$\varphi(\omega) = -90° - \arctan\omega - \arctan 0.1\omega$$

由已知条件可得

$$\gamma = 180° + \varphi(\omega_c) = 90° - \arctan\omega_c - \arctan 0.1\omega_c = 60°$$

即
$$\arctan\omega_c + \arctan 0.1\omega_c = 30°$$

解得 $\omega_c = 0.5$，代入幅频特性表达式 $|G(j\omega_c)| = 1$，可求得

$$K = 0.574$$

例 5-11 已知系统开环传递函数为 $G(s)H(s) = \dfrac{K}{(Ts+1)^3}$，要求：1）用奈奎斯特判据求系统临界稳定时的开环增益 K；2）试分析当 $G(s)H(s) = \dfrac{K}{(Ts+1)^2\ (\alpha Ts+1)}$，即某一惯性环节时间常数由 T 改变为 $\alpha T(\alpha>0)$ 时，其临界开环增益有何变化。

解 系统的开环频率特性为

$$G(j\omega)H(j\omega) = \frac{K}{(j\omega T+1)^3} = \frac{K}{\sqrt{(T^2\omega^2+1)^3}}e^{-j3\arctan T\omega}$$

对数幅频特性和相频特性分别为

$$L(\omega) = 20\lg|G(j\omega)H(j\omega)| = 20\lg K - 20\lg(T^2\omega^2+1)^{3/2}$$
$$\varphi(\omega) = \angle G(j\omega)H(j\omega) = -3\arctan T\omega$$

1）临界稳定时的开环增益 K，首先令相位裕度 $\gamma = 0$，即

$$\gamma = 180° + \varphi(\omega) = 180° - 3\arctan T\omega = 0$$

求得在临界稳定时的 ω_0，即

$$\arctan T\omega_0 = 60° \qquad \omega_0 = \frac{\sqrt{3}}{T}$$

将 ω_0 的值代入 $L(\omega) = 0$，有

$$L(\omega) = 20\lg|G(j\omega)H(j\omega)| = 20\lg K - 20\lg(T^2\omega^2+1)^{3/2} = 0$$

求得 $K = 8$。

2）当 $G(s)H(s) = \dfrac{K}{(Ts+1)^2(\alpha Ts+1)}$ （$\alpha>0$）时，令 $\gamma = 0$，可求得系统临界稳定时对应的 $\omega_0 = \sqrt{\dfrac{\alpha+2}{\alpha T^2}}$，再代入 $L(\omega) = 0$，求得临界开环增益为

$$K = 8 + \frac{2(\alpha-1)^2}{\alpha}$$

当 $\alpha>0$ 且 $\alpha\neq1$ 时，$K>8$。

由此可见，三个惯性环节串联的系统，只有当三个时间常数相等时临界开环增益最小，即

$$K = 8$$

第五节 系统稳定性分析的 MATLAB 实现

一、劳斯稳定判据的 MATLAB 实现

控制系统的稳定性决定于系统闭环特征方程的根，在 MATLAB 中可以用函数 roots ( )、

pzmap（）等实现。在系统稳定性分析中，系统闭环特征多项式降幂排列的系数矢量为 den。若已知系统 den，求得其根，若所有根的实部都小于零，则闭环系统稳定；若有实部大于零的根存在，则闭环系统不稳定；若存在实部等于零的根，则闭环系统为临界稳定。MATLAB 稳定性分析函数见表 5-1。

表 5-1 MATLAB 稳定性分析函数

函数	功能	调用格式	说明
roots	计算多项式的根	roots(den)	得到以多项式 den 的根所组成的列矢量，多项式 den 按降序排列
pzmap	在复平面内绘制出系统的零、极点图	pzmap(num,den)	得到以传递函数 $G(s)=\frac{num(s)}{den(s)}$ 表示的系统零、极点图，"×"表示极点，"○"表示零点

例 5-12 已知控制系统的传递函数为

$$G(s)=\frac{3s^3+12s^2+17s+20}{s^5+2s^4+14s^3+88s^2+200s+800}$$

试求系统的极点并判断系统的稳定性。

解 利用函数 roots（）的 MATLAB 计算程序如下：

```
≫ den = [1  2  14  88  200  800];
≫ roots (den)                    % 求特征根
```

计算结果

```
ans =
    2.0000 + 4.0000i
    2.0000 - 4.0000i
   -4.0000
   -1.0000 + 3.0000i
   -1.0000 - 3.0000i
```

由计算结果可知，该系统有两个极点具有正实部，故系统不稳定。

利用函数 pzmap（），MATLAB 程序如下：

```
≫ num=[3  12  17  20];
≫ den=[1  2  14  88  200  800];
≫ pzmap(num,den)          % 绘制零、极点分布图
```

程序执行后，得到系统的零、极点图如图 5-15 所示。由图 5-15 可见，系统有两个右半平面的极点存在，故闭环系统不稳定。

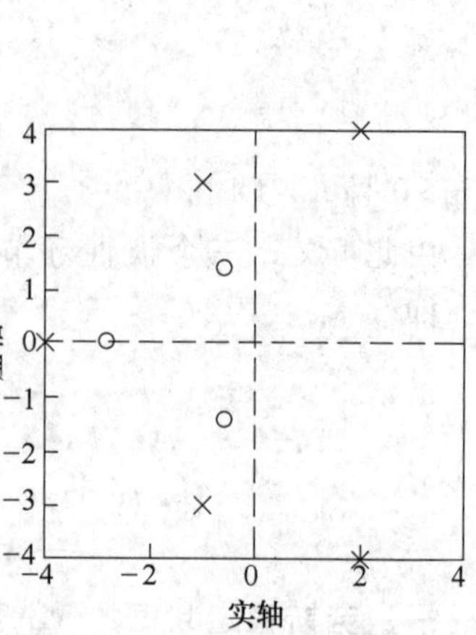

图 5-15 系统的零、极点图

二、奈奎斯特稳定判据的 MATLAB 实现

在 MATLAB 中，奈奎斯特稳定判据可以由函数 nyquist（）来实现。函数 nyquist（）绘制的开环系统 Nyquist 曲线可以用来判定闭环系统的稳定性，如果 Nyquist 曲线按逆时针方向包围（−1，j0）点 P 次（P 为

系统开环特征方程不稳定根的个数)，则闭环系统稳定。

例 5-13 已知直流单闭环系统的 Simulink 动态结构图如图 5-16 所示。图中转速闭环已经断开，试绘制出系统的 Nyquist 曲线，并用奈奎斯特稳定判据判断系统的稳定性。

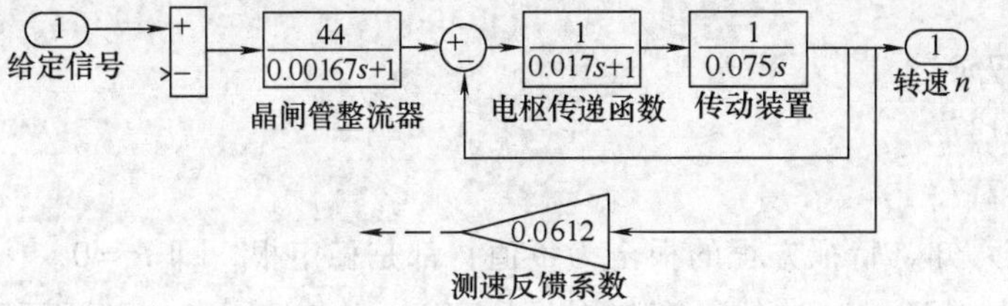

图 5-16 系统的 Simulink 动态结构图

解 编写 M 文件绘制系统的 Nyquist 曲线，程序如下：

(1) 求局部反馈回路的闭环传递函数

```
n1 = [1];d1 = [0.017 1];s1 = tf(n1,d1);          % 定义电枢传递函数
n2 = [1];d2 = [0.075 0];s2 = tf(n2,d2);          % 定义传动装置的传递函数
sys1 = feedback(s1 * s2,1);                      % 求局部闭环传递函数
```

(2) 求系统开环传递函数

```
n3 = [0 44];d3 = [0.00167 1];s3 = tf(n3,d3);     % 晶闸管传递函数
n4 = [0 0.0612];d4 = [0 1];s4 = tf(n4,d4);       % 反馈系数
GH = sys1 * s3 * s4;                             % 求开环传递函数
nyquist(GH)                                      % 绘制系统的奈奎斯特图
```

程序执行后，即可得到如图 5-17 所示的系统 Nyquist 曲线。

为了应用奈奎斯特稳定判据对闭环系统判定，必须知道 $G(s)H(s)$ 不稳定根的个数 p 是否为零。为此，求出系统开环的传递函数，并求其特征方程的根。

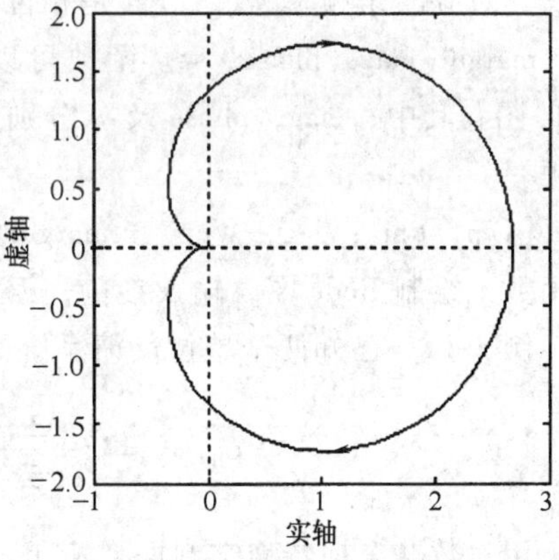

图 5-17 系统的 Nyquist 曲线

求系统开环传递函数的 MATLAB 程序（M 文件）如下：

```
n1 = [1];d1 = [0.017 1];s1 = tf(n1,d1);
n2 = [1];d2 = [0.075 0];s2 = tf(n2,d2);
sys1 = feedback(s1 * s2,1);
n3 = [0 44];d3 = [0.00167 1];s3 = tf(n3,d3);
n4 = [0 0.0612];d4 = [0 1];s4 = tf(n4,d4);
GH = sys1 * s3 * s4
```

程序执行后，即可得到系统的开环传递函数为

```
Transfer function:
                    2.693
-------------------------------------------
2.129e-006s^3 + 0.0014s^2 + 0.07667s + 1
```

求系统特征根的程序如下：

```
≫den = [2.129e - 006 0.0014 0.07667];
≫roots(den)
ans =
     -598.7503
     -38.4137
     -20.4217
```

由运算数据可知，特征方程的根全为负值，都是稳定根，即 $P=0$。

由图 5-17 中的 Nyquist 曲线没有包围且远离（-1，j0）点，又开环系统不稳定根的个数 $P=0$，所以闭环系统稳定。

三、对数奈奎斯特稳定判据的 MATLAB 实现

在 MATLAB 中，求系统幅值裕度和相位裕度的函数 margin（）可以实现对数奈奎斯特稳定判据。函数的调用格式为

```
margin(sys)
[Gm,Pm,Wcg,Wcp] = margin(sys)
[Gm,Pm,Wcg,Wcp] = margin(mag,phase,w)
```

margin（）函数可以从频率响应数据中计算出幅值稳定裕度、相位稳定裕度及其对应的角频率。输入参量 sys 一般是用系统的开环传递函数描述的模型。当不带输出变量引用函数时，margin（）函数可在当前图形窗口中绘出带有稳定裕度的 Bode 图。

[Gm，Pm，Wcg，Wcp] = margin(sys）函数是带有输出变量的引用形式，可计算出系统的频域性能指标，该函数不绘制 Bode 图。输入参量 sys，输出变量返回的 Gm 是系统幅值裕度及其对应的角频率 Wcg，Pm 是相位裕度及其对应的角频率 Wcp。

margin(mag，phase，w）函数可以在当前图形窗口中绘出带有幅值裕度和相位裕度的 Bode 图，其中，mag，phase 及 w 分别为由 Bode 函数求出的幅值裕度、相位裕度及其对应的角频率。

[Gm，Pm，Wcg，Wcp] = margin(mag，phase，w）函数是带有输出变量的引用形式，该函数不绘制 Bode 图，输入参量，返回的参量含义同上。

例 5-14 已知两个单位反馈系统开环传递函数分别为

$$G_1(s)=\frac{2.7}{s^3+5s^2+4s} \quad 与 \quad G_2(s)=\frac{2.7}{s^3+5s^2-4s}$$

用对数奈奎斯特稳定判据判断闭环系统的稳定性。

解 对于 $G_1(s)$ 执行以下 MATLAB 程序：

```
≫ num = [0  0  0  2.7]; den = [1  5  4  0]; sys = tf(num,den);
≫ margin(sys)
≫ [Gm,Pm,Wcg,Wcp] = margin(sys)
Gm =
     7.4074
Pm =
```

```
    51.7321
Wcg =
    2.0000
Wcp =
    0.5783
```

程序执行后，得到系统 1 的 Bode 图如图 5-18 所示，并计算出频域性能指标，其中 G_m = 7.4074，20lg7.4074 = 17.4dB。由于幅值裕度及相位裕度均大于零，故闭环系统稳定。

对于 $G_2(s)$ 执行以下 MATLAB 程序：

```
>> num = [0    0    0    2.7]; den = [1    5    -4    0]; sys = tf(num, den);
>> margin(sys)
>> [Gm, Pm, Wcg, Wcp] = margin(sys)
Warning: The closed - loop system is unstable.        % 系统不稳定警告
> In C:\MATLAB6p5\toolbox\control\control\@lti\margin.m at line 89
Gm =
    Inf
Pm =
    -58.0504
Wcg =
    NaN
Wcp =
    0.5346
```

程序运行后，可得系统 2 的 Bode 图如图 5-19 所示，并求得相位裕度小于零，故闭环系统不稳定。

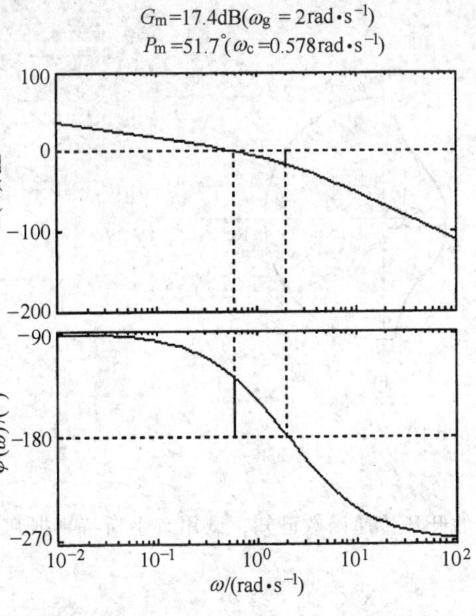

图 5-18 系统 1 的 Bode 图

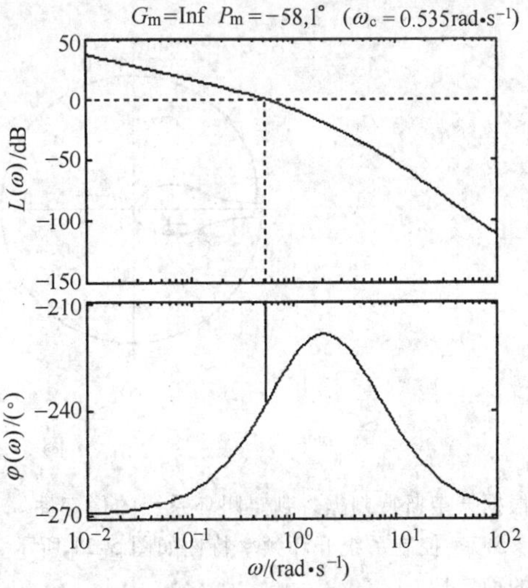

图 5-19 系统 2 的 Bode 图

习题与思考题

5-1　什么是系统的稳定性？控制系统稳定的充分必要条件是什么？

5-2　已知单位负反馈系统的开环传递函数，试用劳斯判据判别闭环系统的稳定性。

(1) $G(s)=\dfrac{10(s+1)}{s(s-1)(s+5)}$　　(2) $G(s)=\dfrac{10}{s(s-1)(2s+3)}$

5-3　单位负反馈控制系统的开环传递函数为

$$G(s)=\frac{K}{s(0.01s^2+0.2K\xi s+1)}$$

试确定使闭环系统稳定的参数 K 和 ξ 的值。

5-4　控制系统的开环传递函数为

$$G(s)=\frac{K}{s(1+0.1s)(1+0.25s)}$$

试求：(1) 使闭环系统稳定的 K 值范围；

(2) 若要求闭环系统的特征根全部位于 $\mathrm{Re}s=-1$ 垂线左侧，确定 K 值范围。

5-5　根据下列开环频率特性判断闭环系统的稳定性。

(1) $G(\mathrm{j}\omega)H(\mathrm{j}\omega)=\dfrac{20}{(1+\mathrm{j}10\omega)(1+\mathrm{j}2\omega)(1+\mathrm{j}0.2\omega)}$

(2) $G(\mathrm{j}\omega)H(\mathrm{j}\omega)=\dfrac{10}{\mathrm{j}\omega(1-\mathrm{j}\omega)(1+\mathrm{j}0.2\omega)}$

5-6　已知系统的开环传递函数 $G(s)H(s)$ 的奈奎斯特曲线如图 5-20 所示。它们的开环传递函数分别为

(1) $G(s)H(s)=\dfrac{K}{s^2(Ts+1)}$

(2) $G(s)H(s)=\dfrac{K(T_1s+1)(T_2s+1)}{s(T_3s+1)(T_4s+1)(T_5s+1)(T_6s+1)}$

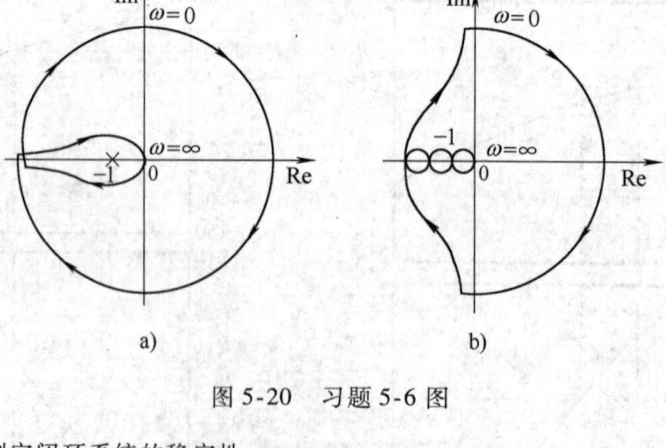

图 5-20　习题 5-6 图

试根据奈奎斯特判据，判定闭环系统的稳定性。

5-7　控制系统开环频率特性如图 5-21 所示，其对应的开环传递函数已知，试用奈奎斯特判据判别系统的稳定性。

a) $G(s)=\dfrac{K}{(T_1s+1)(T_2s+1)(T_3s+1)}$　　b) $G(s)=\dfrac{K}{s(T_1s+1)(T_2s+1)}$

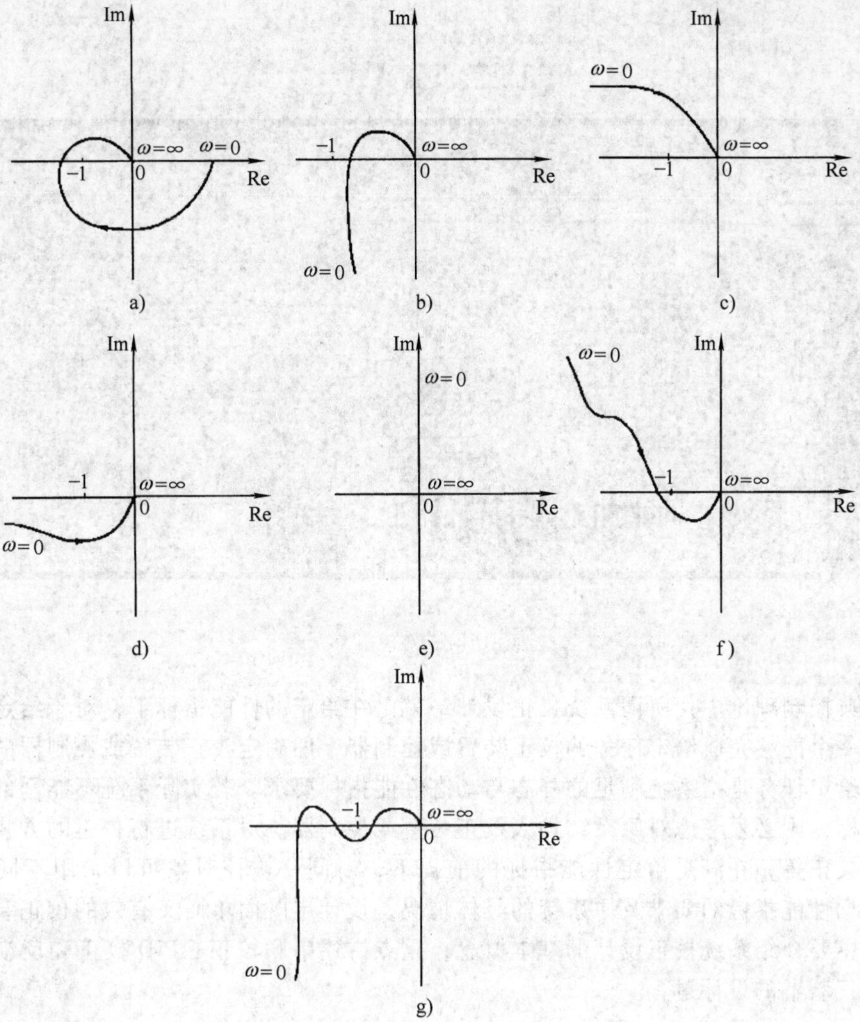

图 5-21　习题 5-7 图

c) $G(s)=\dfrac{K}{s^2(Ts+1)}$　　d) $G(s)=\dfrac{K(\tau s+1)}{s^2(Ts+1)}$

e) $G(s)=\dfrac{K}{s^3}$　　f) $G(s)=\dfrac{K(\tau_1 s+1)(\tau_2 s+1)}{s^3}$

g) $G(s)=\dfrac{K(\tau_1 s+1)(\tau_2 s+1)}{s(T_1 s+1)(T_2 s+1)(T_3 s+1)(T_4 s+1)}$

5-8　若系统的开环传递函数为 $G(s)=\dfrac{1-2s}{(1+2s)(1+s)}$，试判别系统的稳定性，并计算系统的相位裕度 γ 和幅值裕度 K_g。

第六章 系统的校正设计

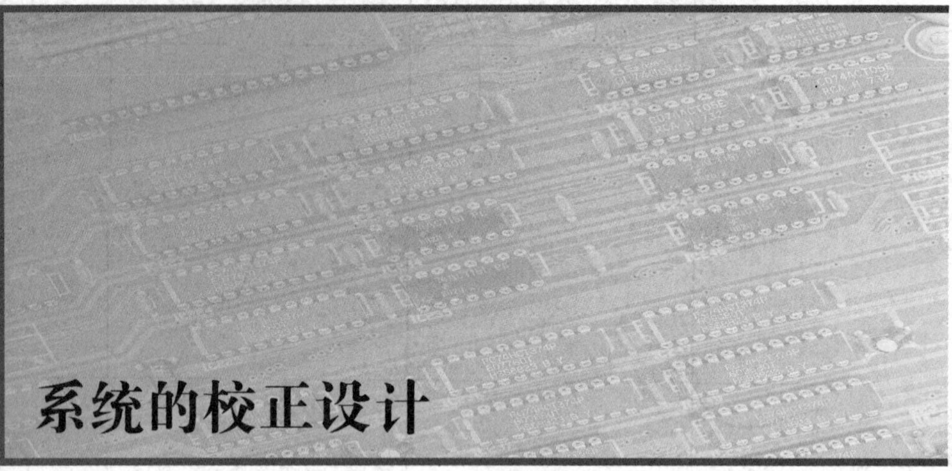

在经典控制理论中，所谓系统校正设计，就是在给定的性能指标下，对于给定的对象模型，确定一个能够完成给定任务的校正装置或控制器，即确定校正装置或控制器的结构与参数。这里给定任务是指系统满足的静态与动态性能指标要求。若实际系统不能全部满足给定的性能指标，则必须考虑对原系统加入校正装置或控制器。对系统进行校正的方式有串联校正和并联校正等，在满足给定性能指标的前提下，对同一被控对象可以采用不同的校正方法，应根据性能指标的要求及原系统的具体情况，设计出既简单而又有效的校正装置。

本章主要介绍系统校正设计的基本概念，重点讲述串联校正、PID 校正和反馈校正的功能及其校正装置的设计过程。

第一节 概 述

一、校正的概念

当被控对象确定以后，就可以对完成给定任务的控制系统提出要求，这些要求通常与系统的稳定性、准确性和快速性有关，其定量表示可以用系统的性能指标来衡量。性能指标通常又分为时域性能指标和频域性能指标。

常用的时域性能指标包括调整时间 t_s、最大超调量 M_p、峰值时间 t_p、上升时间 t_r 以及稳态误差、稳态误差系数等。一般从使用的角度来看，时域指标比较直观，对系统的要求常以时域指标的形式提出。

常用的频域指标包括相位裕度 γ、幅值裕度 K_g、剪切频率 ω_c、截止频率 ω_b、频带宽度 $0\sim\omega_b$、谐振频率 ω_r 和谐振峰值 M_r 等。在基于频率特性的系统校正设计中，常将时域指标转换成频域指标来考虑。

所谓校正，就是指在系统中增加新的环节，以改善系统性能的方法。因此，当系统不能满足给定的性能指标要求时，必须在系统中加入控制器或校正装置来改变系统的特性。这种为改善系统的静态与动态特性而引入的装置，称为校正装置，通常记为 $G_c(s)$。引入校正装置的实质在于改变系统传递函数的零、极点分布，使得整个系统的特性发生变化，从而使系统满足给定的性能指标要求。

二、校正方式

按照校正装置与给定被控对象连接方式不同，校正方式可以分为串联校正和并联校正。

1. 串联校正

如果校正装置 $G_c(s)$ 串联在原传递函数框图的前向通道中，称这种校正为串联校正，如图 6-1 所示。

校正前系统的闭环传递函数为

$$\Phi(s) = \frac{G(s)}{1 + G(s)H(s)} \tag{6-1}$$

校正后系统的闭环传递函数变为

$$\Phi'(s) = \frac{G_c(s)G(s)}{1 + G_c(s)G(s)H(s)} \tag{6-2}$$

比较式（6-1）和式（6-2）可见，加入校正装置后，系统的零、极点发生了变化。为了减小功率消耗，串联校正装置一般都放在前向通道的前端，即低功率端。

串联校正按校正装置 $G_c(s)$ 的性质可以分为增益调整、相位超前校正、相位滞后校正以及相位滞后-超前校正。

在这几种串联校正中，增益调整的实现比较简单，但仅仅调整增益难以同时满足静态与动态性能指标，其校正作用有限，需要采用其他的校正方法。

2. 并联校正

在控制系统框图中，如果校正装置 $G_c(s)$ 与前向通道某些环节进行并联或反馈，以达到改善系统性能的目的，称这种校正为并联校正。并联校正也称反馈校正，如图 6-2 所示。为保证局部回路的稳定，校正装置 $G_c(s)$ 所包围的环节不宜过多（2 个或 3 个）。

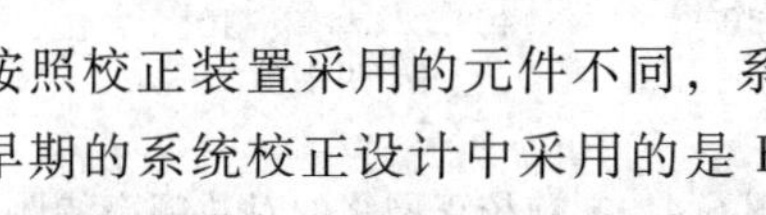

图 6-1　控制系统框图

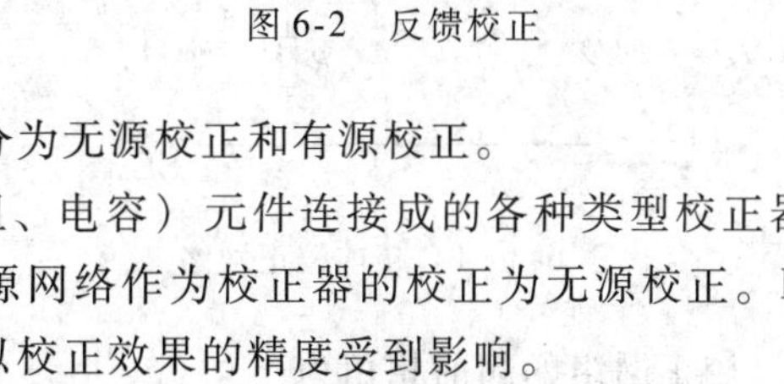

图 6-2　反馈校正

按照校正装置采用的元件不同，系统的校正分为无源校正和有源校正。

早期的系统校正设计中采用的是 R、C（电阻、电容）元件连接成的各种类型校正器，这种校正器不带任何电源，故称采用这种 RC 无源网络作为校正器的校正为无源校正。RC 无源网络连接到系统里，有明显的负载效应，所以校正效果的精度受到影响。

现代系统校正设计中采用的是集成运算放大器通过反馈连接构成的各种类型校正器，这些校正器自身带有电源，故称采用集成运算放大器的有源网络作为校正器的校正为有源校正。现代工程实际中广泛地采用有源校正。

第二节 串联校正

如上所述，串联校正主要包括相位超前校正、相位滞后校正和相位滞后-超前校正。相位超前校正主要用于改善闭环系统的动态特性，对于系统的稳态精度影响较小；相位滞后校正可以明显地改善系统的稳态性能，但会使动态响应过程变缓；而相位滞后-超前校正则把两者的校正特性结合起来，用于动态与稳态特性均要求较高的系统。下面将介绍这三种串联校正装置的设计与实现问题。

一、相位超前校正

1. 相位超前校正网络

相位超前校正是指利用校正器对数幅频曲线有正斜率的区段以及相频曲线具有正相移区段的系统校正设计。这种校正设计方法的突出特点是校正后系统的剪切频率比校正前的大，系统的快速性能得到提高。相位超前校正通常是在前向通道串联相位超前网络来实现。典型的 RC 超前校正网络如图 6-3 所示，其传递函数为

$$G_c(s) = \frac{U_o(s)}{U_i(s)} = \alpha \frac{Ts+1}{\alpha Ts+1} \tag{6-3}$$

式中，$\alpha = \dfrac{R_2}{R_1+R_2} < 1$；$T = R_1 C$。

超前校正网络的对数频率特性如图 6-4 所示。由图可见，其对数幅频特性渐近线具有正斜率段，相频特性具有正相移。正相移表明，网络在正弦信号作用下的稳态输出电压在相位上超前于输入，故称超前校正网络。

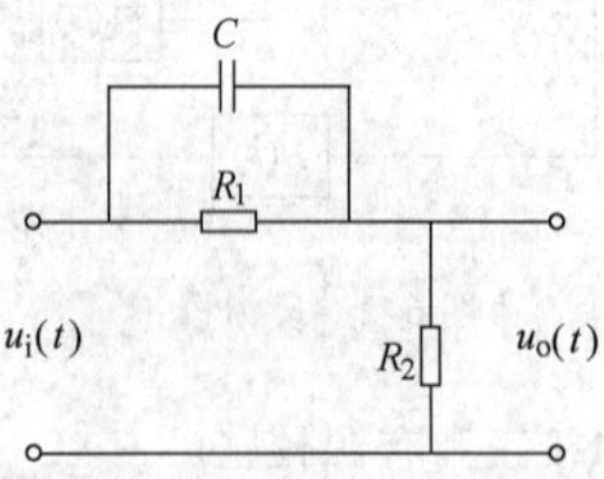

图 6-3 RC 超前校正网络

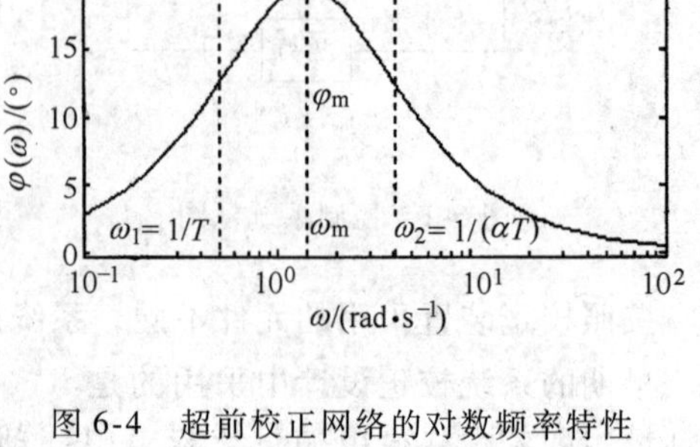

图 6-4 超前校正网络的对数频率特性

校正网络的超前相角为

$$\varphi_c(\omega) = \arctan T\omega - \arctan \alpha T\omega \tag{6-4}$$

令$\dfrac{d}{d\omega}\varphi_c(\omega) = 0$，可求出产生最大超前相角时的频率为

$$\omega_m = \frac{1}{\sqrt{\alpha}T} \tag{6-5}$$

故有 $\omega_m^2 = \omega_1\omega_2$，取对数得

$$\lg\omega_m = \frac{\lg\omega_1 + \lg\omega_2}{2} \tag{6-6}$$

式（6-6）表明，在对数频率特性中，ω_m 是两个转折频率 ω_1 和 ω_2 的几何中心。

将式（6-6）代入式（6-5）中，可得最大超前相角为

$$\varphi_m = \arcsin\frac{1-\alpha}{1+\alpha} \tag{6-7}$$

由图 6-4 可以看出，超前校正网络实质上是一个高通滤波器。

2. 超前校正设计

超前校正设计是通过对系统引入相位超前校正环节来改变系统的频率特性，使系统满足一定的性能指标要求，这些指标以相位裕度、幅值裕度、误差系数等形式给出。设系统的开环频率特性为 $G(j\omega)H(j\omega)$，利用频率响应法（又称 Bode 图法）设计超前校正装置的步骤如下：

1）求出满足给定误差系数性能指标的开环增益 K。

2）根据求得的 K 值，画出校正前原系统的 Bode 图，计算出幅值裕度 K_g（dB）、相位穿越频率 ω_g 以及相位裕度 γ_1、剪切频率 ω_{c1} 以检验性能指标是否满足要求。

3）为满足相位稳定裕度的要求，超前网络必须提供的相位超前角为

$$\varphi_m = \gamma_2 - \gamma_1 + (5° \sim 10°) \tag{6-8}$$

式中　γ_1、γ_2——系统校正前、后的相位裕度。

由于超前校正网络在中频及高频段的增益提升特性，使剪切频率由校正前的 ω_{c1} 移到校正后的 ω_{c2} 所产生的原系统相位的滞后量，一般为 5°～10°，故超前网络提供的超前相角中应该包含此项。

4）根据以下关系式由 φ_m 求 α 值

$$\alpha = \frac{1-\sin\varphi_m}{1+\sin\varphi_m} \tag{6-9}$$

5）确定校正后系统的剪切频率 ω_{c2}。为了最大限度利用超前网络的相位超前角，ω_{c2} 应与 ω_m 相重合。校正网络在 ω_m 处的幅值提升量为 $20\lg\frac{1}{\sqrt{\alpha}}$，所以，$\omega_{c2}$ 应选在未校正系统的幅值等于 $-20\lg\frac{1}{\sqrt{\alpha}}$ 处，即由 $L(\omega_{c2}) = -20\lg\frac{1}{\sqrt{\alpha}}$ 求得 ω_{c2}。

6）确定校正装置的传递函数

$$\omega_{c2} = \omega_m = \frac{1}{\sqrt{\alpha}T} \tag{6-10}$$

则有 $T = \frac{1}{\sqrt{\alpha}\omega_m}$，由此可以求出超前校正装置的转折频率 $\omega_1 = \frac{1}{T}$，$\omega_2 = \frac{1}{\alpha T}$。

在系统中把原放大器增益增大 $1/\alpha$ 倍，或者增加一个增益等于 $1/\alpha$ 的放大器，以补偿其增益损失，则有

$$G_c(s) = \frac{Ts+1}{\alpha Ts+1}$$

7）画出校正后系统的 Bode 图，并校验系统的性能指标。

下面通过实例讲述频率响应法设计超前校正装置的过程。

例 6-1 单位反馈系统的开环传递函数为

$$G(s) = \frac{4K}{s(s+2)}$$

若要使系统在单位速度输入下的稳态误差 $e_{ss}=0.05$，相位裕度 γ 不小于 50°，幅值裕度 K_g（dB）不小于 10dB，试设计系统的校正装置。

解 该系统为Ⅰ型系统。

1）根据稳态误差的要求，确定开环增益 K，即

$$e_{ss} = \lim_{s\to 0} s\frac{1}{1+G(s)H(s)}\frac{1}{s^2} = \frac{1}{\lim\limits_{s\to 0}\left(1+\frac{4K}{s(s+2)}\right)}\frac{1}{s} = \frac{1}{2K} = 0.05$$

求得 $K=10$。

当 $K=10$ 时，系统可满足精度要求，此时开环传递函数为

$$G(s) = \frac{40}{s(s+2)} = \frac{20}{s(0.5s+1)}$$

2）绘制校正前系统的 Bode 图，如图 6-5 所示。由图可见，校正前系统的相位裕度 γ = 17°，幅值裕度为∞，系统是稳定的，但因相位裕度小于 50°，相对稳定性不满足要求。

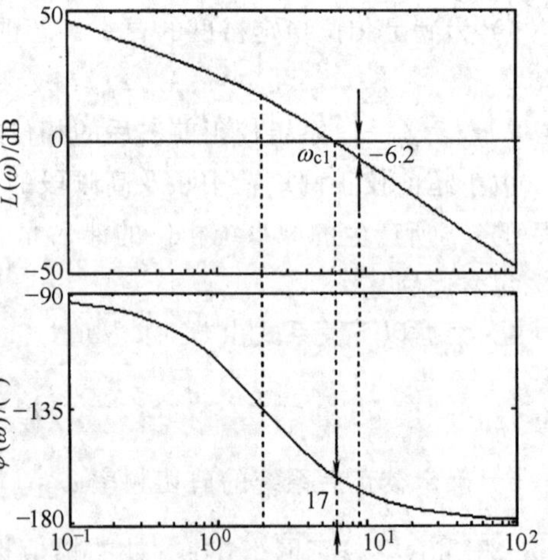

图 6-5 校正前系统的 Bode 图

3）为了满足 $\gamma_2 \geqslant 50°$，需要增加相位超前校正装置，校正装置提供的最大超前角取为

$$\varphi_m = \gamma_2 - \gamma_1 + (5° \sim 10°) = 38°$$

4）系数 α 为

$$\alpha = \frac{1-\sin\varphi_m}{1+\sin\varphi_m} = 0.24$$

5）确定校正后系统的剪切频率 ω_{c2}，由

$$L(\omega_{c2}) = -20\lg\frac{1}{\sqrt{\alpha}} = -6.2\text{dB}$$

求得 $\omega_{c2} = 9\text{rad}\cdot\text{s}^{-1}$。

6）确定校正装置的传递函数，由于

$$\omega_{c2} = \omega_m = \frac{1}{\sqrt{\alpha}T}$$

则可以求出校正装置的转折频率为

$$\frac{1}{T} = \sqrt{\alpha}\omega_{c2} = 4.41\text{s}^{-1},\ T = 0.227\text{s}$$

$$\frac{1}{\alpha T} = \frac{\omega_{c2}}{\sqrt{\alpha}} = 18.4\text{s}^{-1},\ \alpha T = 0.054\text{s}$$

为了补偿超前校正造成的增益损失，将放大器的增益提高 1/0.24 = 4.17 倍，此时校正装置的传递函数为

$$G_c(s) = \frac{0.227s + 1}{0.054s + 1}$$

7）画出校正后系统的频率特性，并验证系统的性能指标。

超前校正装置的对数幅频特性及相频特性曲线如图 6-6 中的 G_c 所示。校正后系统的开环传递函数为

$$G_c(s)G(s) = \frac{0.227s + 1}{0.054s + 1}\frac{40}{s(s+2)}$$

校正后系统的对数幅频特性和相频特性曲线如图 6-6 中的 G_cG 所示。

超前校正装置使幅值穿越频率为 $9\text{rad}\cdot\text{s}^{-1}$，大于校正前的穿越频率 $4.25\text{rad}\cdot\text{s}^{-1}$。这一频率的加大意味着增加了系统的带宽，系统的响应速度得到了提高，瞬态响应得到了显著改善。相位裕度约等于 50°，提高了系统的相对稳定性，满足系统的性能指标要求。

二、相位滞后校正

1. 相位滞后校正网络

图 6-7 所示为 RC 滞后校正网络，其传递函数

$$G_c(s) = \frac{U_o(s)}{U_i(s)} = \frac{Ts+1}{\beta Ts+1} = \frac{1}{\beta}\frac{s+\frac{1}{T}}{s+\frac{1}{\beta T}} \tag{6-11}$$

式中，$\beta = \frac{R_1+R_2}{R_2} > 1$；$T = R_2C$。

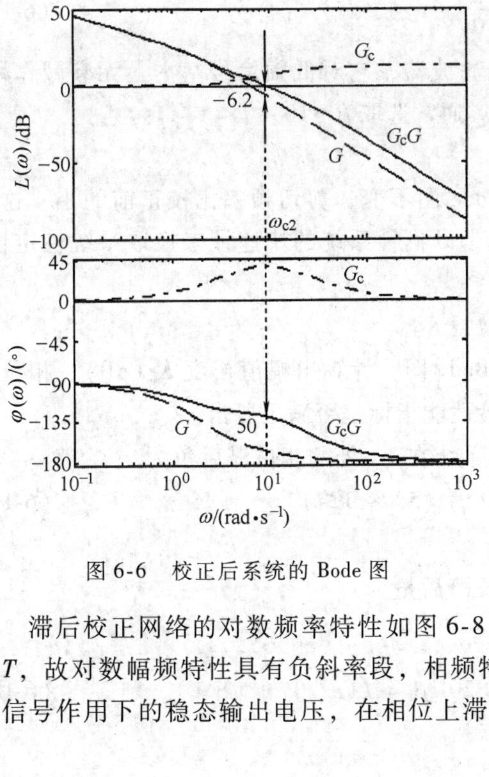

图 6-6 校正后系统的 Bode 图

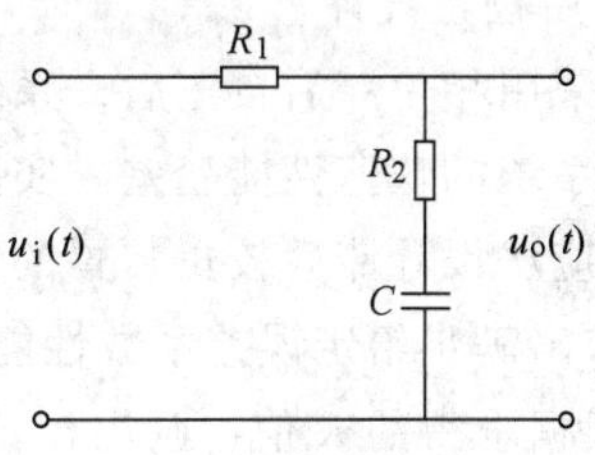

图 6-7 RC 滞后校正网络

滞后校正网络的对数频率特性如图 6-8 所示。在式（6-11）中，由于传递函数中的 $\beta T > T$，故对数幅频特性具有负斜率段，相频特性曲线出现负相移。负相移表明滞后网络在正弦信号作用下的稳态输出电压，在相位上滞后于输入，故称滞后网络。

其滞后的相角为

$$\varphi_c(\omega) = \arctan T\omega - \arctan\beta T\omega \quad (6\text{-}12)$$

令 $\frac{d}{d\omega}\varphi_c(\omega)=0$，可求出产生最大滞后相角时的频率为

$$\omega_m = \sqrt{\omega_1\omega_2} = \frac{1}{\sqrt{\beta}\,T} \quad (6\text{-}13)$$

取对数得

$$\lg\omega_m = \frac{\lg\omega_1 + \lg\omega_2}{2}$$

上式说明，ω_m 位于频率特性的两个转折频率 ω_1 和 ω_2 的几何中点。其最大滞后相角为

$$\varphi_m = -\arcsin\frac{\beta-1}{\beta+1} \quad (6\text{-}14)$$

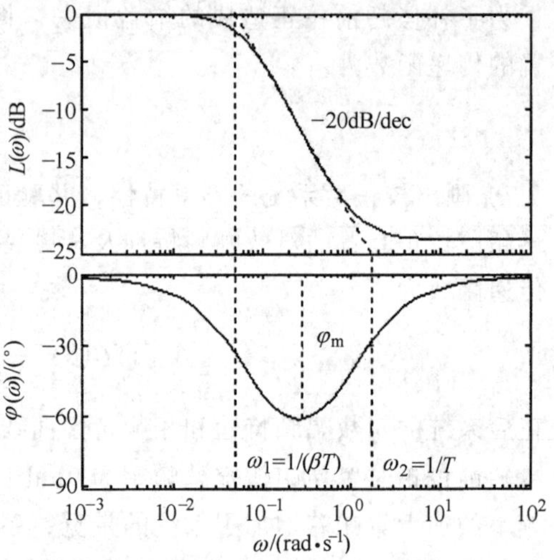

图 6-8　滞后校正网络的对数频率特性

$$\beta = \frac{1+\sin(-\varphi_m)}{1-\sin(-\varphi_m)} \quad (6\text{-}15)$$

由此可见，相位滞后校正利用校正网络对数幅频特性的负斜率段，使被校正系统高频段幅值衰减，幅值穿越频率左移，从而获得满足要求的相位裕度，其相位滞后特性对系统影响越小越好。故应尽量使产生最大滞后相角的频率远离校正后系统的幅值穿越频率 ω_{c2}，否则会对系统的动态性能产生不利影响，一般可取

$$\omega_2 = \frac{1}{T} = \frac{\omega_{c2}}{10} \sim \frac{\omega_{c2}}{2} \quad (6\text{-}16)$$

此外，相位滞后校正装置实质上是一个低通滤波器，它对低频信号基本上无衰减作用，但能削弱高频噪声，β 越大，抑制噪声能力越强。通常选取 $\beta\approx10$。

2. 滞后校正设计

系统采用相位滞后校正后，系统的低频段 Bode 图不变，剪切频率比校正前的小，这说明校正后系统的快速性能变差。实际上滞后校正是以牺牲系统的快速性来换取系统稳定性。用频率响应法设计滞后校正装置的主要步骤如下：

1）求出满足给定误差系数性能指标的开环增益 K。

2）根据求得的 K 值，画出校正前原系统的 Bode 图，计算出幅值裕度 K_g（dB）、相位穿越频率 ω_g 以及相位裕度 γ_1、剪切频率 ω_{c1} 以检验性能指标是否满足要求。

3）确定校正后系统的剪切频率 ω_{c2}，使得原系统在 ω_{c2} 处的相位滞后角为

$$\varphi(\omega_{c2}) = -180° + \gamma_2 + (5° \sim 12°) \quad (6\text{-}17)$$

式中　γ_2——系统校正后期望的相位裕度。

$5°\sim12°$——相位滞后网络在 ω_{c2} 处所产生的相位滞后量。

4）根据以下关系式求校正网络的 β 值

$$20\lg\frac{1}{\beta} = -L(\omega_{c2}) \text{ 即 } 20\lg\beta = L(\omega_{c2}) \quad (6\text{-}18)$$

5）确定滞后网络的转折频率 $\omega_2=1/T$

$$\frac{1}{T}=\frac{\omega_{c2}}{10}\sim\frac{\omega_{c2}}{2} \tag{6-19}$$

则有

$$G_c(s)=\frac{Ts+1}{\beta Ts+1}$$

6）画出校正后系统的 Bode 图，并校验系统的性能指标。

例 6-2　设单位反馈系统的开环传递函数为

$$G(s)=\frac{K}{s(s+1)(0.5s+1)}$$

试设计校正装置，使校正后单位速度输入的稳态误差为 $e_{ss}=0.2$，相位裕度 $\gamma\geqslant 40°$，幅值裕度 $K_g(\mathrm{dB})\geqslant 10\mathrm{dB}$。

解　1）由稳态误差的要求确定系统的开环增益 K。对于Ⅰ型系统，单位反馈的速度误差 $e_{ss}=\frac{1}{K}$，所以 $K=\frac{1}{e_{ss}}=5$。

2）根据确定的开环增益，画出系统校正前的开环 Bode 图，如图 6-9 所示。由图可以求出，校正前系统的相位裕度 $\gamma=-20°$，系统不稳定。

3）确定校正后系统的剪切频率 ω_{c2}，即

$$\varphi(\omega_{c2})=-180°+\gamma_2+(5°\sim 12°)=-180°+40°+12°=-128°$$

求得 $\omega_{c2}=0.5\mathrm{rad\cdot s^{-1}}$。

4）求校正网络的 β 值，在新的幅值穿越频率 $\omega_{c2}=0.5\mathrm{rad\cdot s^{-1}}$ 处，$L(\omega_{c2})=20\mathrm{dB}$，则有

$$20\lg\beta=20$$

求得 $\beta=10$。

5）确定滞后网络的转折频率 $\omega_2=1/T$

由 $\frac{1}{T}=\frac{\omega_{c2}}{10}\sim\frac{\omega_{c2}}{2}=0.05\sim 0.25$ 取 $\omega_2=\frac{1}{T}=0.1\mathrm{rad\cdot s^{-1}}$，滞后网络的另一个转折频率为 $\omega_1=\frac{1}{\beta T}=0.01\mathrm{rad\cdot s^{-1}}$，则有 $\beta T=100\mathrm{s}$，$T=10\mathrm{s}$。

滞后网络的传递函数为

$$G_c(s)=\frac{1}{10}\frac{s+0.1}{s+0.01}=\frac{10s+1}{100s+1}$$

校正后系统的开环传递函数为

$$G_c(s)G(s)=\frac{5(10s+1)}{s(100s+1)(s+1)(0.5s+1)}$$

6）画出校正后系统的 Bode 图，并校验系统的性能指标。滞后校正装置的对数频率特性 G_c 以及校正后系统的 Bode 图如图 6-10 所示。由图可见，校正后系统的相位裕度约等于 40°，幅值裕度约等于 11dB，稳态速度误差等于 0.2，满足系统的性能指标要求。但幅值穿越频率从 $2.1\mathrm{rad\cdot s^{-1}}$ 降低到 $0.5\mathrm{rad\cdot s^{-1}}$，系统的频宽减小，因此响应速度比原来降低。由于滞后网络的负斜率段的作用，使校正后的 ω_c 附近斜率变为［−20］，相对稳定性提高。因此，滞后校正是以对快速性的限制换取了系统的稳定性。

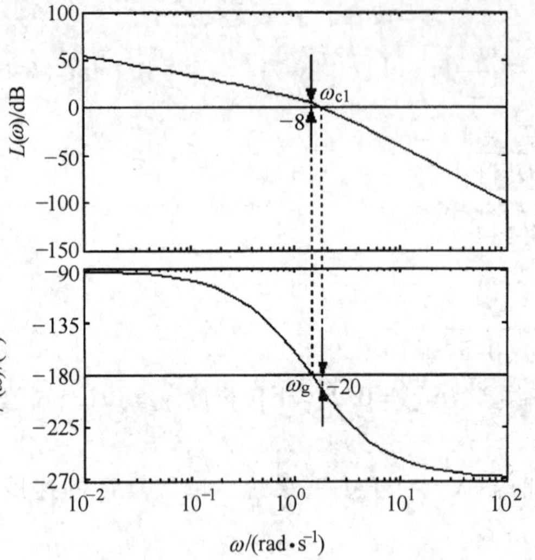

图 6-9　校正前系统的 Bode 图

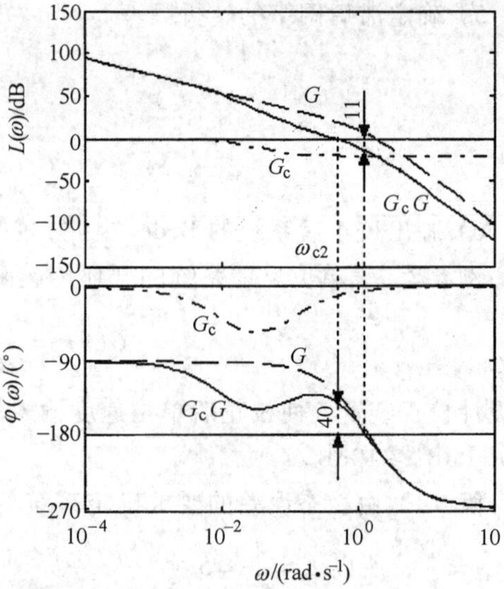

图 6-10　校正后系统的 Bode 图

三、相位滞后-超前校正

1. 相位滞后-超前校正网络

图 6-11 所示为 RC 滞后-超前校正网络，其传递函数为

$$G_c(s) = \frac{U_o(s)}{U_i(s)} = \frac{T_2 s+1}{\beta T_2 s+1}\frac{T_1 s+1}{\dfrac{T_1}{\beta}s+1} \tag{6-20}$$

式中，$T_1=R_1C_1$；$T_2=R_2C_2$；$T_1T_2=R_1C_1R_2C_2$（取 $T_2>T_1$）；并且

$$\frac{T_1}{\beta}+\beta T_2 = R_1C_1+R_2C_2+R_1C_2,(\beta>1)。$$

因为（$1/\beta$）<1，相当于超前校正中的 $\alpha<1$。上式右端第一项起滞后网络作用，第二项起超前网络作用。滞后-超前校正网络的 Bode 图如图 6-12 所示。

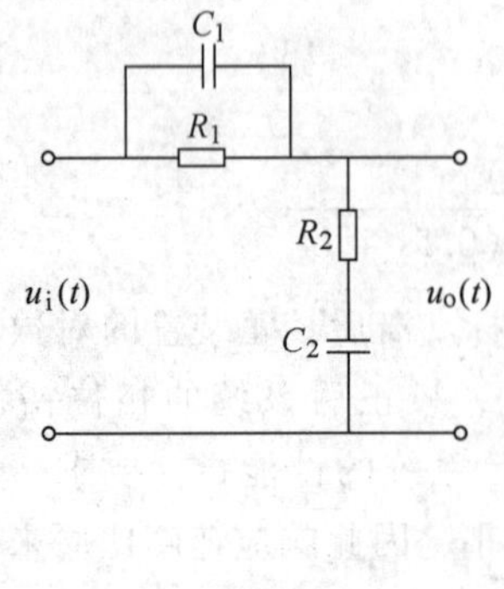

图 6-11　RC 滞后-超前校正网络

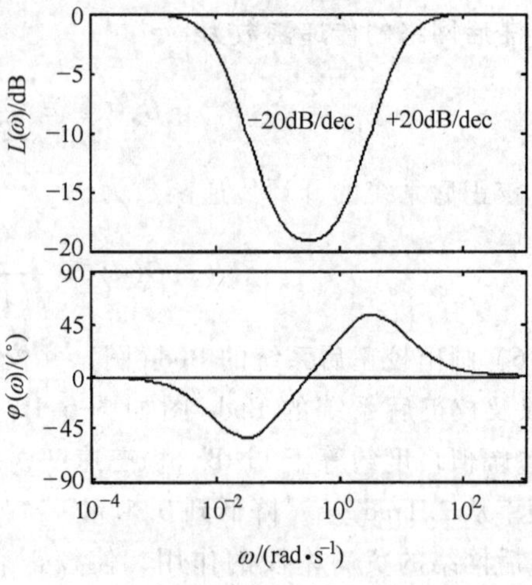

图 6-12　滞后-超前校正网络的 Bode 图

可以看出，曲线的低频部分具有负斜率和负相移，起滞后校正作用，中高频部分具有正斜率和正相移，起超前校正作用，且高频段和低频段均无衰减。

2. 滞后-超前校正设计

用频率响应法确定滞后—超前校正装置，实际上是设计超前装置和滞后装置两种方法的结合。滞后校正的作用是把剪切频率左移，从而减小了系统在剪切频率处的相位滞后。超前校正的作用是在新的剪切频率处提供一个相位超前角，以增大系统的相位裕度，使其满足动态性能要求。下面将结合一个实例介绍滞后—超前校正设计的方法和步骤。

例 6-3 设单位反馈系统的开环传递函数为

$$G(s) = \frac{K}{s(s+1)(0.5s+1)}$$

试设计校正装置，使校正后单位速度输入的稳态误差为 $e_{ss}=0.1$，相位裕度 $\gamma \geqslant 50°$，幅值裕度 $K_g(\mathrm{dB}) \geqslant 10\mathrm{dB}$。

解 1）由稳态误差的要求确定系统的开环增益 K。对于Ⅰ型系统，单位反馈的速度误差 $e_{ss}=\frac{1}{K}$，所以

$$K = \frac{1}{e_{ss}} = 10$$

2）根据确定的开环增益，画出系统校正前的开环 Bode 图，如图 6-13 所示。由图可以求出，校正前系统的相位裕度 $\gamma = -32°$，系统不稳定，可以采用滞后-超前校正。

3）确定滞后校正装置的传递函数。为了使系统具有较快的响应速度，取校正后的剪切频率 $\omega_{c2} = 1.5\mathrm{rad \cdot s^{-1}}$，取 $\gamma_2 = 50°$，选择滞后校正装置的转折频率 $\omega_2 = \frac{1}{T_2} = \frac{\omega_{c2}}{10} = 0.15\mathrm{rad \cdot s^{-1}}$，选 $\beta = 10$，$\omega_1 = \frac{1}{\beta T_2} = 0.015\mathrm{rad \cdot s^{-1}}$，则 $T_2 = 6.67\mathrm{s}$，$\beta T_2 = 66.7\mathrm{s}$，滞后校正装置的传递函数为

$$\frac{T_2 s + 1}{\beta T_2 s + 1} = \frac{6.67s+1}{66.7s+1}$$

4）确定超前校正装置的传递函数。在新的幅值穿越频率 $\omega_{c2} = 1.5\mathrm{rad \cdot s^{-1}}$处，$L(\omega_{c2}) \approx 13\mathrm{dB}$，所以校正环节在该频率点上应产生 $-13\mathrm{dB}$ 增益。因此，在 Bode 图上过点（$1.5\mathrm{rad \cdot s^{-1}}$，$-13\mathrm{dB}$）作斜率为 20dB/dec 的斜线，与零分贝线及 $-20\mathrm{dB}$ 线的交点即是超前校正装置的极点和零点。可求得 $T_1 \approx 1/0.7 = 1.43\mathrm{s}$，则超前校正装置的传递函数为

$$\frac{T_1 s + 1}{\frac{T_1}{\beta}s + 1} = \frac{1.43s+1}{0.143s+1}$$

滞后-超前校正装置的传递函数为

$$G_c(s) = \frac{T_2 s + 1}{\beta T_2 s + 1}\frac{T_1 s + 1}{\frac{T_1}{\beta}s + 1}$$

$$= \frac{6.67s+1}{66.7s+1}\frac{1.43s+1}{0.143s+1}$$

5）画出校正后系统的 Bode 图，并校验系统的性能指标。

滞后-超前校正装置的对数频率特性 G_c 以及校正后系统的 Bode 图如图 6-14 所示。由图可见，校正后系统的相位裕度约等于 50°，幅值裕度约等于 17dB，稳态速度误差等于 0.1，满足系统的性能指标要求。

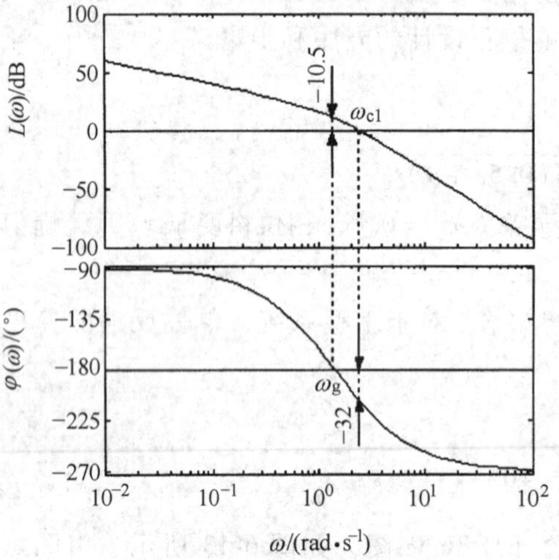

图 6-13　校正前系统的 Bode 图

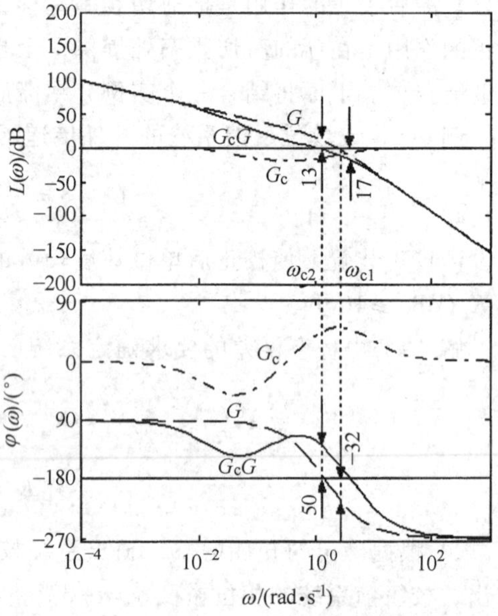

图 6-14　校正后系统的 Bode 图

需要说明的是，上述介绍的三种校正网络都是由无源器件（阻容元件）实现的。近年来大规模集成电路的迅速发展，使运算放大器的性能得到了普遍的提高，价格也很低。在实际的校正装置中，更多使用的是由运算放大器和电阻电容元件构成的有源校正装置。有源校正装置的特点是与输入、输出设备之间的阻抗匹配特性好、参数调整方便、电路性能稳定。采用有源器件可以设计出较复杂的校正装置。

第三节　PID 校正

在工程实际中，按偏差的比例（P）、积分（I）和微分（D）进行控制的 PID 控制器（PID 校正器）是应用最为广泛的一种控制器，其调节原理简单、易于整定、使用方便和适用性强，对于数学模型不易精确求得、参数变化较大的被控对象，采用 PID 校正往往能得到满意的控制效果。

PID 校正是一种负反馈闭环控制，PID 控制器通常与被控对象串联连接，作串联校正环节。PID 控制器结构改变灵活，比例与微分、积分的不同组合可分别构成 PD、PI、PID 控制器。单由比例环节构成的控制器为比例控制器（P 控制器），其实现比较简单，作用相当于串联校正中的增益调整，即增大系统的比例系数可以减小稳态误差，提高系统的控制精度。

一、PD 控制器

1. PD 控制器

具有比例微分控制规律的控制器称为 PD 控制器。PD 控制器的输入为系统的偏差信号

$e(t)$，输出为 $u(t)$，则其控制规律表示为

$$u(t) = K_P e(t) + K_P T_D \frac{de(t)}{dt} \tag{6-21}$$

式中　K_P——比例系数；

T_D——微分时间常数。

K_P 与 T_D 二者都是可调的参数。

PD 控制器的传递函数为

$$G_c(s) = \frac{U(s)}{E(s)} = K_P(1 + T_D S) \tag{6-22}$$

设比例系数 $K_P = 1$，PD 控制器的频率特性为

$$G_c(j\omega) = 1 + jT_D\omega \tag{6-23}$$

PD 控制器的 Bode 图如图 6-15 所示。由图可见，系统引入 PD 控制器，相位裕度会增加，幅值穿越频率 ω_c 增大，系统的快速性得到提高。因此，PD 控制器可以改善系统的动态性能，但会使系统高频段增益上升，抗干扰能力减弱。

2. 有源 PD 网络

PD 控制器可用由运算放大器和电阻、电容组成的有源网络来实现，如图 6-16 所示。根据复阻抗概念，则有

$$Z_1 = \frac{R_1}{R_1 C_1 s + 1},\ Z_2 = R_2 \tag{6-24}$$

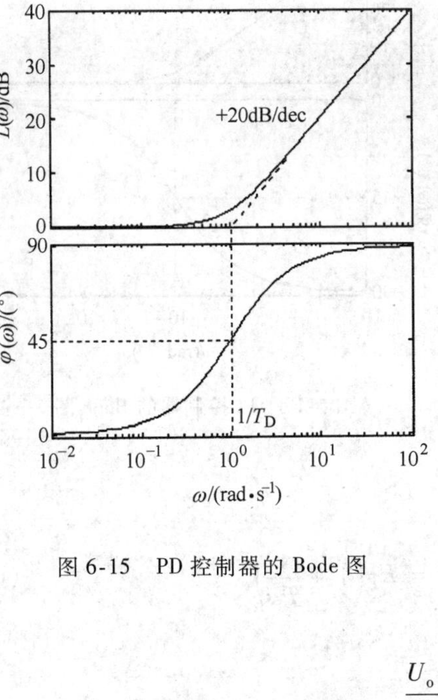

图 6-15　PD 控制器的 Bode 图

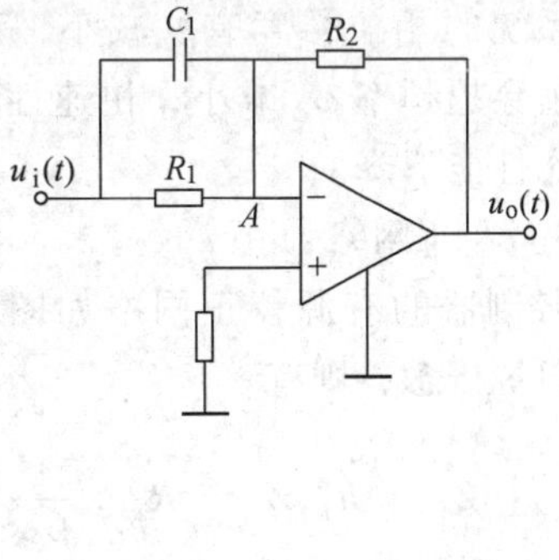

图 6-16　有源 PD 校正网络

由于

$$\frac{U_o(s)}{U_i(s)} = \frac{Z_2(s)}{Z_1(s)} \tag{6-25}$$

将式（6-24）代入式（6-25）中，得到有源 PD 网络的传递函数为

$$G_c(s) = K_P(T_D s + 1) \tag{6-26}$$

式中，$T_D = R_1 C_1$；$K_P = \dfrac{R_2}{R_1}$。

由式（6-26）可知，图 6-16 中有源网络即为 PD 控制器。

二、PI 控制器

1. PI 控制器

具有比例和积分控制规律的控制器称为 PI 控制器。PI 控制器的控制规律表示为

$$u(t) = K_P e(t) + \frac{K_P}{T_I}\int_0^t e(t)\,dt \tag{6-27}$$

式中 K_P——比例系数；

T_I——积分时间常数。

K_P 与 T_I 二者都是可调的参数。

PI 控制器的传递函数为

$$G_c(s) = \frac{U(s)}{E(s)} = K_P\left(1 + \frac{1}{T_I s}\right) \tag{6-28}$$

设比例系数 $K_P = 1$，则 PI 控制器的频率特性为

$$G_c(j\omega) = \frac{1 + jT_I\omega}{jT_I\omega}$$

PI 控制器的 Bode 图如图 6-17 所示。由图可知，系统引入 PI 控制器，可以提高系统类型，稳态误差被消除或减小，稳态性能得到改善。但系统的相位裕度有所减小，稳定程度变差，幅值穿越频率 ω_c 减小，快速性变差，即系统的动态性能下降。

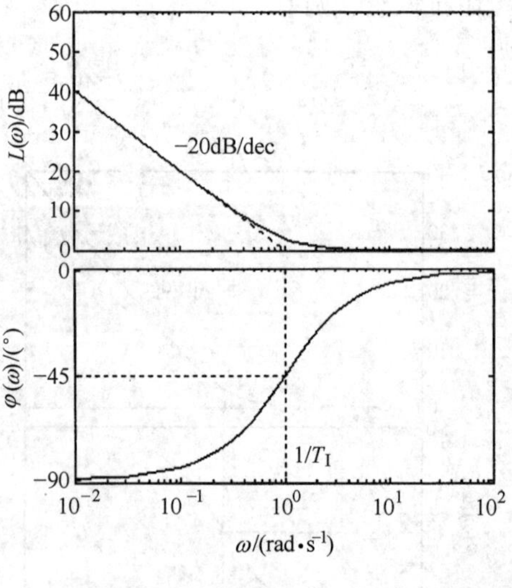

图 6-17 PI 控制器的 Bode 图

2. 有源 PI 网络

PI 控制器的有源校正网络如图 6-18 所示，根据复阻抗概念，则有

$$Z_1 = R_1, Z_2 = R_2 + \frac{1}{C_2 s} \tag{6-29}$$

其传递函数为

$$G_c(s) = \frac{U_o(s)}{U_i(s)} = \frac{Z_2(s)}{Z_1(s)} = K_P\left(1 + \frac{1}{T_I s}\right) \tag{6-30}$$

式中，$T_I = R_2 C_2$；$K_P = \dfrac{R_2}{R_1}$。

由式（6-30）可知，图 6-18 所示的有源网络即为 PI 控制器。

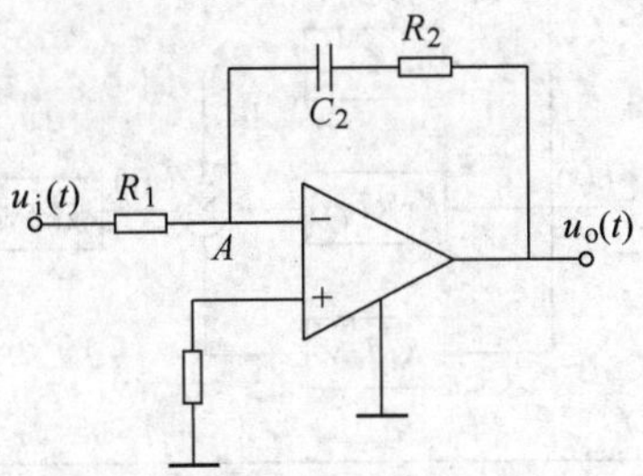

图 6-18 有源 PI 校正网络

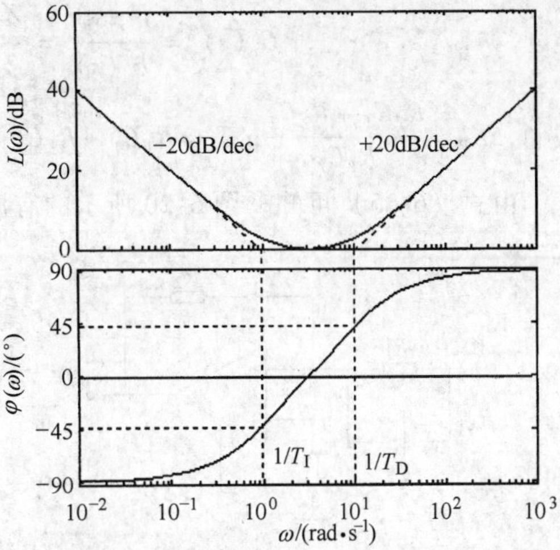

图 6-19 PID 控制器 Bode 图

三、PID 控制器

1. PID 控制器

具有比例、积分和微分控制规律的控制器称为 PID 控制器。PID 控制器综合了 PI、PD 控制器的优点，其控制规律表示为

$$u(t) = K_P e(t) + \frac{K_P}{T_I}\int_0^t e(t)\,dt + K_P T_D \frac{d}{dt}e(t) \tag{6-31}$$

式中 K_P——比例系数；

T_I——积分时间常数；

T_D——微分时间常数。

K_P、T_I、T_D 均为可调的参数。

PID 控制器的传递函数为

$$G_c(s) = \frac{U(s)}{E(s)} = K_P\left(1 + \frac{1}{T_I s} + T_D s\right) \tag{6-32}$$

当取 $K_P = 1$ 时，PID 控制器的频率特性为

$$G_c(j\omega) = 1 + \frac{1}{jT_I\omega} + jT_D\omega \tag{6-33}$$

当 $T_I > T_D$ 时，PID 控制器的 Bode 图如图 6-19 所示。由图可见，PID 控制器在低频段主要起积分控制作用，改善了系统的稳态性能；在中频段主要起微分控制作用，提高了系统的动态性能。

2. 有源 PID 网络

PID 控制器的有源校正网络如图 6-20 所示，根据复阻抗概念，则有

$$Z_1 = \frac{R_1 \frac{1}{C_1 s}}{R_1 + \frac{1}{C_1 s}},\quad Z_2 = R_2 + \frac{1}{C_2 s} \tag{6-34}$$

其传递函数为

$$G_c(s) = \frac{U_o(s)}{U_i(s)} = \frac{Z_2(s)}{Z_1(s)} = K_P\left(1 + \frac{1}{T_I s} + T_D s\right) \tag{6-35}$$

式中，$K_P = \frac{R_1C_1 + R_2C_2}{R_1C_2}$；$T_I = R_1C_1 + R_2C_2$；$T_D = \frac{R_1C_1R_2C_2}{R_1C_1 + R_2C_2}$。

由式（6-35）可知，图 6-20 所示的有源网络即为 PID 控制器。

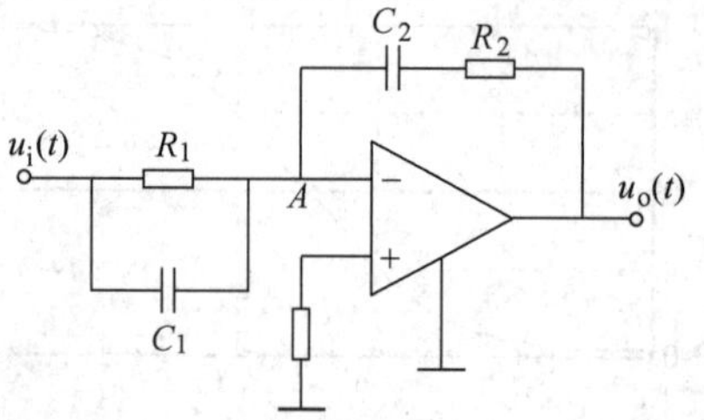

图 6-20　有源 PID 校正网络

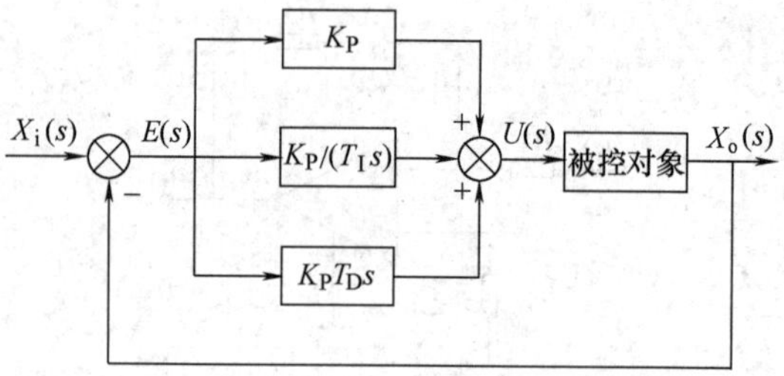

图 6-21　典型 PID 校正的系统结构框图

四、PID 校正作用分析

PID 校正是通过调整改变 PID 控制器的三个参数 K_P、T_I、T_D 的大小，来达到改善系统

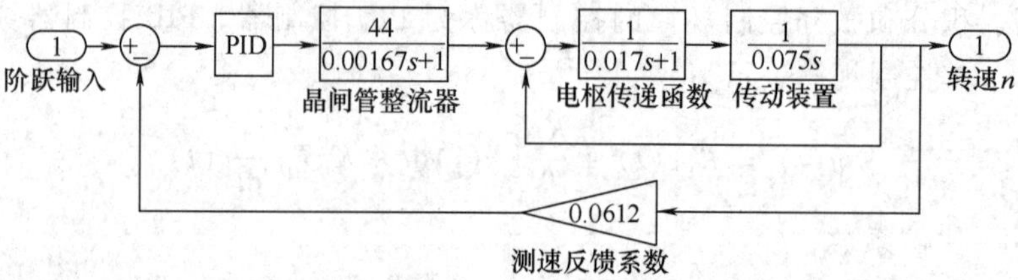

图 6-22　直流闭环调速系统框图

的动态与稳态性能的目的。典型 PID 校正的系统结构框图如图 6-21 所示。为了设计出符合系统性能要求的 PID 控制器，首先必须了解每个参数在 PID 校正中的作用。下面通过示例说明 P、I、D 某一参数单独变化对系统校正作用的影响。

某直流闭环调速系统采用 PID 校正，如图 6-22 所示。为了分析纯比例 P 的作用，取 $T_D = 0$，$T_I = \infty$，$K_P = 1 \sim 4$，则系统的阶跃响应特性如图 6-23 所示。

由图 6-23 可知，随着 K_P 值的增大，闭环系统的阶跃响应的超调量增大，响应速度加快，但相对稳定性变差，当 $K_P \geqslant 21$ 时，系统变为不稳定。

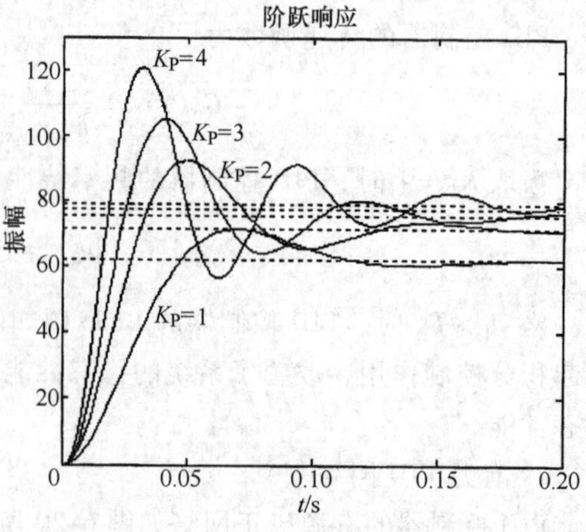

图 6-23　调速系统在不同 K_P 作用下的阶跃响应曲线

分析积分 I 对系统性能的影响时，取 $K_P = 1$，$T_D = 0$，积分时间常数 $T_I = 0.03$、0.05、0.07，则系统的阶跃响应特性如图 6-24 所示。

由图 6-24 可知，随着 T_I 值的减小，积分作用变强，闭环系统阶跃响应的超调量增大，系统响应速度略微变快，但系统相对稳定性变差。

分析微分 D 对系统性能的影响时，取 $K_P=0.01$，$T_I=0.01$，微分时间常数 $T_D=12$、48、84 时，则系统的阶跃响应特性如图 6-25 所示。

由图 6-25 可知，由于微分校正的作用，在曲线的起始上升段出现尖锐的波峰，之后呈衰减振荡，且随着 T_D 值的增大，微分作用增强，闭环系统阶跃响应的超调量增大，但经过尖锐的起始上升段后响应速度有所变慢。

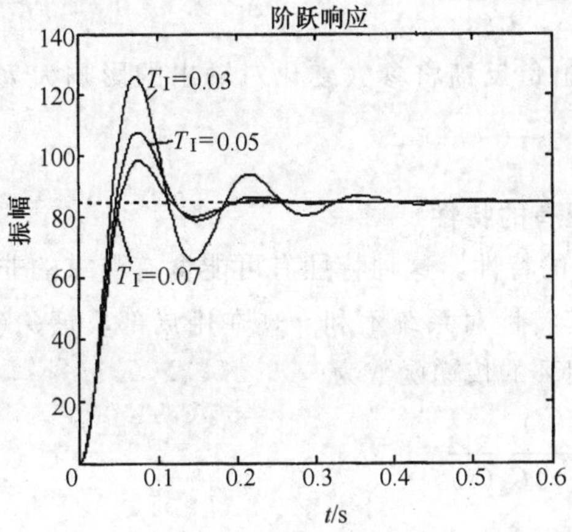

图 6-24　调速系统在不同 T_I 作用下的阶跃响应曲线

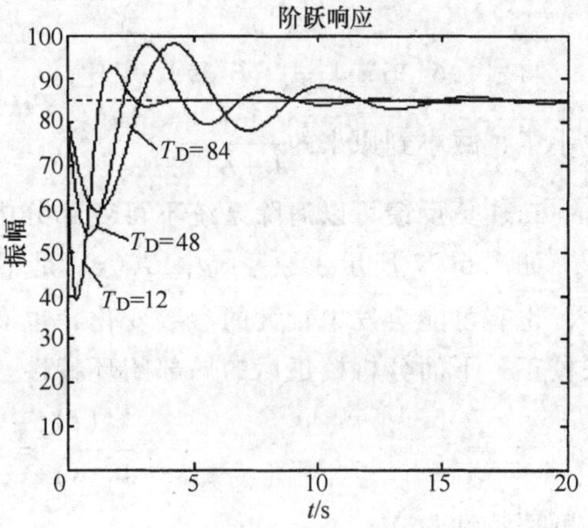

图 6-25　调速系统在不同 T_D 作用下的阶跃响应曲线

第四节　反 馈 校 正

在控制工程实践中，为了改善系统的性能，除了采用串联校正外，还可以采用反馈校正。反馈校正与串联校正相比，其校正过程更繁琐，除了可以获得串联校正效果外，还具有以下功能。

一、负反馈可以减弱参数变化对系统性能的影响

引入反馈校正前的控制系统框图如图 6-26a 所示，可以用微分表示由于 $G(s)$ 参数变化而导致的输出变化，即

$$\mathrm{d}X_o(s) = X_i(s)\mathrm{d}G(s)$$

其变化的相对值为

$$\frac{\mathrm{d}X_o(s)}{X_o(s)} = \frac{\mathrm{d}G(s)}{G(s)} \tag{6-36}$$

式（6-36）表示对象特性的相对变化与输出的相对变化成比例。

引入反馈校正后的控制系统框图如图 6-26b 所示。在引入负反馈后，如果 $G(s)$ 发生了变化而导致输出的变化，按以下方法求解：

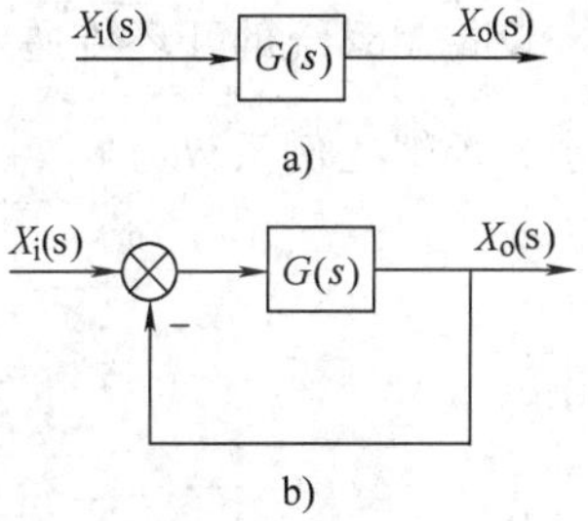

图 6-26　引入反馈校正前后的控制系统框图

由于

$$X_o(s) = \frac{G(s)}{1+G(s)}X_i(s)$$

所以

$$dX_o(s) = \frac{dG(s)}{[1+G(s)]^2}X_i(s)$$

以上两式相除，可得出其变化的相对值为

$$\frac{dX_o(s)}{X_o(s)} = \frac{1}{1+G(s)}\frac{dG(s)}{G(s)} \tag{6-37}$$

将式（6-36）与式（6-37）相比较，可以看出负反馈将参数变化对输出的影响大大地减小了，减小到原来的$\frac{1}{1+G(s)}$。

二、负反馈可以消除系统不可变部分中不希望有的特性

如图 6-27 所示，原系统中 $G_2(s)$ 是不希望有的特性。这种特性有可能含有严重的非线性，也有可能会发生较大的参数变化，也有可能其特性对系统不利。现在用局部反馈$G_c(s)$来校正，下面分析校正后的局部闭环特性。局部闭环的传递函数为

$$\frac{X_2(s)}{X_1(s)} = \frac{G_2(s)}{1+G_2(s)G_c(s)}$$

其频率特性为

$$\frac{X_2(j\omega)}{X_1(j\omega)} = \frac{G_2(j\omega)}{1+G_2(j\omega)G_c(j\omega)}$$

如果在决定系统动态响应性能的中频段范围内能满足下列条件，即

$$|G_2(j\omega)G_c(j\omega)| \gg 1$$

则频率特性可以表示为

$$\frac{X_2(j\omega)}{X_1(j\omega)} \approx \frac{1}{G_c(j\omega)} \tag{6-38}$$

式（6-38）表明，在合适选择参数的情况下，局部小闭环的特性几乎与原系统的$G_2(s)$无关。这不仅说明了反馈校正可以消除某些不希望有的特性对系统的影响，而且也表明了利用反馈校正可以构成具有新特性的控制系统。

三、比例负反馈可以减弱为其包围环节的惯性，提高响应速度

设控制系统的开环传递函数为 $G(s)=\frac{K}{Ts+1}$，引入比例负反馈后的系统框图如图 6-28 所示，反馈比例系数为 K_h，引入反馈后系统的传递函数为

$$\frac{X_o(s)}{X_i(s)} = \frac{K}{Ts+1+KK_h} = \frac{K_1}{T_1 s+1} \tag{6-39}$$

式中

$$T_1 = \frac{1}{1+KK_h}T \tag{6-40}$$

$$K_1 = \frac{1}{1+KK_h}K \tag{6-41}$$

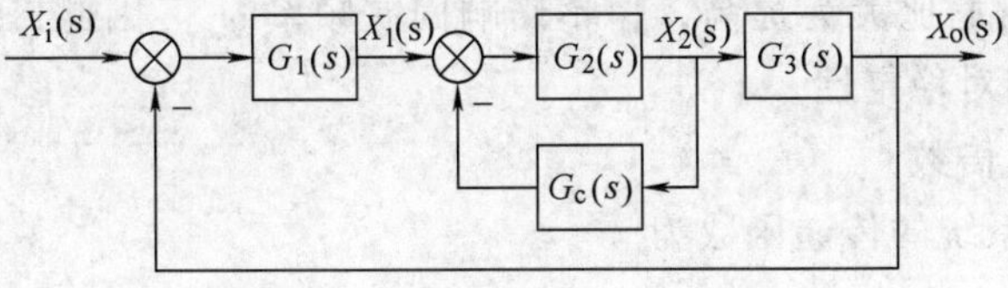

图 6-27　引入局部负反馈的系统框图

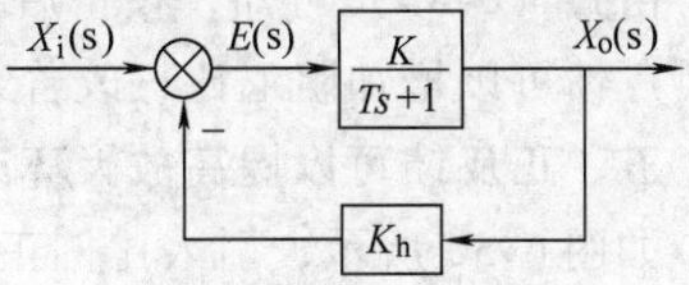

图 6-28　引入比例负反馈的系统框图

由式（6-40）可知，由于 $1+KK_h>1$，采用比例负反馈后，使得校正后系统的时间常数 T_1 小于校正前系统的时间常数 T，由惯性决定的动态特性得到改善，但这种减少是以系统放大倍数的减小为前提的。由式（6-41）可知，校正后的增益 K_1 也同样小于校正前的增益 K，这就是所谓的以牺牲放大倍数来换取动态性能的改善。但是，放大倍数的减小可以通过提高串接在系统中的放大环节的增益来补偿。

从频率特性的角度看，比例负反馈可使环节或系统的带宽得到扩展。由截止频率的定义可知

$$M(\omega_b)=\frac{\sqrt{2}}{2}M(0)$$

反馈前的截止频率可由下式求出

$$\left|\frac{K}{1+jT\omega_b}\right|=\frac{K}{\sqrt{2}}$$

得

$$\omega_b=\frac{1}{T} \tag{6-42}$$

用同样的方法可以得到反馈校正后的带宽为

$$\omega_{b1}=(1+KK_h)\frac{1}{T} \tag{6-43}$$

比较式（6-42）和式（6-43）可以看出，采用比例负反馈后系统的带宽扩展了（$1+KK_h$）倍。由于系统频带宽度增加，所以响应速度加快，改善了系统的动态性能。

四、微分负反馈将增加系统的阻尼

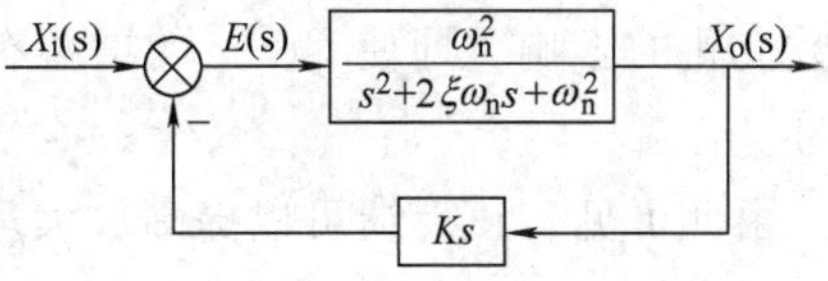

图 6-29　引入微分负反馈的系统框图

图 6-29 所示为一个引入微分负反馈的二阶系统。原系统的传递函数为

$$G(s)=\frac{\omega_n^2}{s^2+2\xi\omega_n s+\omega_n^2}$$

式中　ξ——二阶系统的阻尼比；

ω_n——二阶系统的无阻尼固有频率。

在加入微分负反馈以后，系统的传递函数为

$$\frac{X_o(s)}{X_i(s)}=\frac{\omega_n^2}{s^2+(2\xi\omega_n+K\omega_n^2)s+\omega_n^2}$$

则引入微分反馈后系统的阻尼比为

$$\xi_1=\xi+\frac{1}{2}K\omega_n \tag{6-44}$$

由式（6-44）可知，校正后系统的阻尼比大为提高，但不影响固有频率 ω_n。因此，微分负反馈可以增加阻尼比，改善系统的相对稳定性。

五、正反馈可以提高放大环节的放大倍数

如图 6-30 所示，引入比例正反馈后系统的传递函数为

$$\frac{X_o(s)}{X_i(s)} = \frac{K}{1 - KK_h} \tag{6-45}$$

由式（6-45）可知，当 KK_h 趋近于 1 时，上述放大环节的放大倍数将远大于原来的 K 值。这是正反馈所独具的特点。

例如在图 6-31 所示系统中，由闭环传递函数

$$\frac{X_o(s)}{X_i(s)} = \frac{G(s)}{1 - H(s) + G(s)}$$

可以看出，如果 $H(s) \approx 1$，则

$$\frac{X_o(s)}{X_i(s)} \approx 1$$

复现误差可由闭环误差传递函数求得，即

$$E(s) = \frac{1 - H(s)}{1 - H(s) + G(s)} X_i(s)$$

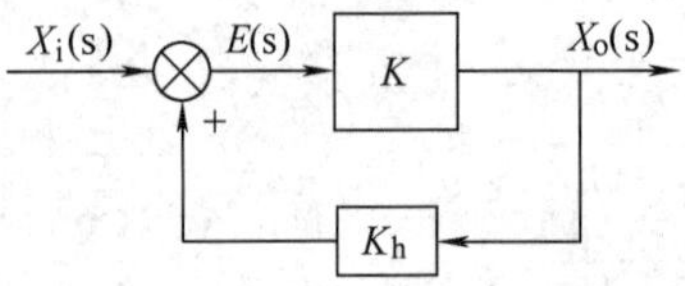

图 6-30　引入正反馈的系统框图

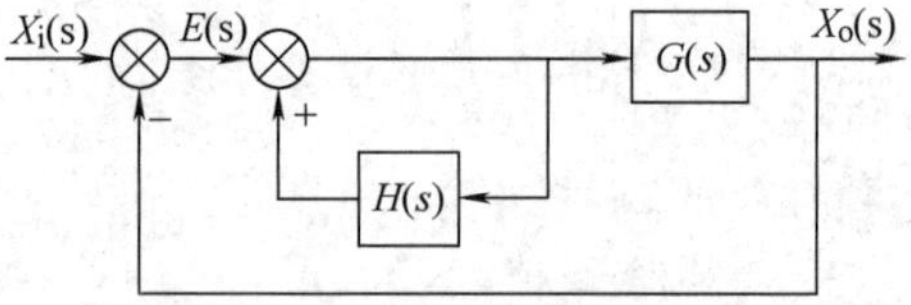

图 6-31　引入正反馈后的系统框图

如果取正反馈通道的反馈系数近似等于 1，则可将上述系统的开环增益提高到一个很大的数值，以至于整个闭环系统的特性可近似地由负反馈通道传递函数的倒数来描述。由于负反馈通道的传递函数为 1，因此闭环传递函数便接近 1。这表明系统将不受不可变部分 $G(s)$ 参数变化的影响，即使 $G(s)$ 的增益有限，误差仍可接近于 0，其输出端能准确地复现输入信号。

由此可见，正反馈可以提高放大环节的放大倍数，改善系统的稳态性能。

第五节　系统校正设计的 MATLAB 实现

频率法校正是借助 Bode 图进行校正。当系统动态性能不能满足要求时，可以对 Bode 图在剪切频率附近提供一个相位超前角，达到系统稳定裕度的要求，而保持低频部分不变，即采用相位超前校正。当系统稳态性能不能满足要求时，可以对 Bode 图保持低频段不变，将中频段与高频段的幅值加以衰减，使之在中频段的特定点处达到系统对稳定裕度的要求，即采用相位滞后校正。当系统的动态性能与稳态性能均不满足要求时，则采用相位滞后-超前校正。

PID 校正也是串联校正的典型应用，校正作用有比例、积分、微分三种运算，其组合校正的作用类似于上述的相位滞后校正与相位超前校正。下面通过例题讲述串联校正的MATLAB实现。

例 6-4　已知某单位负反馈系统被控对象的传递函数为

$$G_0(s) = K_0 \frac{1}{s(0.1s+1)(0.001s+1)}$$

试用 Bode 图设计方法对系统进行串联超前校正设计，使之满足：

1）在单位斜坡信号作用下，系统的稳态误差 $e_{ss} \leqslant 0.001$；

2）系统校正后，相位裕度 γ 在 40°～50°。

解

1）求 K_0。由被控对象的开环传递函数可知，系统为 I 型系统，在单位斜坡信号作用下，速度误差系数 $K_v = K_0$，系统的稳态误差为

$$e_{ss} = \frac{1}{K_v} = \frac{1}{K_0} \leqslant 0.001$$

求得 $K_v = K_0 \geqslant 1000$，取 $K_0 = 1000$。

被控对象的传递函数为

$$G_0(s) = 1000 \frac{1}{s(0.1s+1)(0.001s+1)}$$

2）绘制未校正系统的 Bode 图，检查系统是否满足要求。检查未校正系统的频域性能指标是否满足要求，并绘制其阶跃响应特性曲线，MATLAB 程序如下：

```
>> clear                                          % 清空工作空间
>> k0 = 1000;num = 1;                             % 定义系统增益和分子矢量
>> den = conv(conv([1 0],[0.1 1]),[0.001 1]);     % 定义分母矢量
>> s1 = tf(k0 * num,den);figure(1);margin(s1);hold on
                                                  % 在图形 1 窗口绘制开环频率特性
>> figure(2);sys = feedback(s1,1);step(sys)       % 在图形 2 窗口绘制系统阶跃响应
```

程序执行后，可得到未校正系统的 Bode 图如图 6-32 所示，阶跃响应特性曲线如图 6-33 所示。由图 6-32 可知，未校正系统的幅值裕度 K_g(dB) = 0.0864dB，相位穿越频率 ω_g = 100rad · s^{-1}，相位裕度 γ = 0.0584°，幅值穿越频率 ω_c = 99.5rad · s^{-1}。

计算得到的幅值裕度和相位裕度几乎为零，对应的阶跃特性曲线剧烈振荡，这样的系统根本不能工作。

3）求超前校正装置的传递函数。根据题中要求的相位稳定裕度，取 γ 为 50°并附加 5°，即取 γ = 55°。设超前校正装置的传递函数为

$$G_c(s) = \frac{Ts+1}{\alpha Ts+1}$$

计算超前校正装置传递函数的 MATLAB 程序（M 文件）如下：

```
k0 = 1000;
```

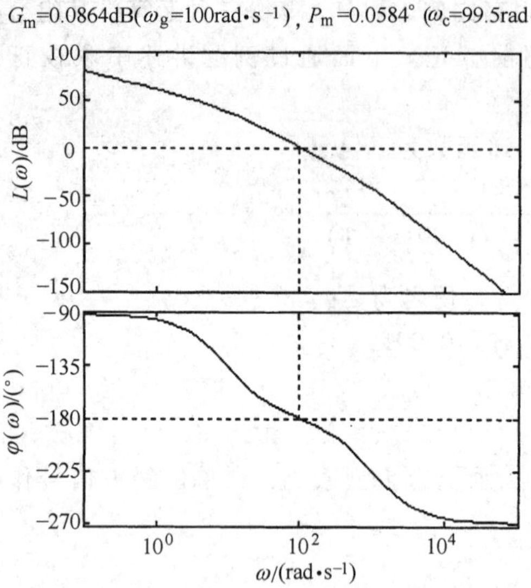

图 6-32　未校正系统的 Bode 图

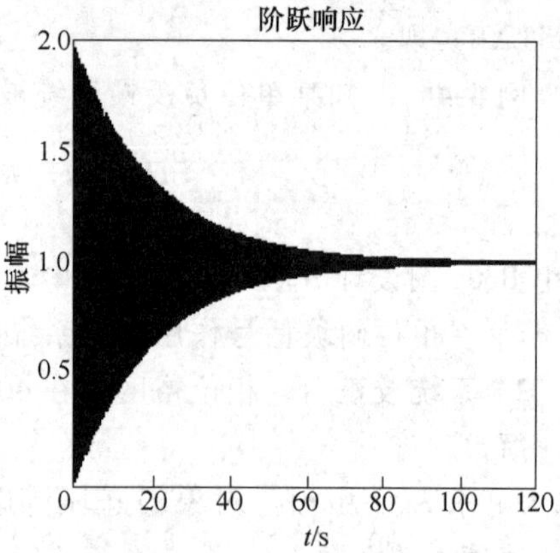

图 6-33　未校正系统的阶跃响应特性曲线

```
n1 = 1; d1 = conv(conv([1 0],[0.1 1]),[0.001 1]);
s1 = tf(k0 * n1, d1);                              % 定义系统开环传递函数
[mag,phase,w] = bode(s1);                          % 开环 Bode 图,返回开环幅频特性
                                                     和相频特性
gama = 50; gama1 = gama + 5; gama2 = gama1 * pi/180; % 确定校正装置提供的相位超前角
alfa = (1 - sin(gama2))/(1 + sin(gama2));          % 求 α 值
magdb = 20 * log10(mag);
am = 10 * log10(alfa);
wc = spline(magdb, w, am);                         % 求 ωc2
T = 1/(wc * sqrt(alfa));
alfat = alfa * T;
Gc = tf([T 1],[alfat 1])                           % 求校正装置的传递函数
Transfer function:
0.01796s + 1
- - - - - - - - - - - - - - -
0.001786s + 1
```

程序运行后，得到超前校正装置的传递函数为

$$G_c(s) = \frac{Ts + 1}{\alpha Ts + 1} = \frac{0.01796s + 1}{0.001786s + 1}$$

4）验证校正后系统频域性能是否满足性能指标要求。根据校正后系统的结构和参数，绘出 Bode 图，其 MATLAB 程序（M 文件）如下：

```
k0 = 1000;
```

```
n1 = 1;d1 = conv(conv([1 0],[0.1 1]),[0.001 1]);
s1 = tf(k0 * n1,d1);                              % 定义系统开环传递函数
n2 = [0.01796 1];d2 = [0.001786 1];s2 = tf(n2,d2); % 定义校正装置的传递函数
sys = s1 * s2;
margin(sys)                                        % 绘制校正后系统的 Bode 图
```

程序运行后，得到校正后系统的 Bode 图如图 6-34 所示。由图 6-34 可知，校正后系统的幅值裕度 $K_g(\mathrm{dB}) = 17.6\mathrm{dB}$，相位穿越频率 $\omega_g = 699\mathrm{rad \cdot s^{-1}}$，相位裕度 $\gamma = 48.2°$，幅值穿越频率 $\omega_c = 177\mathrm{rad \cdot s^{-1}}$。校正后系统满足相位裕度 γ 在 40°~50°的要求。

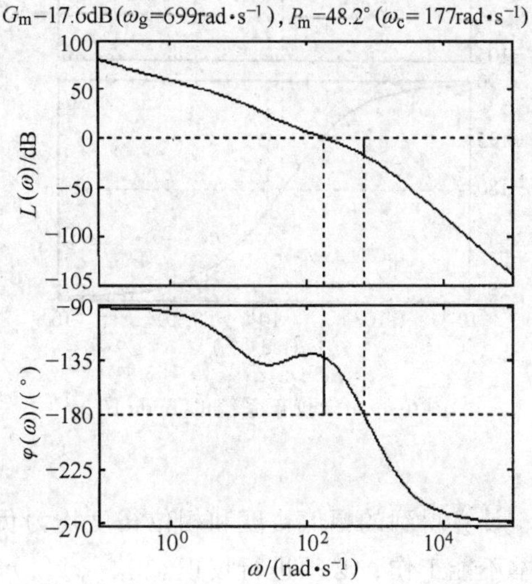

图 6-34 校正后系统的 Bode 图

例 6-5 已知某单位负反馈系统被控对象的传递函数为

$$G_0(s) = K_0 \frac{1}{s(0.1s+1)(0.2s+1)}$$

试用频率响应法对系统进行串联滞后校正设计，使之满足：

1）在单位斜坡信号作用下，系统的速度误差系数 $K_v \geqslant 30$；

2）系统校正后剪切频率 $\omega_c \geqslant 2.3\mathrm{rad \cdot s^{-1}}$；

3）系统校正后的相位裕度 $\gamma > 40°$。

解

1）求 K_0。由被控对象的开环传递函数可知，系统为 I 型系统，在单位斜坡信号作用下，速度误差系数 $K_v = K_0 \geqslant 30$，取 $K_0 = 30$。

被控对象的传递函数为

$$G_0(s) = 30 \frac{1}{s(0.1s+1)(0.2s+1)}$$

2）绘制未校正系统的 Bode 图，检查系统是否满足要求。检查未校正系统的频域性能指标是否满足要求，并绘制其阶跃响应特性曲线，MATLAB 程序如下：

```
>> clear
>> k0 = 30;n1 = 1;d1 = conv(conv([1 0],[0.1 1]),[0.2 1]);
>> s1 = tf(k0 * n1,d1);                         % 定义系统开环传递函数
>> figure(1);margin(s1);hold on                 % 在图形 1 窗口绘制开环频率特性
>> figure(2);sys = feedback(s1,1);step(sys)     % 在图形 2 窗口绘制系统阶跃响应
```

程序执行后，可得到未校正系统 Bode 图如图 6-35 所示，阶跃响应特性曲线如图 6-36 所示。由图 6-35 可知，未校正系统的幅值裕度 $K_g(\mathrm{dB}) = -6.02\mathrm{dB}$，相位穿越频率 $\omega_g = 7.07\mathrm{rad \cdot s^{-1}}$，相位裕度 $\gamma = -17.2°$，幅值穿越频率 $\omega_c = 9.77\mathrm{rad \cdot s^{-1}}$。

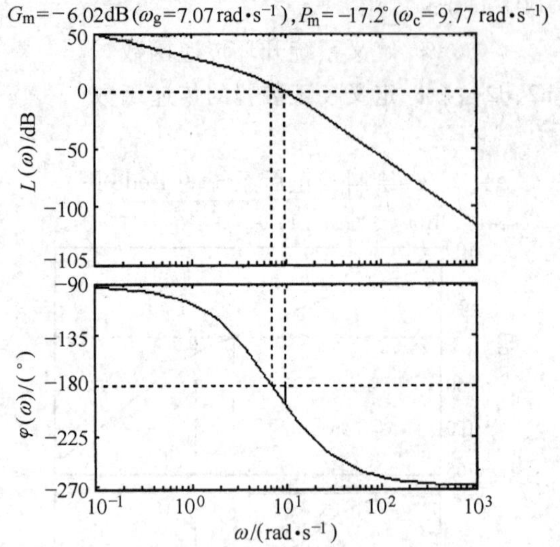

图 6-35　未校正系统的 Bode 图

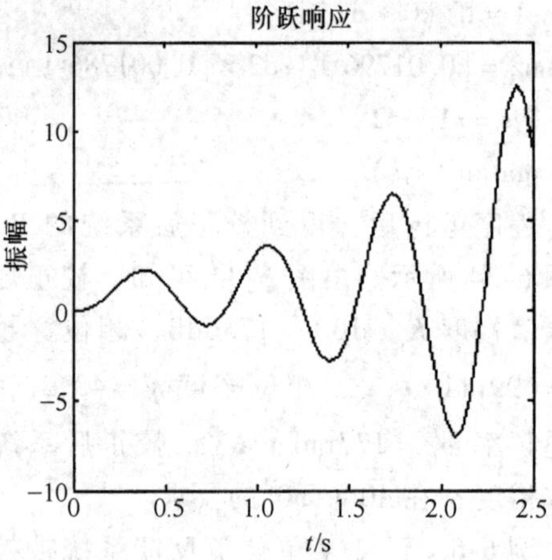

图 6-36　未校正系统的阶跃响应特性曲线

计算得到的幅值裕度和相位裕度均为负值，对应的阶跃特性曲线振荡发散，这样的系统根本不能工作，必须进行校正。

3）求滞后校正装置的传递函数。取校正后系统的剪切频率 $\omega_{c2} \geqslant 2.3\text{rad}\cdot\text{s}^{-1}$，根据滞后校正的原理，求滞后校正装置传递函数的 MATLAB 程序如下：

```
≫ clear
≫ wc = 2.3;k0 = 30;n1 = 1;d1 = conv(conv([1 0],[0.1 1]),[0.2 1]);
≫ na = polyval(k0 * n1,j * wc);da = polyval(d1,j * wc);
≫ g = na/da;g1 = abs(g);h = 20 * log10(g1);beta = 10^(h/20);      % 求β值
≫ T = 1/(0.1 * wc);bt = beta * T;
≫ Gc = tf([T 1],[bt 1])                                           % 求校正装置的传递函数

Transfer function:
4.348s + 1
------------
50.21s + 1
```

程序执行后，得到滞后校正装置的传递函数为

$$G_c(s) = \frac{Ts+1}{\beta Ts+1} = \frac{4.348s+1}{50.12s+1}$$

4）验证校正后系统频域性能是否满足性能指标要求。根据校正后系统的结构和参数，绘出 Bode 图，其 MATLAB 程序如下：

```
≫ clear
≫ k0 = 30;n1 = 1;d1 = conv(conv([1 0],[0.1 1]),[0.2 1]);
≫ s1 = tf(k0 * n1,d1);                            % 定义系统开环传递函数
```

≫ n2 = [4.348 1];d2 = [50.21 1];s2 = tf(n2,d2);% 定义校正装置的传递函数

≫ sys = s1 * s2;

≫ margin(sys) % 绘制校正后系统的 Bode 图

程序执行后，得到校正后系统的 Bode 图如图 6-37 所示。由图 6-37 可知，校正后系统的幅值裕度 K_g(dB) = 14.7dB，相位穿越频率 $\omega_g = 6.84\text{rad}\cdot\text{s}^{-1}$，相位裕度 $\gamma = 47°$，幅值穿越频率 $\omega_c = 2.31\text{rad}\cdot\text{s}^{-1}$。校正后系统满足剪切频率 $\omega_c \geqslant 2.3\text{rad}\cdot\text{s}^{-1}$，相位裕度 $\gamma > 40°$的要求。

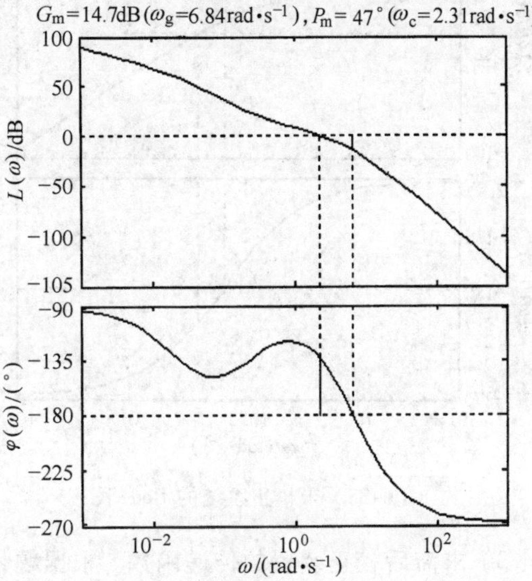

图 6-37 校正后系统的 Bode 图

例 6-6 已知某单位负反馈系统被控对象的传递函数为

$$G_0(s) = K_0 \frac{1}{s(s+1)(s+2)}$$

试用频率响应法对系统进行串联滞后-超前校正设计，使之满足：

1）在单位斜坡信号作用下，系统的速度误差系数 $K_v = 10$；

2）系统校正后剪切频率 $\omega_c \geqslant 1.5\text{rad}\cdot\text{s}^{-1}$；

3）系统校正后的相位裕度 $\gamma > 45°$。

解

1）求 K_0。由被控对象的开环传递函数可知，系统为Ⅰ型系统，在单位斜坡信号作用下，速度误差系数 $K_v = K_0/2 = 10$，取 $K_0 = 20$。

被控对象的传递函数为

$$G_0(s) = 20 \frac{1}{s(s+1)(s+2)}$$

2）绘制未校正系统的 Bode 图，检查系统是否满足要求。检查未校正系统的频域性能指标是否满足要求，并绘制其阶跃响应特性曲线，MATLAB 程序如下：

```
≫ clear
≫ k0 = 20;n1 = 1;d1 = conv(conv([1 0],[1 1]),[1 2]);
≫ s1 = tf(k0 * n1,d1);
≫ figure(1);margin(s1);hold on
≫ figure(2);sys = feedback(s1,1);step(sys)
```

程序执行后，可得到未校正系统 Bode 图如图 6-38 所示，阶跃响应特性曲线如图 6-39 所示。由图 6-38 可知，未校正系统的幅值裕度 K_g(dB) = −10.5dB，相位穿越频率 $\omega_g = 1.41\text{rad}\cdot\text{s}^{-1}$，相位裕度 $\gamma = -28.1°$，幅值穿越频率 $\omega_c = 2.43\text{rad}\cdot\text{s}^{-1}$。

计算得到的幅值裕度和相位裕度均为负值，对应的阶跃特性曲线振荡发散，这样的系统根本不能工作，必须进行校正。

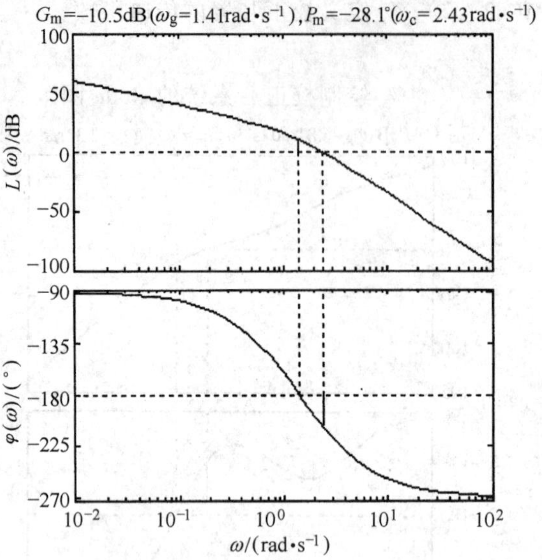

图 6-38　未校正系统的 Bode 图

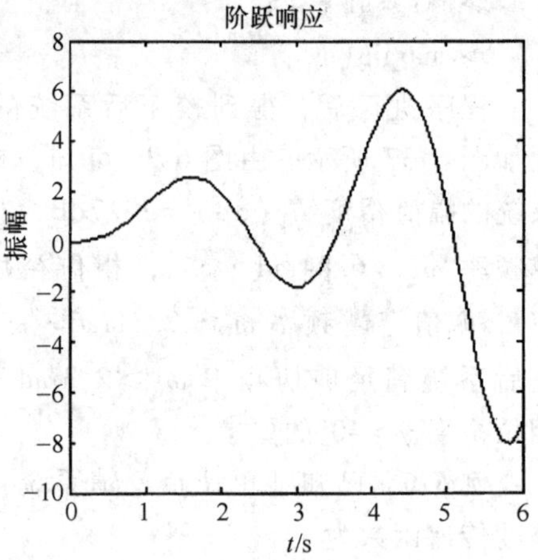

图 6-39　未校正系统的阶跃响应特性曲线

3）求滞后校正装置的传递函数。根据题目要求，取校正后系统的剪切频率 $\omega_{c2}=1.5\text{rad}\cdot\text{s}^{-1}$，$\beta=9.5$，求滞后校正装置传递函数的 MATLAB 程序如下：

```
≫ clear
≫ wc = 1. 5;k0 = 20;n1 = 1;
≫ d1 = conv(conv([1 0],[1 1]),[01 2]);
≫ beta =9. 5;T = 1/(0. 1 * wc);bt = beta * T;          % 求β值
≫ Gc = tf([T 1],[bt 1])                                % 求滞后校正装置的传递函数
Transfer function:
6. 667s +1
------------
63. 33s +1
```

程序执行后，得到滞后校正装置的传递函数为

$$G_{c1}(s)=\frac{Ts+1}{\beta Ts+1}=\frac{6.667s+1}{63.33s+1}$$

4）求超前校正装置的传递函数。串联有滞后校正装置的系统传递函数为

$$G_0(s)G_{c1}(s)=\frac{20}{s(s+1)(s+2)}\frac{6.667s+1}{63.33s+1}$$

根据滞后校正后系统的结构参数，计算超前校正装置传递函数的 MATLAB 程序（M 文件）如下：

```
n1 = conv([0 20],[6. 667 1]);
d1 = conv(conv(conv([1 0],[1 1]),[1 2]),[63. 33 1]);
s1 = tf(n1,d1);
```

```
wc = 1.5;
num = s1.num{1};den = s1.den{1};
na = polyval(num,j * wc);da = polyval(den,j * wc);
g = na/da;
g1 = abs(g);
h = 20 * log10(g1);
a = 10^(h/10);                               % 求α的值
wm = wc;
T = 1/(wm * (a)^(1/2));
alfat = a * T;
Gc = tf([T 1],[alfat 1])                     % 求超前校正装置的传递函数
Transfer function:
2.13 s +1
--------------
0.2087 s +1
```

程序执行后，得到超前校正装置的传递函数为

$$G_{c2}(s) = \frac{Ts+1}{\alpha Ts+1} = \frac{2.13s+1}{0.2087s+1}$$

5）验证校正后系统是否满足性能指标要求。校正后系统的传递函数为

$$G_0(s)G_{c1}(s)G_{c2}(s) = \frac{20}{s(s+1)(s+2)}\frac{6.667s+1}{63.33s+1}\frac{2.13s+1}{0.2087s+1}$$

绘制校正后系统的 Bode 图，其 MATALB 程序（M 文件）如下：

```
n1 = 20;
d1 = conv(conv([1 0],[1 1]),[1 2]);s1 = tf(n1,d1);     % 定义开环系统的传递函数
s2 = tf([6.667 1],[63.33 1]);s3 = tf([2.13 1],[0.2087 1]); % 定义校正装置的传递函数
sys = s1 * s2 * s3;
margin(sys)                                         % 绘制校正后系统的Bode图
```

程序执行后，得到校正后系统的 Bode 图如图 6-40 所示。由图 6-40 可知，校正后系统的幅值裕度 $K_g(\mathrm{dB}) = 12\mathrm{dB}$，相位穿越频率 $\omega_g = 3.48\mathrm{rad \cdot s^{-1}}$，相位裕度 $\gamma = 47°$，幅值穿越频率 $\omega_c = 1.5\mathrm{rad \cdot s^{-1}}$。校正后系统满足剪切频率 $\omega_c = 1.5\mathrm{rad \cdot s^{-1}}$，相位裕度 $\gamma > 45°$ 的要求。

例 6-7 已知某位置随动系统如图 6-41 所示。
试用频率响应法对系统进行串联滞后 - 超前校正设计，使之满足：

1）在单位斜坡信号作用下，系统的速度误差系数 $K_v = 600$；

2）系统校正后剪切频率 $\omega_c \geq 50\mathrm{rad \cdot s^{-1}}$；

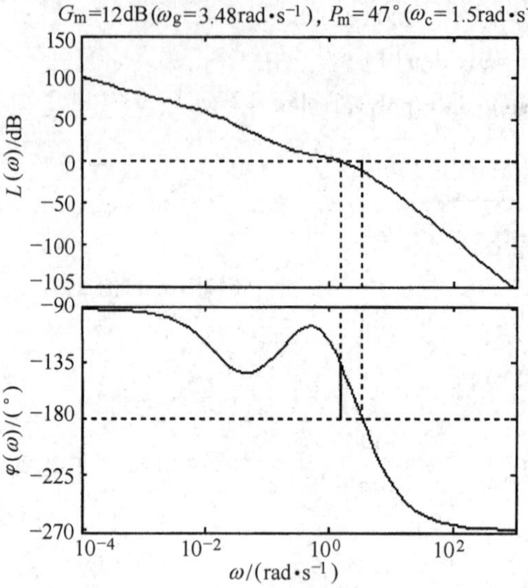

图 6-40　校正后系统 Bode 图

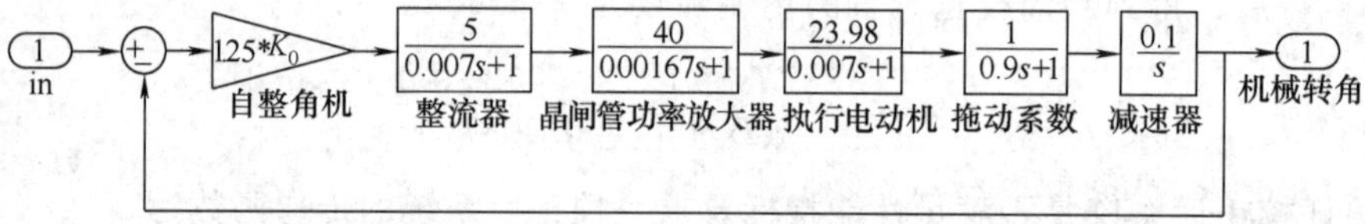

图 6-41　位置随动系统组成框图

3）系统校正后的相位裕度 $\gamma > 40°$。

解

1）求 K_0。由图 6-41 可以得到随动系统前向通道的传递函数为

$$G_0(s) = 1.25K_0 \frac{5}{0.007s+1} \frac{40}{0.00167s+1} \frac{23.98}{0.007s+1} \frac{1}{0.9s+1} \frac{0.1}{s}$$

由被控对象的传递函数可知，系统为Ⅰ型系统，在单位斜坡信号作用下，速度误差系数 $K_v = K = 600$，系统开环增益 K 为

$$K = 1.25K_0 \times 5 \times 40 \times 23.98 \times 0.1 = 599.5K_0$$

取 $K_0 = 1$。

根据题意，下面对系统进行滞后-超前校正设计。

2）求滞后校正装置的传递函数。根据题目要求，取校正后系统的剪切频率 $\omega_{c2} = 50\text{rad} \cdot \text{s}^{-1}$，$\beta = 10$，求滞后校正装置传递函数的 MATLAB 程序如下：

```
≫ wc = 50; beta = 10;
≫ T = 1/(0.1 * wc); betat = beta * T;
≫ Gc = tf([T 1],[betat 1])          % 求滞后校正装置的传递函数

Transfer function:
0.2s + 1
```

```
- - - - - - - - - -
2s + 1
```

程序执行后，得到滞后校正装置的传递函数为

$$G_{c1}(s) = \frac{Ts+1}{\beta Ts+1} = \frac{0.2s+1}{2s+1}$$

3）求超前校正装置的传递函数。根据滞后校正后系统的结构参数，计算超前校正装置传递函数的 MATLAB 程序（M 文件）如下：

```
G1 = tf(1.25,1);G2 = tf(5,[0.007 1]);
G3 = tf(40,[0.00167 1]);d4 = conv([0.007 1],[0.9 1]);
G4 = tf(23.98,d4);G5 = tf(0.1,[1 0]);G6 = tf([0.2 1],[2 1]);
sys = G1 * G2 * G3 * G4 * G5 * G6;wc = 50;
num = sys.num{1};den = sys.den{1};
na = polyval(num,j * wc);da = polyval(den,j * wc);
g = na/da;
g1 = abs(g);
h = 20 * log10(g1);
a = 10^(h/10);                          % 求α的值
wm = wc;
T = 1/(wm * (a)^(1/2));
alfat = a * T;
Gc = tf([T 1],[alfat 1])                % 求超前校正装置的传递函数
Transfer function:
0.8416s + 1
- - - - - - - - - - - - - - - -
0.0004753s + 1
```

程序执行后，得到超前校正装置的传递函数为

$$G_{c2}(s) = \frac{Ts+1}{\alpha Ts+1} = \frac{0.8416s+1}{0.0004753s+1}$$

4）验证校正后系统是否满足性能指标要求。绘制校正后系统的 Bode 图的 MATALB 程序（M 文件）如下：

```
G1 = tf(1.25,1);G2 = tf(5,[0.007 1]);
G3 = tf(40,[0.00167 1]);d4 = conv([0.007 1],[0.9 1]);
G4 = tf(23.98,d4);G5 = tf(0.1,[1 0]);G6 = tf([0.2 1],[2 1]);
G7 = tf([0.8416 1],[0.0004753 1]);
sys = G1 * G2 * G3 * G4 * G5 * G6 * G7;
margin(sys)
```

程序执行后，得到校正后系统的 Bode 图如图 6-42 所示。由图 6-42 可知，校正后系统的幅值裕度 $K_g(\mathrm{dB}) = 9.82\mathrm{dB}$，相位穿越频率 $\omega_g = 108\mathrm{rad \cdot s^{-1}}$，相位裕度 $\gamma = 40.1°$，幅值穿越频率 $\omega_c = 50\mathrm{rad \cdot s^{-1}}$。校正后系统满足剪切频率 $\omega_c = 50\mathrm{rad \cdot s^{-1}}$，相位裕度 $\gamma > 40°$的

要求。

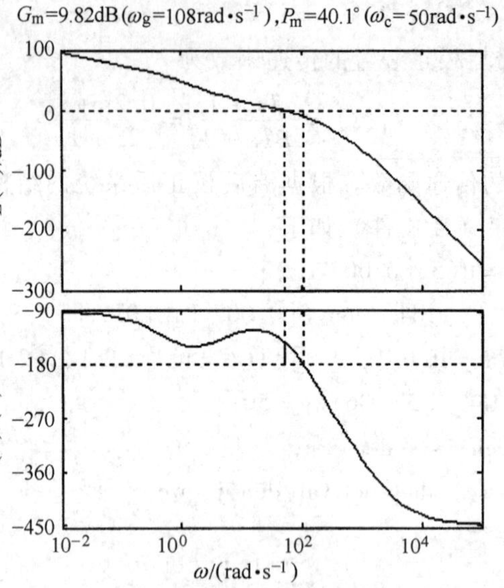

图 6-42　校正后系统的 Bode 图

习题与思考题

6-1　在系统校正设计中，常用的性能指标有哪些？

6-2　系统在什么情况下采用相位超前校正、相位滞后校正和相位滞后-超前校正？为什么？

6-3　已知系统校正前后的 Bode 图如图 6-43 所示，其中$\overline{ABCD}$是系统校正前的 Bode 图；$\overline{ABEFG}$是系统引入某种串联校正后的 Bode 图。试说明该系统采用的串联校正方法，并写出校正装置的传递函数，说明该校正方法的优点。

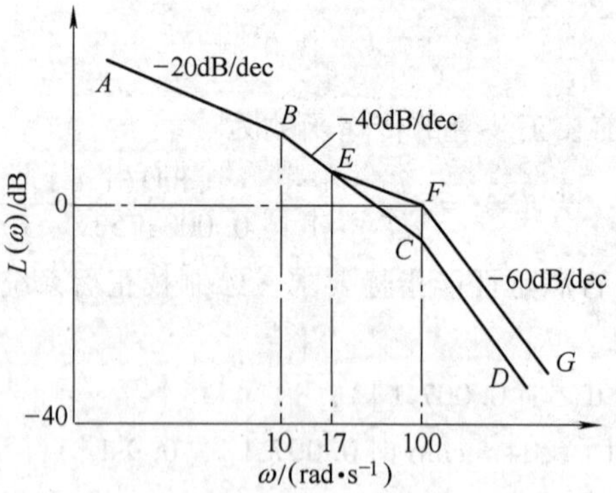

图 6-43　系统校正前后的 Bode 图

6-4　设单位反馈系统的开环传递函数为

$$G(s)=\frac{K}{s(s+3)(s+9)}$$

(1) 如果要求系统在单位阶跃输入作用下的超调量 $M_p=20\%$，试确定 K 值。

(2) 根据所确定的 K 值求出系统在单位阶跃输入作用下的调节时间 t_s 以及稳态速度误差系数。

(3) 设计一种串联校正装置，使系统 $K_v \geqslant 20$，$M_p \leqslant 15\%$。

6-5 已知系统开环传递函数为 $G(s)=\dfrac{K}{s(0.5s+1)(0.1s+1)}$，试设计 PID 校正装置，使得系统的速度误差系数 $K_v\geqslant 10$，相位裕度 $\gamma\geqslant 50°$，且幅值穿越频率 $\omega_c\geqslant 4\mathrm{rad}\cdot\mathrm{s}^{-1}$。

6-6 单位反馈控制系统的开环传递函数为

$$G(s)=\frac{2500K}{s(s+25)}$$

若要求使系统的速度误差系数 $K_v=100$，相位裕度 $\gamma\geqslant 45°$，剪切频率不低于 $65\mathrm{rad}\cdot\mathrm{s}^{-1}$，试设计系统的串联校正装置。

6-7 已知单位负反馈系统的开环传递函数为 $G(s)=\dfrac{400}{s^2(0.01s+1)}$，试从以下三种串联校正网络中选择一种网络使校正后系统的稳定程度最好（画出 Bode 图，说明理由）。

（1）$G_{c1}(s)=\dfrac{s+1}{10s+1}$

（2）$G_{c2}(s)=\dfrac{0.1s+1}{0.002s+1}$

（3）$G_{c3}(s)=\dfrac{(0.5s+1)^2}{(10s+1)(0.04s+1)}$

6-8 设单位反馈系统的开环传递函数为

$$G(s)=\frac{K}{s(0.1s+1)(0.01s+1)}$$

试设计串联校正装置，使系统性能满足下列指标：

（1）稳态速度误差系数 $K_v\geqslant 250$；

（2）剪切频率 $\omega_c\geqslant 30\mathrm{rad}\cdot\mathrm{s}^{-1}$；

（3）相位裕度 $\gamma\geqslant 45°$。

附录A 常用函数拉普拉斯变换表

序号	$x(t)$	$X(s)$
1	$\delta(t)$	1
2	$1(t)$	$\frac{1}{s}$
3	t	$\frac{1}{s^2}$
4	t^2	$\frac{2}{s^3}$
5	$t^n, n=1,2,\cdots$	$\frac{n!}{s^{n+1}}$
6	e^{-at}	$\frac{1}{s+a}$
	$\frac{1}{T_1}e^{-t/T_1}$	$\frac{1}{T_1 s+1}$
7	te^{-at}	$\frac{1}{(s+a)^2}$
8	$t^n e^{-at}, n=1,2,\cdots$	$\frac{n!}{(s+a)^{n+1}}$
9	$1-e^{-at}$	$\frac{a}{s(s+a)}$
	$1-e^{-t/T_1}$	$\frac{1}{s(T_1 s+1)}$
10	$1-\frac{T_2-T_1}{T_2}e^{-t/T_2}$	$\frac{T_1 s+1}{s(T_2 s+1)}$
11	$\frac{1}{T_1-T_2}(e^{-t/T_1}-e^{-t/T_2})$ $T_1 \neq T_2$	$\frac{1}{(T_1 s+1)(T_2 s+1)}$
	$\frac{1}{b-a}(e^{-at}-e^{-bt}), a\neq b$	$\frac{1}{(s+a)(s+b)}$
	$e^{-bt}-e^{-at}, a\neq b$	$\frac{a-b}{(s+a)(s+b)}$
12	$\frac{1}{a}(at-1+e^{-at})$	$\frac{a}{s^2(s+a)}$
13	$1+\frac{1}{T_2-T_1}(T_1 e^{-t/T_1}-e^{-t/T_2})$, $T_1 \neq T_2$	$\frac{1}{s(T_1 s+1)(T_2 s+1)}$
	$\frac{1}{ab}+\frac{1}{b-a}\left(\frac{e^{-bt}}{b}-\frac{e^{-at}}{a}\right), a\neq b$	$\frac{1}{s(s+a)(s+b)}$
	$1-\frac{be^{-at}-ae^{-bt}}{b-a}$	$\frac{ab}{s(s+a)(s+b)}$
14	$1-\frac{T_1+t}{T_1}e^{-t/T_1}$	$\frac{1}{s(T_1 s+1)^2}$
15	$\sin\omega t$	$\frac{\omega}{s^2+\omega^2}$
16	$\cos\omega t$	$\frac{s}{s^2+\omega^2}$
17	$e^{-at}\sin\omega t$	$\frac{\omega}{(s+a)^2+\omega^2}$
18	$e^{-at}\cos\omega t$	$\frac{s+a}{(s+a)^2+\omega^2}$
19	$1-\cos\omega t$	$\frac{\omega^2}{s(s^2+\omega^2)}$
20	$\frac{\omega}{\sqrt{1-\xi^2}}e^{-\xi\omega t}\sin\omega\sqrt{1-\xi^2}t$	$\frac{\omega^2}{s^2+2\xi\omega s+\omega^2}$
21	$\left(\cos\omega t-\frac{a}{\omega}\sin\omega t\right)e^{-at}$	$\frac{s}{(s+a)^2+\omega^2}$
	$\frac{-1}{\sqrt{1-\xi^2}}e^{-\xi\omega t}\times$ $\sin(\omega\sqrt{1-\xi^2}t-\varphi)$ $\varphi=\arctan\frac{\sqrt{1-\xi^2}}{\xi}$	$\frac{s}{s^2+2\xi\omega s+\omega^2}$
22	$\frac{1}{\omega^2}t-\frac{1}{\omega^3}\sin\omega t$	$\frac{1}{s^2(s^2+\omega^2)}$

附录B　部分习题参考答案

第一章　（略）

第二章

2-1

a) $RC\dfrac{du_2}{dt}+u_2=RC\dfrac{du_1}{dt}$

b) $B\dfrac{dx_2}{dt}+kx_2=B\dfrac{dx_1}{dt}$

c) $\dfrac{R_1R_2}{R_1+R_2}C\dfrac{du_2}{dt}+u_2=\dfrac{R_1R_2}{R_1+R_2}C\dfrac{du_1}{dt}+\dfrac{R_2}{R_1+R_2}u_1$

d) $B\dfrac{dx_2}{dt}+(k_1+k_2)x_2=B\dfrac{dx_1}{dt}+k_1x_1$

e) $(R_1+R_2)C\dfrac{du_2}{dt}+u_2=R_2C\dfrac{du_1}{dt}+u_1$

f) $\dfrac{k_1+k_2}{k_1k_2}B\dfrac{dx_2}{dt}+x_2=\dfrac{B}{k_2}\dfrac{dx_1}{dt}+x_1$

2-2

(1) $F(s)=\dfrac{1}{s(Ts+1)}$

(2) $F(s)=\dfrac{0.12}{s(s^2+4)}$

(3) $F(s)=\dfrac{0.866s+2.5}{s^2+25}$

(4) $F(s)=\dfrac{s+0.4}{s^2+0.8s+144.16}$

2-3

(1) $f(t)=-e^{-2t}+2e^{-3t}$

(2) $f(t)=\sqrt{17}e^{-4t}\cos(t+14°)$

(3) $f(t)=\dfrac{2}{3}-\left(\dfrac{1}{2}t+\dfrac{3}{4}\right)e^{-t}+\dfrac{1}{12}e^{-3t}$

2-4

(1) $f(t)=\dfrac{1}{8}+\dfrac{7}{4}e^{-2t}-\dfrac{7}{8}e^{-4t}$

(2) $f(t)=\dfrac{1}{5}-\dfrac{1}{5}e^{-10t}$

(3) $f(t)=\dfrac{2}{\sqrt{3}}e^{-\frac{1}{2}t}\sin\dfrac{\sqrt{3}}{2}t$

2-5

$$G(s)=\frac{X_3(s)}{X_1(s)}=\frac{k_2(Bs+k_1)}{m_1m_2s^4-(m_1B+m_2B)s^3-(m_1k_1+m_1k_2+m_2k_1)s^2+k_2Bs+k_1k_2}$$

2-6

a) $\frac{X_o(s)}{X_i(s)}=\frac{G_2(G_1+G_3)}{1+G_2(H_1+H_2G_1)}$

b) $\frac{X_{o1}(s)}{X_{i1}(s)}=\frac{G_1}{1-G_1G_2G_3G_4},\frac{X_{o2}(s)}{X_{i1}(s)}=\frac{-G_1G_2G_3}{1-G_1G_2G_3G_4}$

$\frac{X_{o1}(s)}{X_{i2}(s)}=\frac{-G_1G_3G_4}{1-G_1G_2G_3G_4},\frac{X_{o2}(s)}{X_{i2}(s)}=\frac{G_3}{1-G_1G_2G_3G_4}$

c) $\frac{X_o(s)}{X_i(s)}=\frac{G_1G_2G_3G_4}{1+G_2G_3H_3+G_3G_4H_4+G_1G_2G_3H_2-G_1G_2G_3G_4H_1}$

d) $\frac{X_o(s)}{X_i(s)}=\frac{G_1-G_2}{1-G_2G_3}$

e) $\frac{X_o(s)}{X_i(s)}=\frac{-2G_1G_2+G_2+G_1}{1-3G_1G_2+G_2+G_1}$

2-7

$$\frac{X_o(s)}{X_i(s)}=\frac{G_1G_2}{1+G_1G_2+G_1G_2G_3},\frac{X_o(s)}{N(s)}=\frac{1+G_1G_2G_3+G_2G_4}{1+G_1G_2+G_1G_2G_3}$$

2-8

$$\frac{X_o(s)}{X_i(s)}=\frac{G_1G_2G_3+G_4(1+G_2G_3H_2+G_2H_1+G_1G_2H_1)}{1+G_2G_3H_2+G_2H_1+G_1G_2H_1}$$

第三章

3-8　系统的开环传递函数含有一个积分环节,所以它是Ⅰ型系统。

3-9　$e_{ss}=\frac{1}{K}=\frac{8}{7}=1.14$

3-10　$e_{ss}=e_{ssi}+e_{ssn}=0+(-0.1)=-0.1$

第四章

4-1

(1) $x_o(t)=\frac{1}{2\sqrt{2}}\sin(2t-45°)$

(2) $x_o(t)=\frac{1}{\sqrt{2}}\cos(2t-90°)$

(3) $x_o(t)=\frac{1}{2\sqrt{2}}\sin(2t-45°)+\frac{1}{\sqrt{2}}\cos(2t-90°)$

4-2

(1) 开环频率特性　$G(j\omega)H(j\omega)=\frac{2}{(j\omega+1)(2j\omega+1)}$

幅频特性　$|G(j\omega)H(j\omega)|=\frac{2}{\sqrt{(1+\omega^2)(1+4\omega^2)}}$

相频特性　$\angle G(j\omega)H(j\omega)=-\arctan\omega-\arctan2\omega$

(2) 开环频率特性 $G(j\omega)H(j\omega)=\dfrac{2}{j\omega(j\omega+1)(2j\omega+1)}$

幅频特性 $|G(j\omega)H(j\omega)|=\dfrac{2}{\omega\sqrt{(1+\omega^2)(1+4\omega^2)}}$

相频特性 $\angle G(j\omega)H(j\omega)=-90°-\arctan\omega-\arctan2\omega$

(3) 开环频率特性 $G(j\omega)H(j\omega)=\dfrac{2}{(j\omega)^2(j\omega+1)(2j\omega+1)}$

幅频特性 $|G(j\omega)H(j\omega)|=\dfrac{2}{\omega^2\sqrt{(1+\omega^2)(1+4\omega^2)}}$

相频特性 $\angle G(j\omega)H(j\omega)=-180°-\arctan\omega-\arctan2\omega$

4-3 $G(s)=\dfrac{1}{s-1}$与$G(s)=\dfrac{1}{s+1}$的幅频特性相同，但相频特性不同。

4-4 $G(s)=\dfrac{3.16}{(0.5s+1)(0.067s+1)}$

4-5 $G_k(s)=\dfrac{K\left(\dfrac{1}{\omega_2}s+1\right)}{s\left(\dfrac{1}{\omega_1}s+1\right)\left(\dfrac{1}{\omega_3}s+1\right)}, K=\dfrac{\omega_2\omega_c}{\omega_1}$

4-7 $M_r=1.838, \omega_r=8.165\text{rad}\cdot\text{s}^{-1}$

第五章

5-2 (1) 稳定 (2) 不稳定

5-3 $K>0, \xi>\dfrac{1}{20}$

5-4 (1) $0<K<14$, (2) $0.675<K<4.8$

5-5 (1) 稳定 (2) 不稳定

5-6 (1) 不稳定 (2) 稳定

5-7 图a)不稳定，图b)稳定，图c)不稳定，图d)稳定，图e)不稳定，图f)稳定，图g)稳定。

5-8 $\gamma=8°, K_g=1.5, K_g(\text{dB})=3.5$

第六章

6-3 校正装置的传递函数：$G_c(s)=\dfrac{\dfrac{s}{17}+1}{\dfrac{s}{100}+1}$

6-4 (1) $K=220$ (2) $t_s=1.64s, K_v=8.15$ (3) $G_c(s)=\dfrac{12.5s+1}{300s+1}$

6-5 $G_c(s)=\dfrac{(1+T_1s)(1+T_2s)}{\tau s}=\dfrac{(1+2.5s)(1+0.1s)}{2.5s}$（取$\tau=T_1$）

6-6 $G_c(s)=0.31\dfrac{0.028s+1}{0.0085s+1}$

6-7 第二种校正网络最好。

6-8 $G_c(s)=\dfrac{0.1s+1}{0.012s+1}\cdot\dfrac{0.24s+1}{1.98s+1}$

参考文献

[1] 董景新，赵长德．控制工程基础［M］．北京：清华大学出版社，1992．

[2] 王积伟．控制工程基础［M］．北京：高等教育出版社，2001．

[3] Richard C Dorf，Robert H Bishop．现代控制系统［M］．8 版．谢红卫，等译．北京：高等教育出版社，2001．

[4] 绪方胜彦．现代控制工程［M］．卢伯英，等译．北京：科学出版社，1979．

[5] 杨叔子，杨克冲，等．机械工程控制基础［M］．2 版．武汉：华中科技大学出版社，2002．

[6] 陈康宁．机械工程控制基础［M］．西安：西安交通大学出版社，2002．

[7] 胡寿松．自动控制原理习题集［M］．北京：国防工业出版社，1997．

[8] 李友善．自动控制原理［M］．2 版．北京：国防工业出版社，1989．

[9] 董玉红，杨清梅．机械控制工程基础［M］．哈尔滨：哈尔滨工业大学出版社，2003．

[10] 董玉红，杨清梅．机械控制工程基础学习指导［M］．哈尔滨：哈尔滨工业大学出版社，2003．

[11] 朱骥北．机械控制工程基础［M］．北京：机械工业出版社，1999．

[12] 贺智修．自动控制实用教程［M］．北京：电子工业出版社，1995．

[13] 孔祥东，王益群．控制工程基础［M］．3 版．北京：机械工业出版社，2008．

[14] 王显正，陈正航，王旭永．控制理论基础［M］．北京：科学出版社，2000．

[15] 黄真棠，许纪．机械控制工程［M］．广州：华南理工大学出版社，1994．

[16] 顾树生，王建辉．自动控制原理［M］．北京：冶金工业出版社，2002．

[17] 张晋格．自动控制原理［M］．哈尔滨：哈尔滨工业大学出版社，2003．

[18] 孙亮，杨鹏．自动控制原理［M］．北京：北京工业大学出版社，1999．

[19] 夏德钤．自动控制理论［M］．北京：机械工业出版社，1990．

[20] 张晋格．控制系统 CAD——基于 MATLAB 语言［M］．北京：机械工业出版社，2004．

[21] 赵文峰，等．控制系统设计与仿真［M］．西安：西安电子科技大学出版社，2002．

[22] 黄忠霖．控制系统 MATLAB 计算及仿真［M］．2 版．北京：国防工业出版社，2004．

[23] 王正林，王胜开，陈国顺，等．MATLAB/Simulink 与控制系统仿真［M］．2 版．北京：电子工业出版社，2008．

[24] 董玉红．机械控制工程基础［M］．2 版．哈尔滨：哈尔滨工业大学出版社，2009．